工业设计科学与文化系列丛书

可持续设计

Design for Sustainability

刘新 张军 钟芳 著

清华大学出版社
北 京

内 容 简 介

本书系统阐述了设计学科融汇可持续发展思想的历史背景、理论演进、核心观点与设计策略，并结合大量案例对上述理论进行了深入分析和解读。希望构建出关于"可持续设计"的演进路线图和行动指南，以帮助设计领域的学习者、研究者与实践者，洞察在日渐复杂的经济、社会、环境大背景下，设计应具有的责任、价值与创新力，进而有意愿、有能力参与到国家生态文明建设以及可持续社会的转型实践中来。

本书适合于高等院校设计学各专业（包括产品设计、环境设计、视觉传达设计、服装与服饰设计、信息艺术设计、公共艺术设计等），以及工程学、商业与管理学相关专业作为教材，也可供关注生态环境、社会文化与经济可持续发展的广大读者阅读参考。

图书在版编目（CIP）数据

可持续设计 / 刘新，张军，钟芳著 .— 北京：清华大学出版社，2022.6（2023.1重印）
（工业设计科学与文化系列丛书）
ISBN 978-7-302-60926-1

Ⅰ. ①可… Ⅱ. ①刘… ②张… ③钟… Ⅲ. ①工业设计—研究 Ⅳ. ① TB47

中国版本图书馆 CIP 数据核字（2022）第 091152 号

责任编辑： 冯　昕
封面设计： 赵晓玉
责任校对： 欧　洋
责任印制： 宋　林

出版发行： 清华大学出版社
网　　址： http://www.tup.com.cn, http://www.wqbook.com
地　　址： 北京清华大学学研大厦A座　　**邮　　编：** 100084
社 总 机： 010-83470000　　**邮　　购：** 010-62786544
投稿与读者服务： 010-62776969, c-service@tup.tsinghua.edu.cn
质量反馈： 010-62772015, zhiliang@tup.tsinghua.edu.cn
印 装 者： 三河市龙大印装有限公司
经　　销： 全国新华书店
开　　本： 185mm × 260mm　　**印　　张：** 17.5　　**字　　数：** 331千字
版　　次： 2022年7月第1版　　**印　　次：** 2023年1月第2次印刷
定　　价： 98.00元

产品编号：096807-01

感谢夏南、王渤森、宋佳珈、Maurizio Vrenna
对本书撰写所作的贡献。

献给那些有志于改变世界的人：

设计师、工程师、教育家、企业家和梦想家。

序一　可持续设计的中国方案

柳冠中　清华大学首批文科资深教授

德国哲学家马丁·海德格尔曾阐述过他的历史观，他认为历史的发展并非是“过去——现在——未来”的线性模式，而应当是立足未来、审视现在、反思过去的互动模式。循着这种观点去思考，过去、现在、未来便会产生更多的交互和碰撞。

1．工业设计一直回应着时代的需求

19 世纪末至 20 世纪初，中国社会发生了巨大变化。1876 年前后，在清政府所谓“新政”的推动下，西方机械制图学传入中国。以后的 50 余年中，中国民族资本以轻工业产品为突破口，兴办实业，移植西方工业设计思想，并依托当时的产业政策和法规，依托热爱国货的民族情绪和市场，创立了一些我国自己的工业。

新中国成立后，工业设计的思想和实践并没有与国际同步，但也没有完全隔离和违背。自 1949 年学习苏联的设计模式开始，至 20 世纪 60 年代倡导以“自力更生”方式建设工业体系，从 70 年代后期有选择地引进国际先进生产设备和技术，到国家改革开放、实行社会主义市场经济，一直到新近倡导以工业设计提升企业核心竞争力、实现创新驱动转型发展，中国工业设计的思想和实践一直回应着时代的需求，只是以不同的形式呈现着，并发挥了巨大的作用，代代有火红的创意。

20 世纪 50—60 年代，一大批决定国家命运的工业产品相继诞生，如“解放牌”载重货车、中国第一台万吨水压机等，这些产品都是在参考资料极为稀少的情况下，凭着所有参与者的热情、胆量、智慧和无数次的失败经验创造的奇迹。

20 世纪 70 年代中期，中国工业制造企业不同程度地完成了一次技术设备升级改造，以适应提升产品品质的需求，同时组织技术攻关，克服了一大批产品制造中的难点，也发现了多年来一成不变的产品与当时人民的生活要求已产生很大差距。

改革开放的 80 年代，由于“以市场换技术”的政策，中国产品扩大了产能，赚取了利润，使得扩大再生产有了保障。企业逐步感受到工业设计的重要性，希望改变以工程师、工艺师“客串”工业设计的局面，从而加大了在工业设计方面的投入。这个时期是洗衣机、电冰箱、空调为代表的新家电来临的时代，这些产品虽然还是在消化吸收国外同类产品基础上的开发设计，但的确使人们从传统的生活形态中解放出来，显著地提高了生活品质。

21 世纪以来，工业设计开始注重升级换代，打造品牌，中国自主的工业设计开始迅速发展……

2. 中国工业设计的宗旨不仅是回顾，更是发现

“历史离我们远去，旧技术、旧产品必定被新技术、新产品所替代，但设计文化却可以沉淀，可以被再开发。在全球工业设计发展的历史长河中重新审视中国工业设计，注重的是中国设计文化的新内容，而不是传统的成果，更重要的是发现未来中国工业设计的曙光。研究中国工业设计的宗旨是：不仅是回顾，更是发现；不仅为怀旧，更期待超越。”[1] 中国工业设计界几乎无人不知两个宗旨，一是设计以人为本，二是设计提升经济效益。但如今越来越多的学者质疑这两个宗旨是否就是工业设计的全部使命：如果缺少高尚的精神引领，“以人为本”或许会使人的欲望无度扩张；片面强调“提升经济效益”就会使环境遭受无情的破坏。**为此通过工业设计塑造时代精神，懂得可持续发展，是当下的设计精神所在。**

欧洲国家继承并发扬了古希腊辉煌的文化，文艺复兴运动使欧洲文化光照寰宇。工业革命以后，技术也跟上来了。在工业设计方面，历经逆工业革命“生产关系”的英国威廉·莫里斯的“工艺美术运动”、德意志制造同盟的“工业系统”的结构机制、主张融合技术与艺术的“包豪斯”工业设计理念和教育体系的确立，一直到 20 世纪长达 50 余年以欧洲为主的现代设计运动的洗礼，工业设计“普天之下，莫非欧风”。今天欧洲学者的设计论著中明白地告诉你，中国没有工业设计。

3. 向世界贡献中国工业设计文化

早在 1918 年，德国学者斯宾格勒出版了《西方的没落》一书，之后英国历史学家汤因比同样反对“欧洲中心主义”，后者通过与日本社会活动家池田大作的对话，

1　柳冠中 . 不仅是怀念，更期待超越——《中国民族工业设计 100 年》写在前面 [M]// 毛溪 . 中国民族工业设计 100 年 . 北京：人民美术出版社，2015：5.

引入东方文化的讨论，以此来作为东西方文化的互动。客观地说，欧美、日韩的实践都有值得我们学习借鉴的地方，但必须清醒地认识到，只有认真研究、整理中国的工业设计实践和思想，才能在分享世界各国工业设计思想和成果的同时，贡献出我们的工业设计文化。

实际上，我们中国传下来的设计大部分已经是寓意化了的，关于中国古代皇宫、皇权的设计太多了。为什么这些设计大多都是给帝王将相的？因为最好的都是为他们做的，并且留了下来。老百姓的、民间的东西大部分都散失掉了，而大家也不关注那些民间的东西。帝王将相的东西耀眼，能刺激眼球。这些东西能满足人的欲望，并不是为了满足需求而出现的。为什么我们认为民间的东西淳朴？因为它是用来解决问题的。

数千年来，人类创造了光辉灿烂的文明，无论是上古时代的工具——石斧，还是当今人类遨游太空的宇宙飞船，都是人类为了适应环境、改造自然而创造今天、设计明天。从人类最幼稚的设计动机——为了生存、温饱，到有计划地探索宇宙的奥秘、进入人工智能时代的宏图大略，都是人类认识世界的观念反映，即人的本质力量的对象化。当然，人类认识世界、改造自然的观念是从低级到高级、从简单到复杂、从单一到重叠、从连贯到网络发展过程的总和，也是不断创造的结果。

但是，如果没有观念为主导，就没有人类与动物的分野，也就没有创造，更没有人类文明的出现。马克思主义自然观的特点之一，就是把对自然的认识同劳动实践联系起来，认为劳动过程使人的本质力量对象化。马克思所说的劳动实践，就是人类的设计观念与创造过程。

4. 设计是生活方式的设计，是精神世界的反映

我早在 1985 年就说“设计是生活方式的设计”，其含义不仅是指物质生活的一面，也是精神世界的反映。工业时代的设计必定反映了这个时代的特征与以往时代的传统，既是人类迄今为止的技术、文化的成果，又矛盾于工业时代与自然规律和人的自然属性之间。这些成果与矛盾，就是设计新的生活方式，设计是创造未来的“能源”与动机。

“传统”是创造出来的，而不是继承的！作为设计师，必须认清这个历史使命，只沉溺于过去，消极地继承传统，就会被历史淘汰。传统是相对于现在与未来的，如不着眼现代与未来的创造，那么就不存在传统的延续与发展，历史也将会中断。研究中国当前实际的问题，把 14 亿人口共同富裕的问题解决了，不再是少数人富，

而是提升大多数人的福祉，这时沉淀下来的生活方式就是当代的、社会主义的、中国的传统，也就是中国21世纪、22世纪的风格，我们的后代也会说，这就是中国的“传统”。

文化形成于沉淀，即已逝去的生活方式——在过去的地理、气候、出产、经济、政治、习俗、价值观等作用下人们的生存方式，这就是“存在”决定意识（包括文化）！所以，文化成因最关键的是被时代渲染下的“地域”或曰“空间”！简言之，文化具有“空间”属性。说得再直接些，这一页是“过去时”，至多是“进行时”！过分注重文化，忽略“文明”，是很令人担忧的！“文明”是时间进程，它有过去、现在和未来的轨迹，它的“空间”是被“时间”定义的。所以，不同时讲“文明”的“文化”起码是幼稚的，也是危险的！**一个民族、一个国家不更关注未来——文明的进步，就会被历史淘汰！所以，一个有智慧的民族一直在创造文化传统，而不是“继承”！**

5. 设计是第三种智慧和能力

“设计”从一开始就是为了解决“小生产方式”不适应“大生产方式”而被催生出来的一种生产关系，它已经被证实为人类未来不被毁灭的、除科学和艺术之外的第三种智慧和能力。在经济全球化、技术潜能扩延、需求地域化、消费个性化的当今，设计本来应有的职责被严重歪曲了，人类未来生存方式的变革正在酝酿中。

面对中国特殊的栖息、交通、饮食、老龄化等生活方式的问题，我始终认为要应用“设计事理学”方法进行研究与创新实践。这种理论上的探索和实践不仅有利于推动中国可持续发展的进程，也对所有新兴国家的发展有着重要的借鉴意义。“设计事理学”强调在不同时间、环境、条件（外部因素）下，特定人（群）需求的满足受到目标系统的“限制”，研究“物”之外各种限制因素的过程，既是“目标系统”的定位，也是评价、选择、整合原理、材料、技术、结构、造型、产品等“内部因素”的依据，以此方法来创造“新”物种或服务系统。对“外部因素”的认识是对人类已有的产品或服务“目标系统”的修正或“革命”，这才是设计的本质，其目标是做“事”和解决问题，而非偏执于“物化”的产品设计。“设计事理学”对创新的评价标准就来源于中国古代的哲理，即“适当”“适度”“适合”，而非对欲望和最优解的无限追求。

我从20世纪末就提倡“服务设计”是“事理学”最好的应用领域，是当代“社会设计”的必然方向。“服务设计”诠释了“设计”最根本的宗旨是“创造人类社会健康、合理、共享、公平的生存方式”。人类的文明发展史是一个不断调整经济、技术、商业、财富与伦理、道德、价值观的过程，服务设计的根本目的不是为了满足人类占有物质、资源的欲望，而是服务于人类使用物品，解决生存、发展的潜在需求。**这正是人类文明从“以人为本”迈向“以生态为本”价值观的变革。所以分享型的社会服务设计开启了人类可持续发展的希望之门。**

6. 中国方案——设计的使命

中国目前正处于 21 世纪的“危”与“机”之中。“大数据时代”“人工智能”的制造业将会如何发展？未来的“国际战略布局”和“社会形态”会对我们有什么启示？我国面临发达国家高端制造业回流与发展中国家中低端分流的双重挤压，全球产业形势正在发生深刻的调整变化，新一轮国际产业分工格局正在重塑。通观今日全球发展趋势，“工业设计”是诸多发达国家工业体系的重要组成部分，其巨大价值深刻地影响着当代经济、文化、社会的发展。与之相比，我国“工业设计”的价值和作用还有着巨大的发挥空间。

中国的工业还基本处在加工型的制造阶段，有“造”缺“制”；有工业，还没真正实现“工业化”。因为机制问题，很多所谓的设计只是国外原理、技术的模仿、改造，基本停留在“外观造型”“涂脂抹粉”的美化上。我们所能看到的设计现象或作品、风格、流派、新理论与新方法，大都是对“资本或商业或技术”羞答答的臣服（仅仅关于眩、酷、式样、流行、爆品的设计）或是无力的抗争（忽视了关于环境与人性的设计）。

值得反思的是，我国凡是靠引进的产业，基本还停留在改良状态；而被国外“卡脖子”的领域，反而建立了自己工业体系，并达到了国际先进水平。这个现象说明了两个问题：一是靠引进有了国外的“拐杖”后，关注的只是产量和营销；二是在挤压下，激发了中国人的智慧，我们是能够自主创新的！

7. 中国方案——社会的再设计

中国真正强大的标志是，我们的产品不仅仅是在全球超市的货架上，也不仅仅是在亚马逊网站和阿里巴巴网站上，而应是在德国、美国的实验室里有我们自主知识产权的产品。未来制造业产出的“机器”必须会“思考”，会“说话”，会“交流”！要思考过去的教训，我们曾把发明的火药当做玩赏享乐的鞭炮、烟火，而别人却把它做成“杀人的武器”！当下与未来，围绕“创新、协调、绿色、开放、共享”

五大发展理念，贯彻创新驱动发展战略，落实供给侧结构性改革，为实现“中国制造 2025”之目标，工业设计承担着巨大的责任。

真正中国的传统“精神”与“可持续发展”的设计伦理和哲学思想应该成为我们设计行业的最坚实的道德基准线——设计不能仅跟随市场、满足消费，要从社会维度思考设计，要看到这个世界真正的“需求”不是 want，而是 need，从而“定义需求、引领需求、创造需求”。必须认识到“时尚≠设计”，时尚只是“短命鬼”！设计家具要研究以人为本的“家”，而不是仅仅变换材料、结构、软装，只是在“具”上做文章；“房子”是“物”，而“家”要有“人”，是“栖息”之地，是我们的灵魂港湾。

8. 中国方案——人类命运共同体

设计不仅仅是生意，而是为人类可持续生存繁衍担当！工业革命开创了一个新时代，工业设计正是这个革命性大生产创新时代的生产关系。但另一面，功利化的工业经济迅速地被大众市场所拥抱，为推销、逐利、霸占资源而生产，这似乎已成为当今世界一切的动力！工业设计的客观本质——“创造人类公平的生存”却被商业一枝独秀地异化了！耳听为虚，眼见就为“实”吗？人类毕竟不仅有肉体奢求，人类还有大脑和良心。人口膨胀、环境污染、资源枯竭、贫富分化、霸权横行等现象愈演愈烈，但毕竟还有一些有良知的人士逐渐意识到，人类不能无休止地掠夺我们子孙生存的资源和空间。

中国的设计应当不提倡“占有”产品，而鼓励“使用”；不只是创造“交换价值”，而是创造用户的精神体验价值；应倡导超越产品设计的“分享型服务设计”！工业设计不仅是一种设计技能，而是一种创新模式！是跨界创新、集成创新、引领性创新；设计创新就是一种突破性的系统创新！也是从“产品创新”到“产业创新”及“社会创新”的必由之路！

“可持续设计”符合“中国方案”的发展目标，是重组知识结构、产业链，以整合资源，创新产业机制，引导人类社会健康、合理、可持续生存与发展的过程。

“提倡使用，而不鼓励占有”是真正意义上的“可持续设计”！它能激起我们对人类追求单纯、和谐、美好的想象，在人类继续进化过程中启动我们内在的潜能，而不至于追逐占有、享受，沉溺于奢侈、腐化、堕落以致毁灭人类自身。创造还未曾有过的“生存方式”，走中国自己的发展之路 ——“中国方案：人类命运共同体”。

奢华，不是中华文化传统，换不来世界的敬慕！

我们要实现的“梦”是习主席讲的“中华民族复兴之梦”！不是“发财梦”，更不是当今世界少数财团占有多数资源、财富的“盛景”。

我强烈推荐此著作，期待可以像几位作者所说的那样，将本书献给那些有志于改变世界的人：设计师、工程师、教育家、企业家和梦想家。

2021 年 11 月

序二　设计的当下使命

何人可　**湖南大学设计艺术学院学术委员会主任**

教育部高等学校工业设计专业教学指导分委员会委员主任委员

为了应对不断恶化的环境气候危机，围绕人类生存和未来发展的现实需求，联合国制定了到 2030 年的全球 17 个可持续发展目标，我国也提出了建设生态文明国家和在 2030 年“碳达峰”与 2060 年“碳中和”的双碳目标的战略任务，为国家经济社会实现可持续发展指明了方向。设计师作为创新性解决方案的提供者、社会意义的建构者，以及未来可持续愿景的描绘者，需要主动承担历史使命，担当重要角色，发挥积极的作用，也迫切需要系统的可持续理论研究与设计策略指导。

早在 1971 年，维克多・帕帕奈克就在《为真实的世界设计》一书中，从设计师的角度对设计的过度商业化提出了尖锐疑问：为什么很多精心设计的产品最终却会破坏环境？可持续设计正是出于设计学科对当今环境、社会、经济问题的深刻反思而进行的探索过程，并已经成为未来设计实践以及设计教育领域最重要的发展方向和共识之一。可持续设计在发达国家已经有近半个世纪的发展，并得到广泛认可与传播。很多国家的设计院校已经将可持续设计作为一个独立的教学模块，形成了较为系统的教学方法，并且与相关学科交叉协同，不断主动寻求创新性解决方案。在中国工业设计教育面临新文科、新工科转型的机遇和挑战下，可持续设计、绿色与生态设计正成为设计教学和研究的核心之一。在国际前沿趋势与国家发展战略的双重驱动下，国内设计院校虽已广泛开展可持续设计相关课程，但以“可持续设计”为主题的专著、教材或参考书仍极为缺乏，本书的出版恰逢其时，对于设计专业的教学与研究来说，都有重要的意义。

本书的内容吸收了国际上先进的理论研究成果，也包含了大量的原创性内容，体现出可持续设计在中国的最新研究成果与独到观点。可持续设计是一个全球性的研究与实践主题，需要广泛的国际交流与合作，本书的三位作者多年来积极参与相关的国际合作项目，具有宽广的全球视野，在亚洲、非洲和南美洲的发展中国家与国际同行们在科研、教学以及设计实践方面进行了广泛深入的合作，取得了丰硕的成果。我作为多个国际合作项目的成员，也有机会与他们一道与世界各国的专家交流，并实地参与了其中一些有意义的课题。特别是三位作者都深度参与了欧盟委员会发起的LeNS国际可持续设计学习网络项目，他们与来自世界各地的专家们一道，就可持续设计领域的大量实际探索、经验和积累进行深度探讨。本书融合国际视野和本地实践，为广大读者呈现了一套完整和系统的可持续设计知识体系和学习手册，具有重要的参考价值与指导意义。

何人可

2022年1月

序三　从资本中心转向人民中心

温铁军　中国人民大学教授，原农业与农村发展学院院长，国务院特殊津贴专家

2021 年年初，习近平总书记在讲话中提出了“三新”，即“把握新发展阶段，贯彻新发展理念，构建新发展格局”。这既是关系到我国下一阶段国计民生的关键性定位，也是设计在探讨未来发展路径的宏观背景，在我看来，这应该是设计整体朝向“可持续发展”的深层逻辑。

在过去的四十余载，我国通过加入全球贸易体系，既迈过了全面工业化的门槛，也付出了极大的代价，这种代价是全方位的。一方面，我们大规模开采资源，在自有资源不足的时候，大规模进口资源，之后进行大规模的生产，再大规模出口，以低价换取海外市场，获得宝贵的外汇，进而购买更多原材料扩大生产规模，周而复始。在这个产业资本扩张的过程中，环境的破坏也是大规模的：资源消竭，人们赖以生存的空气、水和土壤肉眼可见地被破坏。另一方面，大规模生产需要大规模的廉价劳动力，为了应对教育和医疗市场化派生的现金开支增加，成千上万的人们离开家乡，在流水线上以血汗青春求得生计。

这就是“三新”所对应的产业扩张旧阶段内生性的以资为本旧理念。

世纪之交，转向全球化的我国面临的难题是资本的稀缺。然而，如今包括我国在内，全世界面临的是资本过剩。2015 年前后，我国启动工业供给侧改革，实际上就是生产过剩的应对措施。所谓“三去一降”、关停并转、腾笼换鸟，实际上就是在慢慢摒弃之前的粗放式发展模式，提高工业生产的附加值，减少对自然环境的剥夺。同年还出台了脱贫攻坚战略，将过剩生产能力转向贫困地区，国家发债在贫困地区修路架桥，开展基本建设。从市场经济的角度来看，这是难以短期就收回成本的，但对不发达地区基础设施的大量投入，将长时间提高当地资源性生产要素的使用效益，改善民众生活。如此，“两山”思想和“以人民为中心”的理念就实现了内在统一。亲环境、亲贫困、亲民生、亲社会，就是新理念、新格局的具体表达。

在这样的宏观背景下，设计学科应该有自己的思考：过去是集中在城市获得产

业资本付费开展“以资为本”的设计，现在是走去乡村获得生态资源价值化收益，开展以生态多样性为内涵的可持续设计。

所谓可持续设计，在我看来，既包括了环境层面的可持续，也包括了社会和经济层面的可持续。作为一门应用学科，设计很难说能起到金融、公共管理等相似的职能，但是，设计也有自己独特的优势。设计出来的产品和服务能不能是亲环境、亲社会的？不只是为了有钱人的炫耀性消费去做设计，有没有方法去服务于更好的消费理念和生活方式？在设计的过程当中，有没有可能更多地考虑民生需求、社会效益？能不能为不发达地区、为乡村振兴多做点事情？我相信有很多设计师和设计研究人员，都已经在实践自己的思考。由此看，《可持续设计》一书正是一个很好的起点。

在 2018 年由全国人民代表大会通过的《中华人民共和国宪法修正案》中，修正的部分包括“推动物质文明、政治文明、精神文明、社会文明、生态文明协调发展，把我国建设成为富强民主文明和谐美丽的社会主义现代化强国，实现中华民族伟大复兴”。“社会文明”与“生态文明”被明确为实现中华民族伟大复兴的支柱，这是全国人民的期待，也是对设计学科提出的发展方向。

由是，与诸君共勉！

2022 年 1 月

前　言

关于这本书的思考与写作延续了很多年。在这期间，设计的可持续性问题，无论在设计教育、研究还是在设计实践领域都显得越来越迫切与重要。当今世界处于大变局中，尤其是 2020 年新冠疫情暴发后，地球村从来没有像今天一样，需要共同面对如此重大的危机。从历史的经验看，任何灾难都终将过去，创伤会平复，世界一如往常，人们依旧健忘，直到出现新的威胁与挑战。这个世界充满不确定性，人与自然的关系问题依旧是永恒的话题。在这样的大背景下，设计从业者将扮演什么角色，担当什么责任？设计界将如何行动，以回应社会的期待与诉求？一个有意愿改变世界的人，如何首先改变自己、更新知识、拓展视野、强化能力，参与促进向可持续社会的转型？这些问题都将是本书讨论的话题。

复活节岛的故事

很多人都听说过复活节岛（Easter Island），它位于遥远的南太平洋上，距离南美大陆 3000 多千米，是地球上有人居住的最偏僻、遥远、孤独的海岛。如今，复活节岛仅仅是一个旅游胜地，因为岛上分布着 887 尊神秘的巨人石像（当地人称为摩艾）。摩艾大小不等、形象奇特、神情严肃、面对大海。多数摩艾在发现时是被破坏与推翻倒地的。此外，岛上还有许多未完成的石像。这一切都暗示着曾经的文明与战争、繁荣与衰落。

复活节岛是火山岛，面积不大，约 166 平方千米，一度土地富饶、森林密布，有着极好的气候条件，如果善加利用，这里会是世外桃源、人间天堂。事实确实如此，考古发现证明，这里曾经有过辉煌的文明。大概在公元 3—5 世纪，拉帕努伊人开始在这里居住，并逐渐形成众多部族。随着生活的富足，各部落争相建造石像和祭祀平台，用于精心组织的宗教仪式。鼎盛时期，岛上的人口一度达到 15000 人。但不幸的是，这个人口数量远远超出了岛屿的生态承载力。按照科学测算，这个小岛最多只能养活 2000 人。

在公元 800 年前后，由于人口激增，森林砍伐殆尽，陆地动物和鸟类几近灭绝，浅海的生态也遭到了严重的破坏。拉帕努伊人从渔民变成了农民，他们开始养鸡，种植甘薯、芋、甘蔗，但产量越来越低，根本无法满足生存需要。为了补充蛋白质，终于他们开始吃人[1]，原来颇为复杂的社会结构也随之崩溃了。到1700年左右，历经饥饿、杀戮、混乱，岛上只剩下了2000人左右。幸存的拉帕努伊人在19世纪又遭受到西方贩奴者的大肆掳掠，加上瘟疫流行，到了1877年，岛上只剩110人。[2]

复活节岛的兴衰告诉我们，当社会经济的发展超越了环境与资源的承载力时，文明就会走向衰落。岛上的居民没有意识到，他们生活在一个几乎与世隔绝的岛上，他们的生存严重依赖于有限的资源，如果无节制地消耗这些资源，繁华就会如昙花一现。[3]在人类历史上，与此相似的例证不胜枚举。

事实上，地球就是一个更大号的复活节岛。千百年来，人类为了生存、繁衍与发展，无所顾忌地开发资源，建造出高度"文明"的繁华社会。但这颗星球的资源是有限的，一旦耗尽，厄运将至，人类也将无处可逃。从根本上说，历史上大多的对抗与战争都是"能量之争"，人类与生俱来的贪婪与争斗更是加剧了这种危机。**我们生活在一个孤独的"太空船"[4]里，至今为止，在茫茫宇宙中没有补给和外援。**人类世界是否会重演复活节岛的命运？这值得我们每个人深思。

几个数字的启示

我们这颗星球（地球号太空船）有46亿岁了。正如"盖娅假说"[5]所描述的，地球就像个"生物体"，它拥有生命所特有的一切特征。尽管遭到许多科学家的质疑，但盖娅假说绝非仅是哲学思辨，因为地球上的生命体与自然环境之间确实存在着复杂而连续的相互作用，并维持着一种微妙的平衡状态，如同一个完美的"生命"系统。人类从来就不是地球的主人，也不是地球的管理者，只是地球母亲的众多后代之一。

---

1 在复活节岛的考古分析中发现，文明后期垃圾中，人的骨头变得很常见。虽然其他地方的波利尼西亚人也有吃人的恶名，但大多出于宗教或迷信的原因，只是在特殊场合下才发生。而拉帕努伊人的吃人却有非常实际的用途：为了补充蛋白质。参考：里斯．复活节岛：消失的世界和神秘的文明 [M]. 许群航，柴君洋，译．上海：上海科学技术文献出版社，2017：32-35.

2 里斯．复活节岛：消失的世界和神秘的文明 [M]. 许群航，柴君洋，译．上海：上海科学技术文献出版社，2017：68.

3 马中．环境与自然资源经济学概论 [M]. 北京：高等教育出版社，2019:3.

4 美国经济学家 Henry George 在1879年出版了 *Progress and Poverty* 一书，把地球看作一艘资源有限的飞船；著名作家 George Orwell 也在著作 *The Road to Wigan Pier*（1937）中对 Henry George 的理论进行了更深入的解读。1966年著名经济学家 Kenneth Boulding 发表了 *The Economics of the Coming Spaceship Earth*，用这一理论来探讨人类如何在"总库存"有限的情况下进行发展。在20世纪60年代末期逐渐形成了一套完备的太空船理论，影响深远。

5 希腊神话中大地女神的名字，盖娅假说由詹姆斯·洛夫洛克提出，认为地球是一个"生命体"，并将盖娅定义为涉及地球生物圈、大气层、海洋、土壤的复杂实体，为地球上的生命寻求最佳的物理与化学环境，通过主动控制来维持相对恒定的条件。参考：LOVELOCK J E. Gaia: a new look at life on earth[M]. New York： Oxford University Press，1979.

人类的历史只有短暂的 20 万年，只是微不足道的一瞬间。作为寄居在地球母体上的生物种群之一，人类拥有独特的智慧和创造力。在漫长的进化历程中，人与自然曾经和睦相处。渐渐地，人类似乎主宰了一切生灵，也一度幻想着彻底主宰这颗星球。

工业革命 200 多年，我们创造了前人无法想象的物质财富，同时也开始打破这颗星球从“摇篮到摇篮”的完美生态系统。人类在创造文明的同时也污染着空气、土地和水源。科学技术带来的高速发展甚至超过了我们自己的想象，渐渐失去了应有的控制。

中国改革开放 40 多年，发展成就举世瞩目，令国人振奋，但我们付出的代价也是沉重的。如何改变以往粗放型的发展模式，实现生态文明与可持续社会的转型，这将是未来几代中国人的挑战和使命。

事实上，人类活动对这颗星球的影响已经深入到地质层面。从 20 世纪下半叶开始，在整个历史中都是独一无二的，许多人类活动达到了失控点，并在 20 世纪末急剧加速。毫无疑问，最近 50 年见证了人类与自然关系最迅速的转变。[1] **我们已经进入了新的“地质时代”，专家称之为“人类世”（Anthropocene），一个人类要为地球系统变化负责任的时代**。[2]

根据全球生态足迹网络（Global Footprint Network）2021 年发布的数据，迄今为止，人类已经消耗了相当于 1.7 个地球的生态承载能力[3]，见图 1。如果按照目前的趋势，到 2050 年将需要 2.9 个地球的资源与容量来支撑我们的发展，以及消纳我们的废弃物[4]。而我们只有一个地球，多消耗的那部分就是“借用”子孙后代的补给，或更准确地说是“掠夺”的，因为我们注定无力偿还。根据世界可持续发展工商理事会（WBCSD）的研究数据，**在未来 50 年内，以目前的消费水平和人口增长速率计算，我们的工业化社会必须减少 90% 的资源消耗，才有可能奢望一个可持续发展的社会**。[5] 对此你有信心吗？

---

1 STEFFEN W，SANDERSON A，TYSON P D et al. Global change and the earth system：a planet under pressure. Berlin：Springer，2004：131.

2 为了强调今天的人类在地质和生态中的核心作用，诺贝尔化学奖得主保罗·克鲁岑提出了“人类世”（Anthropocene）的概念。自 18 世纪中后期的工业革命开始，人类成为影响环境演化的重要力量，尤其在过去的一个世纪，城市化的速度增加了 10 倍，几代人正把几百万年形成的化石燃料消耗殆尽。未来甚至在 5 万年内，人类仍然会是一个主要的地质推动力。因此，有必要从“人类世”这个全新的角度来研究地球系统，重视人类已经而且还将继续对地球系统产生巨大的、不容忽视的影响。参考：CRUTZEN P J，STOERMER E F. The “anthropocene” [J]. IGBP newsletter，2000(41)：17-18.

3 资料源自全球生态足迹网络（Global Footprint Network）官方网站：https://www.footprintnetwork.org/our-work/ecological-footprint/。

4 世界自然基金会 . 地球生命力报告 2012 特别摘要 [EB/OL]. [2021-09-26]. https://www.wwfchina.org/content/press/publication/2012LPR-RioCN.pdf.

5 WBCSD. Eco-efficient leadership for improved economic and environmental performance[R/OL]. 1996[2021-09-26]. http://wbcsdservers.org/wbcsdpublications/cd_files/datas/wbcsd/business_role/pdf/EELeadershipForImprovedEconomic&EnviPerformance.pdf.

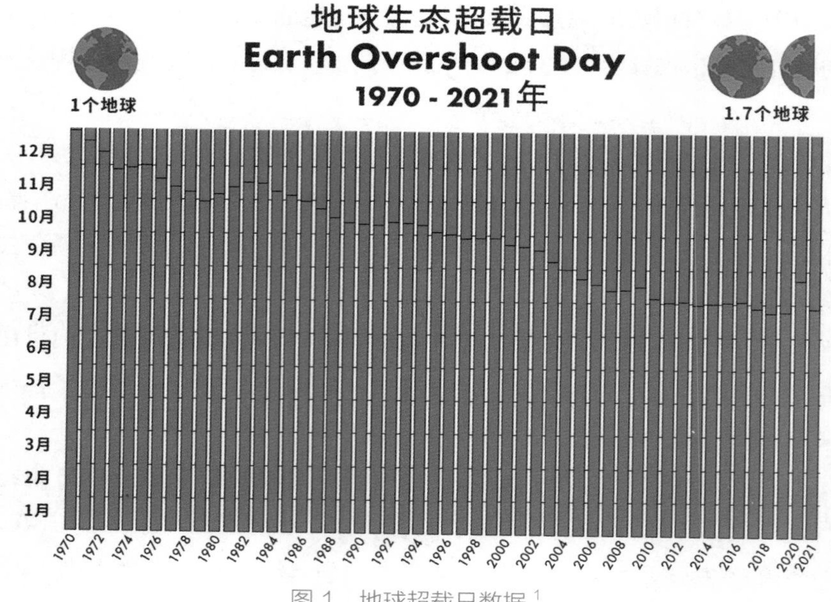

图 1　地球超载日数据[1]

可以想象，如果人类社会按照目前的发展模式和增长速度，未来 50 年、100 年、200 年，我们或许会取得更加“辉煌”的物质成就，同时也会造成更大的环境影响，以及更严重的社会、经济问题。这将不再是可持续的“发展”问题，而很可能是人类的“生存”问题，复活节岛的悲剧并不遥远。

设计与可持续性

按照赫伯特・西蒙的观点，只要人们将知识、经验以及直觉投射于未来，目的是改变现状的活动，都带有设计性质。设计因此被理解为人类带有目的性、指向未来的创造性行为。通俗地讲，**设计具有两个重要的职责，一是面对“当下”解决问题或创造意义；二是面向“未来”构建愿景**。

首先，从最古老的人类造物活动到今天的工业产品设计，人们总是在发现问题、解决问题，并创造价值或意义。事实上，设计的本质从来没有变，只是“问题”与“意义”本身在不断变化。以往我们更多关注的是造型、功能、使用性、商业营销、品牌塑造等，设计师的任务就是把产品设计得更美观、更适用、便于加工制造与运输、有独特的品牌形象等。而今天，设计所面对的语境已经改变了，而且比以往任何时

1　地球超载日这一天标志着我们（全人类）从大自然中获取的生态资源与服务量，超过了这颗星球在一年中所能再生的量。图中数据显示，人类从 1970 年起就开始超支地球的生态资源，2021 年的生态超载日是 7 月 29 号。见：https://www.footprintnetwork.org/our-work/ecological-footprint/。

候都要复杂：环境危机、资源枯竭、食品安全、公共卫生与健康、社会公平、文化多样性、城乡关系、老年社会，等等，这一系列综合的可持续发展问题成为当下设计师无法回避的挑战。[1]

此外，除了面对现实，预见未来同样是设计师的重要职责。设计要提出梦想与愿景，描绘一张未来美好生活的预想图，展现出可持续性社会的诸多可能性。实际上，设计本身就具备“未来”属性。面对不确定的未来，设计师会预判技术趋势与社会期待，以及可能发生的冲突和问题，并秉持某种立场，虚构出一个“合意的”未来（包括场景、系统、建筑、服务或产品）。设计本身从来不是目的，而是一种实现价值目标的手段。可见，在当今社会转型的大语境下，无论是面对当下的还是未来的问题和意义，可持续性都是设计要追寻的终极目标。

在很长一段时间内，可持续性（sustainability）仅仅是设计领域中的一块道德高地或一个貌似重要的研究方向，设计界整体的重视程度和投入的努力都远远不足；时至今日，可持续发展已经成为人类共同面对的首要问题，设计已经深深地融入其中，成为实现可持续性的众多手段之一（图 2）。设计角色的这种转变可以从“工业设计”定义的多次修订中看到清晰的脉络。[2]

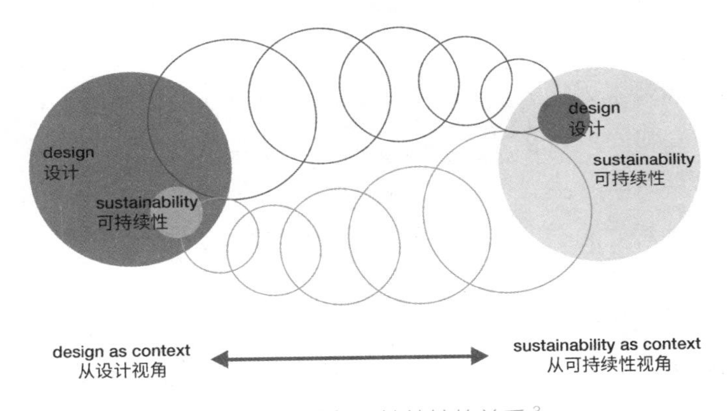

图 2　设计与可持续性的关系 [3]

1　刘新 . 设计的边界 [J]. 装饰，2014（增刊）：134-136.

2　从 20 世纪 50 年代开始，工业设计的定义经历了 5 次修订。2015 年，“国际工业设计协会”(ICSID) 正式更名为“国际设计组织”（WDO），并宣布了工业设计的最新定义：（工业）设计旨在引导创新、促发商业成功及提供更好质量的生活，是一种将策略性解决问题的过程应用于产品、系统、服务及体验的设计活动。它是一种跨学科的专业，将创新、技术、商业、研究及消费者紧密联系在一起，共同进行创造性活动，并将需解决的问题、提出的解决方案进行可视化，重新解构问题，并将其作为建立更好的产品、系统、服务、体验或商业网络的机会，提供新的价值以及竞争优势。（工业）设计是通过其输出物对社会、经济、环境及伦理方面问题的回应，旨在创造一个更好的世界。参考：https://wdo.org/glossary/industrial-design/。

3　DEWBERRY E，FLETCHER K. Demi：linking design with sustainability[C/OL].The 7th European Roundtable on Cleaner Production，IIIEE，May 2-4，2001，Lund，Sweden. 2001[2022-03-10]. http://libeprints.open.ac.uk/27047/1/ERCP_Lund_2001.pdf.

我们今天讨论的设计与可持续性有着极为密切的联系，在某种程度上，“好设计”就是具有可持续性的设计。作为设计从业者，我们有必要跳出传统设计专业的单一视角，站在更广阔的环境、社会、文化、经济可持续发展的角度上，来理解设计的角色和价值。这就是可持续设计的基本立场。

积极的行动主义者

尽管从数据和趋势看，未来充满挑战，实现可持续社会的愿景困难重重，但希望依然存在。因为“人性中除了自我伤害，也同样具有爱和感知的能力，并可能运用智慧找到减少自我伤害的方法。……而且，我们只能充满信心，预见未来的灾难情景将帮助我们催生出集体智慧，正如理解死亡可以帮助一个人更明智地生活（并更加珍惜）一样”[1]。可以这样理解，人类整体有可能在预见到巨大危机时作出更明智的决策，基于共同合作，采取有约束、有策略、有系统的自救行为。这种觉醒是未来的希望所在。**毫无疑问，一个更加可持续的世界有赖于当今的生活方式、生产方式，以及相应的经济发展模式的重大转型，而留给我们进行变革的时间已经不宽裕了。**

遗憾的是，面对未来的态度以及如何行动并未达成广泛共识，本书各章节将会分别阐述这些不同观点，比如“强可持续”与“弱可持续”的不同发展范式，以及“人类中心主义”“技术中心主义”与“生态中心主义”等。总体来说，人们在面对未来时可能会有两种对立的态度，即悲观主义或乐观主义，当然，很多人的态度可能介于之间，或根本漠不关心。

对于悲观主义者来说，气候异常、空气污染、资源枯竭，以及生态环境的全面恶化是不可逆的过程，人类自作自受、在劫难逃，复活节岛的预言真实不虚。正如诺兰的影片《星际穿越》中描述的未来场景，地球终将成为不适宜人类生存的星球。种种迹象表明，那个触发地球自毁的程序已经启动了，人类的努力只能是延缓这个进程而已。事情终究会发生，可能是明天，也可能在数百年后，人类终将要灭绝，或幸运的话，离开“盖娅”母亲，在茫茫太空中寻找到新的居所。

对于乐观主义者来说，这种担忧是多余的。上述问题大都可以通过技术进步得到完美解决。诸如利用大数据、人工智能与生物技术的无限潜力，以应对交通、居住、健康、食物、环境卫生等问题。这种观点似乎有充分的理由，毫无疑问，技术会展现出超乎我们想象的精彩与能力。从人类的文明进程看，技术始终扮演着颠覆者的

1 CARLO V，EZIO M. Design for environmental sustainability[M]. London：Springer，2008：3.

角色，是历史发展的核心推动力。不过，当下及未来的可持续社会转型，涉及极为复杂的社会、文化、经济系统的变革，仅仅依靠技术本身是无法应对的。因为技术既不是“中立的”也不是孤立存在的，商业利益、意识形态、政治制度、文化传统都会对其产生引导和制约；此外，技术的成熟也依赖时间，实验、迭代、完善与稳定运行的过程不可能一蹴而就。在可以预见的未来，技术的能力还远远无法解决上述棘手问题；并且，技术依旧靠人来掌握，如果技术成果被垄断，或不适当使用技术，不仅无助于问题的解决，反而可能加剧危机和社会矛盾；当然还有一种可能性，就是技术失控，其后果更无法想象了。

也有人会认为，生态环境的可持续性就是一个伪命题。这颗星球有其自身的规律，会顺其自然的接纳、淘汰与更新。人类的干预（无论是出于善意、恶意还是无意）从更宏观的视野看是无足轻重的。可持续只是人类的一厢情愿，与自然或这颗星球的“命运”无关。亿万年来，地球经历过我们人类无法想象的气候与环境变化，她依然健在，而依附在她身上的生命形态却经历了无数次的更迭与轮回。所以，与其说我们在保护地球，不如坦率地承认，我们只是关心人类自身而已。可持续关乎人类的未来，而不是这颗星球。这一态度是坦诚的，抛开了人类的自大，也没有回避问题的本质。但无论如何，可持续性的研究与探索是有意义的，并非伪问题，因为人类无法离开自然而独立存在。

这颗星球的未来如何？人类是否有望达到一个可持续的社会？没有人知道答案，但我们依然期待一个更美好的未来：人类的文明成就有机融入到依旧生机盎然、纯净富饶的自然环境中；经济繁荣、社会昌明、人与动物都安享快乐、和谐与幸福的生活。当然，这个愿景的实现依赖每一个人。作为设计师，其天职就是参与创造一个更美好的世界。实际上，无论对未来抱持的态度如何，**设计师都是积极的行动主义者，其使命就是面对当下与未来的问题，不断提出新的创见和可能性，并努力将梦想实现，以促成一个可持续的未来社会**。

关于本书

尽管可持续性相关理论涉及环境、生态、哲学、社会、经济和技术等诸多领域，但这毕竟是一本关于“设计”的书。因此，基于设计的实用性与操作性特点，探讨如何运用设计理论、方法与策略创造“可持续的未来”将是贯穿始终的基本逻辑。

本书经过不断的资料收集、整理、思考、调整、删减，最终形成了 12 章，可以大致分为理论与策略两个部分。第 1、2 章属于理论部分，介绍了可持续发展与设计的相关历史背景、发展脉络与核心观点（包括争议），希望为读者构建出宏观的知识图景和演进路线。从第 3 章开始详细讨论不同的设计策略。第 3~8 章聚焦于环境维度的设计策略探讨，包括生命周期设计、循环再生设计、重复使用与升级再造设计、耐久性与情感化设计、减量化设计以及向自然学习的设计，属于经典的绿色设计与生态设计研究范畴。当然这些策略本身或多或少会涉及对复杂系统的思考，包括社会、文化与心理要素，但总体上是以环境可持续为目标的。第 9 章讨论可持续的产品服务系统设计，这是可持续设计策略中最具特色的内容之一，即超越了单一“物”的设计，而将产品与服务融为一体，作为一个完整的设计解决方案，涉及经济模式和消费方式的可持续性思考。第 10 章讨论社会创新设计，相对于前面章节，社会维度聚焦于人的因素，所探讨的问题更加错综复杂，是可持续设计研究的前沿，充满挑战性。第 11 章讨论分布式系统与可持续设计，这是一种极具潜力的未来经济模式，将为可持续转型提供新的视野和可能性。第 12 章讨论整合性的系统设计，是对上述各种策略在不同规模和尺度上的综合应用。最后的结语是对书中主要观点的回顾和总结。

本书是多位作者通力协作的结果，除了三位主要作者外，清华大学的夏南、王渤森、宋佳珈、刘屹几位博士研究生，以及意大利都灵理工大学的毛利（Maurizio Vrenna）博士都参与了部分章节初稿的撰写，资料收集、翻译、整理，以及后期文稿与图片的整理等大量工作。本书的作者们都是国际可持续设计学习网络（Learning Network on Sustainability，LeNS）的成员，多年参与该项目研究、教学与实践的经验积累，为本书的写作提供了大量营养、素材和灵感。本书的出版要感谢清华大学出版社冯昕编辑的大力支持，以及蔡军教授与邱松教授的推荐。此外，要特别感谢柳冠中教授、何人可教授、温铁军教授三位德高望重的前辈对本书写作的关注与支持，并抽出宝贵时间审阅初稿与撰写序言。

本书写作的原则是在保证学术严谨的同时，力求通俗易懂；此外，带着一份敬畏心和谦卑心是写作的基本态度。设计作为一门实践性、应用性为主的学科，其本身就处在发展演化过程中，而关于可持续性的讨论也充满了不确定性，甚至争议。因此，本书从未奢望提供所谓的“标准答案”，而是希望启发思考与促成行动。“不完美”本就是这个世界的常态，我们都处在不断学习和“进化”之中，因此，书中的错误或疏漏不可避免，我谨代表几位作者感谢读者的宽容和理解。

刘新

2021 年于清华园

目 录

第 1 章　可持续发展 — 1

1.1　人与自然的互动 — 2

1.2　从环保运动到可持续发展 — 7

1.3　可持续发展的核心议题 — 13

1.4　理论争议 — 19

1.5　人类何以可持续 — 25

第 2 章　可持续设计 — 27

2.1　设计的觉醒 — 29

2.2　绿色设计 — 33

2.3　生态设计 — 35

2.4　产品服务系统设计 — 37

2.5　为社会公平与和谐的设计 — 38

2.6　为可持续转型的设计 — 40

2.7　演进的内在逻辑 — 42

第 3 章　生命周期设计 — 45

3.1　回到源头的设计 — 47

3.2　产品生命周期 — 50

3.3　生命周期设计的策略 — 56

3.4　可选择的策略集合 — 60

第 4 章　循环再生设计 — 63

4.1　什么是循环再生 — 64

4.2 循环再生的步骤 — 66
4.3 循环再生的设计原则 — 68
4.4 必要的末端处理 — 76

第 5 章 重复使用与升级再造设计 — 77

5.1 重复使用设计 — 78
5.2 升级再造设计 — 95
5.3 物品“升值”与系统“再造” — 99

第 6 章 耐久性与情感化设计 — 103

6.1 弃置物品的原因 — 104
6.2 有计划废止与永恒的设计 — 106
6.3 耐久性设计 — 109
6.4 情感化设计 — 114
6.5 对耐久性的反思 — 121

第 7 章 减量化设计 — 123

7.1 减少材料消耗 — 124
7.2 降低能源消耗 — 130
7.3 无害化设计 — 133
7.4 对减量化设计的反思 — 141

第 8 章 向自然学习的设计 — 143

8.1 设计中的自然史 — 145
8.2 学习自然的设计策略 — 149
8.3 向自然学习的设计案例 — 156
8.4 隐秘知识的启发 — 168

第 9 章 产品服务系统设计 — 171

9.1 源起与定义 — 172

9.2 产品服务系统的特性 — 175
9.3 产品服务系统的分类 — 177
9.4 产品服务系统的设计案例 — 179
9.5 可持续性、阻力与趋势 — 184

第 10 章 社会创新设计 — 187

10.1 社会可持续 — 188
10.2 社会设计：为人民的设计 — 189
10.3 社会参与式设计：与人民的设计 — 193
10.4 社会创新设计：由人民的设计 — 196
10.5 结论与反思 — 201

第 11 章 分布式经济 — 203

11.1 分布式系统的历史源流 — 204
11.2 分布式经济的概念、特征与类型 — 206
11.3 分布式经济的可持续性 — 212
11.4 分布式经济的设计案例 — 212
11.5 潜力与局限 — 217

第 12 章 系统设计 — 219

12.1 系统设计的意义 — 220
12.2 用系统的方式思考 — 221
12.3 系统设计的范畴与演进 — 223
12.4 系统设计的原则与方法 — 226
12.5 系统设计案例研究 — 230
12.6 被定义中的系统设计 — 239

结语 — 241

参考文献 — 245

第 1 章　可持续发展

可持续发展（sustainable development）是针对人类社会、经济发展与资源、环境愈演愈烈的冲突而提出的。关于人与自然关系的讨论由来已久，只是工业革命以后，随着环境问题加剧而逐渐成为热点，并不断得到拓展和深化，最终于 20 世纪 80 年代由联合国提出了“可持续发展”的概念。可持续发展包括三个主要方面：以自然资源的高效利用和良好的生态环境为基础，以经济发展为前提，以谋求社会的全面进步为目标。

可持续发展（sustainable development）这一术语兴起于西方，是针对人类社会、经济发展与资源、环境愈演愈烈的冲突而提出的概念。近几十年来，随着经济高速发展，中国也遇到了同样的问题，并且挑战更加严峻。事实上，“可持续性”（sustainability）理念也根植于中华文明的源头，天人合一、道法自然、因地制宜、物尽其用、适可而止等，都是有关人与自然关系的朴素却深刻的认知。然而，如何将西方的可持续发展理念与东方的传统智慧相结合，融汇为当代人类共有的知识体系与精神财富，并服务于可持续社会转型以及人类命运共同体的构建，这是当今学者们孜孜以求的问题，也是与普罗大众息息相关的问题。

无论在学术领域或大众媒体中，对于可持续发展都有多种不同观点。如将其等同于激进的环境保护，部分欧洲学者甚至提出“去发展”（degrowth），以最大限度地停止人类活动对自然环境的影响；也有学者强调其社会性的一面，关注低收入群体的基本生存和福祉，质疑不加“区别责任”的环保法规，以及不符合“公平”原则的经济发展。然而，对于中国来说，情况却复杂得多。一方面，我国东部沿海地区的社会经济发展已经接近中等发达国家水平，“消费主义”对年轻一代有着巨大的吸引力；另一方面，我国刚刚完成了脱贫攻坚任务，但仍然有大量中低收入人群，城乡差距巨大。而与此同时，气候异常、生态危机、环境污染、资源匮乏以及多种社会矛盾等问题迫在眉睫。这一切问题迫使我们努力寻求一条符合中国国情的可持续发展之路。

为了展望未来，需要回顾历史。本章我们将从历史的源头开始，梳理人类社会曾经的多种发展模式，或许不免片面或武断，但有助于读者理解可持续发展理念的演进语境，以及对于当今世界的重要性和紧迫性。

1.1 人与自然的互动

1.1.1 从史前到农业社会

地球是人类赖以生存的唯一家园。实际上，在智人出现之前，已经有无数的生命曾经安居在此，随着地球的气候、环境与地质变化，新的生命又出现、灭绝，此起彼伏。从三叶虫到恐龙，形形色色的生物在地球上转瞬即逝，而这颗星球依然围绕着太阳转动，似乎是个永恒的存在（图 1–1）。

图 1–1　中国风云四号拍摄的地球照片
（图片来源：http://www.cma.gov.cn/2011xzt/2017zt/2017qmt/20170224/ 2017022801/201703/t20170301_396460.html）

在这颗行星之内，最大的生态系统是生物圈，所有的生物在此栖息繁衍。各种动物、植物、微生物都从环境中获取生命的养分，之后经过排泄、腐烂、转化重新回到环境中，回到非生物界的矿物质储存库里。各种物质在这个星球的系统中循环流转，不增不减。在这个庞大生物圈里无数大大小小的生态系统中，都包含着三个基本角色：生产者（如植物）、消费者（如动物），以及分解者（如细菌、真菌与其他微生物等）。植物从大气和土壤中吸收营养元素，将太阳能转变为植物的组织，这个过程被称为初级生产，其生产成果是包括人类在内的所有消费者生存的基础。

在生态系统中，人类因为存在着大量天敌，也不居于食物链顶端，并非是天然的统治者。但人类通过群居与合作，发展出独特的社群，并在此基础之上，以集体学习的形式发展出文化。[1] 人类通过文化，而非单纯的自然进化，更快、更好地适应了环境，逐渐在生物圈中占据了主导地位。[2] 在漫长的进化史中，人类从自然的束缚中慢慢解脱出来，并一步步开始了改变世界、统治世界的征程。

在距今约 20 万年前，我们的祖先智人离开了非洲，向这颗星球的各个角落开始了艰难的跋涉。由于能够使用工具和火，并以群体形式生活，人类从一开始就显示出对环境的巨大影响力。据估计，北美原有 47 属各类大型哺乳动物，在人类到达之后的两千年内消失了 34 属。古生物学家的研究表明，澳大利亚和美洲的生物

1　亨里奇 . 人类成功统治地球的秘密 [M]. 北京：中信出版集团，2018：5.

2　克里斯蒂安 . 起源：万物大历史 [M]. 孙岳，译 . 北京：中信出版集团，2019：204.

大灭绝，其时间与智人到达的时间相吻合。**我们的祖先远在万余年前，就已经深刻地改变了地球的生态环境**。[1]

进入农业社会之后，人类通过驯化动物与植物，提高了能量转化效率。在此基础之上，人类社会与文化的复杂性不断提高，世界各地都出现了高水平的文明，人口也开始缓慢增长。然而，文明受农业滋养，也可能因农业而消亡。据《绿色世界史》记载，在肥沃的两河流域，当农业生产率达到高峰之后，产量却不断下降，公元前2000年出现了“土地变白”的报告，显示着过度耕种给土地带来的盐碱化后果。到公元前1800年，粮食产量只有早期的1/3，苏美尔农业随之崩溃，在被巴比伦征服之后，逐步消亡。[2]

农业的发展，人口的增长，环境的退化，几乎发生在所有的早期文明中。如气候温暖的地中海流域，其自然植被曾是橡树、山毛榉和松树等常绿和落叶混合林，如今却以橄榄、葡萄和香草闻名世界，而这正是砍伐森林、过度放牧与农业耕种导致的土壤肥力下降、环境恶化的结果，柏拉图在《克里底亚篇》中就真实记载了这一变化。[3] 在中国，黄河的泥沙正是上游植被破坏之后土地被侵蚀的结果。《诗经》中曾记载，黄土高原南部野鹿成群、虎豹出没、森林繁茂。但地处中华文明的核心地带，黄河流域的人口不断增长，大兴土木，毁林开荒，精耕细作，靠天吃饭，原始植被不断退化[4]，到新中国成立初期，森林覆盖率仅为6.1%[5]。

不过，尽管如此，当时的人类对于自然环境的破坏还是有限的。即使在农业生产力最发达的时代和地区，人类所造成的环境影响，即使局部已经到了很严重的程度，但从整体而言也是微不足道的。因为相对于今天，那时依旧是“空旷的世界”[6]，大自然还拥有足够的生态容量（environmental capacity）。

1.1.2 从大航海到工业革命

随着人类能力的增长与视野的拓宽，我们与生俱来的那种探索未知、占有土地和财富的欲望也在滋长。1492年，哥伦布开始了他著名的东方之旅，自此“大航海时代”拉开了序幕，欧洲开启了大规模殖民的发展阶段。当西班牙殖民者到达美洲之后，他们开拓荒地、烧毁森林、灭绝原住民，大面积种植欧洲稀缺的经济作物，

---

1 赫拉利．人类简史：从动物到上帝 [M]. 林俊宏，译．北京：中信出版集团，2017：66.

2 庞廷．绿色世界史：环境与伟大文明的衰落 [M]. 王毅，译．北京：中国政法大学出版社，2015：60.

3 同 2：64.

4 伊懋可．大象的退却：一部中国环境史 [M]. 梅雪芹，毛利霞，王玉山，译．南京：江苏人民出版社，2014:26.

5 黄怡平．黄土高原生态环境沧桑巨变七十年 [N]. 中国科学报，2019-09-03 (8).

6 魏伯乐，维杰克曼．翻转极限：生态文明的觉醒之路 [M]. 程一恒，译．上海：同济大学出版社，2019: viii.

如甘蔗、烟草、玉米等，以前所未有的速度改变大陆的原生态系统，这是“世界动植物史上一场巨大的一体化的开始”[1]。当第一批欧洲人到达美洲和澳洲后，先是为了食物，之后则是为满足富裕阶层对野生动植物制成的奢侈品的需求而大肆捕猎，导致大量动植物种群灭绝。[2] 与此同时，殖民者有意无意地引入了各种动植物，如英国农民将兔子带到澳洲，导致了当地永久性的生态失衡，大量本土动植物灭绝或减少，使得不同地理区域的生态系统日趋相似，丧失了多样性。[3]

殖民者对于当地农业系统的破坏更为长期而普遍。无论是南美洲还是东南亚，这些区域的原住居民在几千年的历史中，逐步摸索出适合当地气候与物种条件的传统农业模式。**但殖民者对土地资源的利用却有更重要的经济目标，即大规模种植经济作物，并低价销售至欧洲。为了快速获得利润，殖民者放弃了传统农业的间种、轮作、休耕等技术，随之带来土壤退化，地力耗尽，病虫害滋生，最终导致生态崩溃。**[4] 大规模耕作需要廉价劳动力，从非洲贩卖奴隶就成了不可或缺的一环。如此，非洲奴隶、美洲与澳洲的土地，以及欧洲的市场紧密相连，世界性贸易第一次形成。[5]

生态环境遭到严重破坏的情况同样也发生在欧洲。欧洲大陆人口增长带来的资源紧缺与中国相比并无二致，甚至更为严重。[6] 1700 年左右，德国萨克森州由于大力发展采矿业，在短短十几年的时间里，人们以不可持续的速度砍伐树木，用于矿石冶炼。最终木材的短缺导致了大量矿场破产或关闭。**当时担任矿产监察官的卡洛维茨（Carlowitz）率先意识到资源过度开发的恶果，并在其著作《林业经济学》（*Sylvicultura Oeconomica*）中批判了木材资源使用策略的短视和盈利思维，并首次提出了“可持续”的概念。**但是在 18 世纪 60 年代工业革命开启之后，英国的煤产量迅猛增加，西欧各国相继进入工业化时代，资源短缺不再受到人们关注，没有人再提及这位矿产监察官的警告，直至 100 年后，人们才发现可持续思想的价值。

工业革命使欧洲进入机器时代。蒸汽机的使用使得煤炭开采量迅速上升，价格下降，带来了其他工业的快速发展，如纺织、冶炼、交通等。[7] 化石能源开始取代生

1　庞廷 . 绿色世界史：环境与伟大文明的衰落 [M]. 王毅，译 . 北京：中国政法大学出版社，2015:125.

2　1869 年，巴西一地就出口了 17 万只用来摘取羽毛的死鸟；19 世纪欧洲的兰花热，导致巴西每年从热带雨林中挖出 10 万株以上出口；20 世纪 70 年代，北美野牛开始被制成商用皮革，每年被屠杀的野牛高达 300 万头，到 20 世纪 90 年代就迅速灭绝；斐济的檀香树在 1804—1809 年间全部被砍完，夏威夷群岛的檀香树在 1825 年被砍完。参见：庞廷 . 绿色世界史：环境与伟大文明的衰落 [M]. 王毅，译 . 北京：中国政法大学出版社，2015:133.

3　克罗斯比 . 生态帝国主义：欧洲的生物扩张，900—1900[M]. 张谡过，译 . 北京：商务印书馆，2017:183.

4　庞廷 . 绿色世界史：环境与伟大文明的衰落 [M]. 王毅，译 . 北京：中国政法大学出版社，2015:158.

5　马立博 . 现代世界的起源：全球的、环境的述说，15—21 世纪 [M]. 夏继果，译 . 北京：商务出版社，2017:86.

6　彭慕兰 . 大分流：欧洲、中国及现代世界经济的发展 [M]. 史建云，译 . 南京：江苏人民出版社，2004: 129.

7　同 6：187.

物能源，促使工业高速发展，同时环境污染开始普遍出现。1780—1880 年的 100 年间，英国利用煤炭所提供的能源建立了世界上技术最先进、最有活力和最繁荣的经济，但也导致了英国历史上最严重的大气污染。由于生活污水与工业废水都直接排放入河中，造成了严重的河流污染，1858 年爆发了著名的“伦敦大恶臭”。[1]1872 年，英国人罗伯特·史密斯第一次创造了“酸雨”这个词汇，来指称工业污染所造成的降水酸化现象。环境污染、生态恶化所导致的直接后果就是疾病流行。1831—1866 年，英国爆发了四次大规模霍乱；1952 年伦敦烟雾事件的 4 天内就有 4000 多人死亡，成为现代最严重的环境污染事件之一（图 1–2）。

图 1–2　1952 年 12 月 5 日，一股厚厚的黄色云层降落在伦敦。这是由于煤炭燃烧的两种副产品二氧化硫和二氧化氮之间发生反应，加上伦敦寒冷的雾气，使得烟雾变得有毒（图片来源：https://www.history.co.uk）

从现代人类出现直至今日，无论是在冰雪皑皑的北极，还是在酷热暴雨的热带，人类为了生存和繁衍，进行分工合作，发明创造工具，以自然为根基，被自然所约束，在全球各地都形成了高度发达的自给自足的文明。在大航海兴起之后，西欧各国开始了全球尺度的殖民与扩张，阻断了这一进程，并在短短几百年间，改变了地球的生态平衡。殖民国家快速积累财富，率先进入高能量的现代社会，而被奴役的人民与土地，至今大都未能消化这一后果，无法跳出经济贫穷与环境贫困的双重陷阱。**与其说这是“人类中心主义”[2]带来的恶果，不如说这就是“资本中心主义”的必然产物。少部分人享受了发展的成果，全体人类承受了环境破坏的代价。**

1　在英国工业革命中，棉纺织业是第一个实现机械化的行业，纺织厂生产过程中所产生的污水全部排进河中，使河流遭到污染。而纺织业的发展带动了化学印染工业的发展，1791 年，克劳德·贝托莱出版了《染色技术》，不久又发明了将氯转换成工业漂白剂的技术。化学印染技术的广泛运用，对环境和水资源带来了更加直接的破坏，1858 年被称为泰晤士河的“奇臭年”。参考：克拉潘．现代英国经济史（中）[M]. 姚曾廙，译．北京：商务印书馆，2014.

2　人类中心主义见后文详述。

1.1.3 大加速

“二战”之后，严重的生态破坏与环境污染问题频频进入公众视野。最严重的事件包括：1954—1955 年洛杉矶光污染事件，死亡超过 4000 人；1952 年伦敦毒雾事件；1956 年日本熊本水俣病事件；1969 年美国圣巴巴拉海峡漏油事件；1984 年印度博帕尔化工厂爆炸事件，导致 57.5 万人丧命，20 万人残疾；1986 年切尔诺贝利核泄漏事件，等等。随着无线电技术和家用电视机的普及，这些事件直接呈现在公众面前，激起了强烈的社会反响。

从 20 世纪中叶开始，各种数据显示，人类社会经济的高速发展已经深刻影响了这颗星球的生态环境，而且呈现愈演愈烈的趋势。尤其是全球变暖将给人类未来带来无法想象的严重后果。人类在近一个世纪以来主要依赖矿物燃料（如煤、石油等），排放出大量的二氧化碳（CO_2）等多种温室气体，从而导致全球变暖。20 世纪全世界平均温度约攀升了 0.6 摄氏度，北半球春天的解冻期比 150 年前提前了 9 天，而秋天霜冻开始时间却晚了约 10 天。受气候变暖影响，北极圈内多年冰的面积在 35 年内便急剧减少了 95%。[1] 这一切将对全球环境产生不可逆转的影响，导致气候灾难频发、海平面上升、瘟疫流行、粮食危机、动植物种群迁徙或灭绝等后果。**环境变化的“大加速”给人类社会带来了极大的不确定性，也进一步加剧了不同民族、国家与地区之间的敌意和争斗。**

1.2 从环保运动到可持续发展

1.2.1 环保运动的兴起

正如本书前言中提到的，人类是具有理性和反思能力的物种，当预见到巨大危机时可以作出更明智的决策，并采取自救行为。事实上，从 20 世纪 60 年代开始，各类环保运动就不断兴起，直接促进了可持续思想的复兴。推动这一进程的主要因素包括：与污染相关的科学研究，尤其是放射性尘埃、烟雾和化学物质的研究，以及这些污染对人类和生态系统影响的研究都取得了长足的发展；蕾切尔·卡逊（Rachel Carson）[2]、巴里·康芒纳（Barry Commoner）[3] 等人将这些专业知识转

---

1 参见世界自然基金会网站 https://arcticwwf.org/places/last-ice-area/。

2 美国海洋生物学家、作家蕾切尔·卡逊（Rachel Carson）1962 年出版了《寂静的春天》一书，首次反思了因过度使用化学农药与肥料而导致的环境污染、生态破坏最终可能给人类带来重大灾难。该书被认为是世界环保运动的奠基石。

3 巴里·康芒纳（Barrry Commoner）1974 年出版《封闭的循环》，第一次将自然、人与技术联系起来，从生态学维度揭示出环境危机的根源就在于“人为技术圈”与“自在生态圈”之间的作用与反作用，提出著名的“生态学四法则”。本书在后续章节中多有提及。参考：KRIER J E. The political economy of Barry Commoner [J]. Environmental law，1990（20）：13.

化成大众化阅读的书籍，起到了积极的传播作用（图 1–3）；此外，同时期的其他社会运动，如反殖民、反越战、女权主义浪潮以及民权运动等，带动了价值观的相互影响与传播，促使社会各界对环境议题产生了极高的关注度。

图 1–3　蕾切尔·卡逊以及她的著作《寂静的春天》
（图片来源：https://www.baidu.com）

“二战”之后的经济复苏，使得西方发达国家出现了庞大的中产阶级，普通民众受教育水平上升，这是大众意识觉醒的背景。1962 年，以《寂静的春天》出版为标志，环保运动在美国开始兴起。蕾切尔·卡逊在书中描述的事实给美国新兴中产阶级带来了巨大的不安。那个春天异常地安静，因为鸟儿啄食了被杀虫剂污染的昆虫和植物而大量死亡。更可怕的事实是，环境中的毒素最终对人类自身造成了严重伤害。《寂静的春天》在民众中激起了强烈反响与广泛讨论。在此影响下，1969 年美国国会通过了《国家环境政策法》，并成立环境保护局。之后陆续通过了清洁空气法和清洁水法。1970 年 4 月 22 日，美国参议员纳尔逊发起了著名的“地球日”活动，当天有超过 2000 万人在纽约、华盛顿、旧金山等地进行游行和集会，对全世界的环境保护运动产生了深远的影响。1971 年，著名环保组织“绿色和平”成立，由此环保运动进入了高潮。

1972 年，罗马俱乐部（Club of Rome）出版了著名的《增长的极限》，该书利用系统理论和计算机模型，预测了人类从 1972 年到 2100 年的发展轨迹。指出随着指数增长的资源消耗和污染排放，人类将很快冲破地球环境的安全界限，造成粮食生产和世界人口的锐减。其观点引发了社会对未来人类发展的“乐观派”与“悲观派”的大争论，加深了人们对未来人类命运与发展道路的理解和认识。《增长的极限》一书被誉为人类发展问题研究的一块丰碑，意义深远。

1.2.2　可持续发展的定义

1972 年是可持续发展史上的一个重要节点。当年，**联合国在斯德哥尔摩首次召开了“人类环境会议”，并决定成立联合国环境规划署**（UNEP）。会议通过了《人类环境宣言》，呼吁各国政府和人民为维护与改善人类环境、造福全体人民以及我们的后代而共同努力。该宣言的内容相当丰富，包含了保护环境、防治污染、促进经济与社会发展、保障不发达地区的人权与生存权，以及加强国际合作等，为之后联合国提出的可持续发展宣言奠定了基础。这次会议开创了人类社会环境保护事业的新纪元，具有里程碑的意义。

从 20 世纪 70 年代末开始，西方众多学者就开始广泛讨论“可持续性”思想，并出版了一系列书籍。他们借鉴了当时先进的自然科学和生态经济学理论，为民众描绘出一幅“可持续社会”的愿景，研究领域涉及环境问题、气候变化、人口、生产与消费、可再生能源利用，以及可持续城市和农业系统等。[1] 而作为专业用语，**可持续发展（sustainable development）一词最早出现于 1980 年**，是由世界自然保护联盟（IUCN）、联合国环境规划署（UNEP）与世界自然基金会（WWF）在联合发表的报告《世界自然保护战略》中提出的。

1983 年联合国成立了“世界环境与发展委员会”（WECD），由当时的挪威首相布伦特兰夫人担任主席。联合国希望通过该组织，以可持续发展作为基本纲领，为全世界制定变革的议程。经过四年的努力，1987 年正式发布了《我们共同的未来》（*Our Common Future*），又称《布伦特兰报告》，提出了沿用至今的可持续发展定义：**“可持续发展是既能满足当代人的需要，又不对后代人满足其需要的能力构成危害的发展。”**该定义包含了可持续发展的公平性原则（fairness）、持续性原则（sustainable）、共同性原则（common）；强调了两个基本观点，一**是人类要发展，尤其是穷人要发展；二是发展有限度，不能危及后代人的生存和发展**。报告分为“共同的问题”“共同的挑战”和“共同的努力”三大部分，集中分析了全球人口、粮食、物种和遗传资源、能源、工业和人类居住等方面的情况，并系统探讨了人类面临的一系列重大经济、社会和环境问题。这份报告鲜明地提出了三个观点：①环境危机、能源危机和发展危机不能分割；②地球的资源和能源远不能满足人类发展的需要；③必须为当代人和下代人的利益改变发展模式。在实现可持续发展的路径方面，《我们共同的未来》明确指出，对“生态资本”（ecological capital）的不平等使用，既是“地球上主要环境问题，也是主要发展问题”的原

1　1967 年美国历史学家 Lynn White Jr. 发表了 *The Historical Roots of Our Ecological Crisis*，对 20 世纪 60 年代产生的生态危机进行了历史的回顾和梳理。1968 年，美国生态学家加略特 · 哈丁发表 *The Tragedy of the Commons*，指出有限的资源注定因自由使用和不受限的要求而被过度剥削。

因。[1] 因此，发达国家和不发达国家只有共同协作，通过减少不平等，才能实现可持续发展。综上所述，**可持续发展包括三个主要方面：以自然资源的可持续利用和良好的生态环境为基础，以经济可持续发展为前提，以谋求社会的全面进步为目标。**

1992 年在巴西里约热内卢举行的联合国环境与发展会议（UNCED），是世界可持续发展史上又一次重大突破。大会发布的《里约宣言》，第一次将可持续发展视为一项人类“权利”。《里约宣言》与布伦特兰报告的精神主旨一脉相承，**明确了环境与发展之间互相冲突，又相互依存的关系，同时也明确了各国对可持续发展“共同但有差别的责任”**。此次大会成果卓著，还推出了为人熟知的《21 世纪议程》（*Agenda 21*），高度凝聚了人类对可持续发展理论的认识；同时提出了《联合国气候变化框架公约》（*UNFCCC*）和《生物多样性公约》（*CBD*）。《联合国气候变化框架公约》在 1997 年被《京都议定书》[2]（*Kyoto Protocol*）所取代。[3] 至此，可持续发展理念已经成为了全球共识。

1.2.3 全球共识与当下行动

从 20 世纪 90 年代开始，对可持续发展的讨论逐渐超越了联合国的号召，开始走向研究机构和大学，甚至工商和金融机构。部分加拿大、英国和美国的大学开始提供相关课程，甚至可持续发展学位。可持续发展逐渐成为一个新兴的学术领域。此外，世界银行等国际金融机构也开始采用可持续发展这一概念，该机构在报告中指出：如今，健康的环境对于可持续发展和健康的经济至关重要[4]。**在商业领域最有影响力的概念应属 John Elkington 提出的“三重底线”（triple bottom line，TBL），即经济底线、环境底线以及社会底线。**Elkington 认为，如果企业希望长期保持生存和盈利，则必须重视环境质量和社会福祉，并努力缩小贫富差距，同时也应该促进健康和教育。一个可持续发展的企业不应从人类的痛苦中获利，也不应采取加剧社会问题的措施。[5]

21 世纪伊始，189 个国家在联合国千年首脑会议上通过了《联合国千年发展目标》（*MDGs*）。该计划旨在 2015 年前实现，共分 8 项目标，包括消灭极端贫

---

1 世界环境与发展委员会 . 我们共同的未来 [M]. 王之佳，等译 . 长春：吉林人民出版社，1997：7.

2 《京都议定书》（*Kyoto Protocol*）是《联合国气候变化框架公约》（*UNFCCC*）的补充条款，1997 年 12 月在日本京都制定。其目标是“将大气中的温室气体含量稳定在一个适当的水平，以保证生态系统的平滑适应、食物的安全生产和经济的可持续发展”。

3 European Commission. Report of the Commission of the European Communities to the United Nations Conference on environment and development [R]. Rio de Janeiro, Brazil: United Nations Publication, 1992.

4 PEZZEY J. Sustainable development concepts: an economic analysis [J]. Washington, D.C.: The World Bank, 1992.

5 ELKINGTON J. Cannibals with forks: the triple bottom line of 21st century business [M]. Oxford: Capstone Publishing Ltd, 1997.

穷和饥饿、普及小学教育、两性平等和妇女赋权、降低儿童死亡率、改善产妇保健、对抗艾滋病及其他疾病、确保环境可持续，以及全球发展合作。[1] 其中在全球范围内减少贫困是该计划的核心目标。到 2015 年为止，尽管该计划取得了重要成果，但仍有部分发展目标尚未实现。[2] 值得一提的是，中国在实现减贫等多项千年发展目标上发挥了重要作用。

作为这一雄心勃勃的全球共同计划的延续，在 2015 年 9 月联合国可持续发展峰会上，193 个成员国正式通过了《联合国可持续发展目标》（*Sustainable Development Goals，SDGs*），其中包括无贫困（首要目标），零饥饿，良好健康与福祉，优质教育，性别平等，清洁饮水和卫生设施，经济适用的清洁能源，体面工作和经济增长，产业、创新和基础设施，减少不平等，可持续城市和社区，负责任的消费和生产，气候行动，水下生物，陆地生物，和平、正义与强大机构，促进目标实现的伙伴关系共 17 个目标。*SDGs* 呼吁所有国家（不论贫穷、富裕还是中等收入的国家）共同行动起来，在促进经济繁荣的同时保护地球。**该目标旨在到 2030 年，以综合方式彻底解决社会、经济和环境三个维度的发展问题，并最终转向可持续发展道路。**[3] 在本书写作之时，新冠疫情还未消除，而距离最后期限不足十年。可以想象，全面达成该目标任务艰巨，或几乎不可能完成。但 *SDGs* 的意义在于，人类世界拥有了一个关于未来的共同故事和美好愿景，引导着我们向可持续发展的道路前行（图 1–4）。

图 1–4　联合国可持续发展 17 个目标

（图片来源：https://www.un.org/sustainabledevelopment/zh）

1　参见联合国网站 https://www.un.org/zh/millenniumgoals/。

2　新华网综述：联合国千年发展目标成果显著但未完全实现 [EB/OL].（2015-07-07）[2021-09-26]. http://www.xinhuanet.com/world/2015-07/07/c_1115841125.htm.

3　联合国 . 可持续发展目标 [EB/OL].[2021-09-18]. https://www.un.org/sustainabledevelopment/zh/.

1.2.4 可持续发展的中国探索

在全球可持续发展运动风起云涌的半个世纪中，中国也积极参与其中，承担了人口大国与经济大国的基本责任，为实现人类共同富裕与可持续发展探索本土道路。从 1972 年首届人类环境会议至今，中国的可持续发展行动大致经历了四个阶段。[1]

第一阶段：明确环保战略，推进环境立法。1972 年，中国正式回归联合国一年之后，就参加了首次“人类环境会议”。1973 年 8 月国务院就召开第一次全国环境保护会议，通过了中国第一个环境保护文件——《关于保护和改善环境的若干规定》，确定了“保护环境、造福人民”的环保战略方针。1978 年，宪法第一次列入了“国家保护环境和自然资源，防治污染和其他公害”的内容。1979 年，全国人大决定每年 3 月 12 日为植树节，同年我国开始营造三北防护林。1982 宪法列入了“国家保障自然资源的合理利用，保护珍贵的动物和植物”的内容。1989 年 12 月，第七届全国人大通过了《中华人民共和国环境保护法》，这是新中国成立后的第一部环境立法。

第二阶段：确立可持续发展理念。1992 年，中国参加了里约热内卢联合国环境发展大会，庄严承诺履行《21 世纪议程》文件。1994 年 3 月，我国发布《中国 21 世纪议程》。1995 年，我国正式将可持续发展战略写入“九五”计划，提出“必须把社会全面发展放在重要战略地位，实现经济与社会相互协调和可持续发展”。这也是第一次在国家正式文件中使用“可持续发展”的概念。1997 年 9 月党的十五大召开，江泽民同志在报告中强调，“在现代化建设中必须实施可持续发展战略”。2002 年 11 月，党的十六大召开，江泽民同志在报告中把“可持续发展能力不断增强，人和自然和谐，走生产发展、生活富裕、生态良好的文明发展道路”作为“全面建设小康社会”的目标之一。由此，中国的可持续发展理念得以确立。

第三阶段：生态文明的科学发展观。2003 年 10 月，十六届三中全会召开，胡锦涛同志提出了“坚持以人为本，树立全面、协调、可持续的发展观，促进经济社会和人的全面发展”的科学发展观。在 2005 年中央人口资源环境工作座谈会上，胡锦涛同志提出“生态文明”概念。党的十七大把生态文明建设列入全面建设小康社会的目标，要求“生态文明观念在全社会牢固树立”“建设生态文明，实质上就是要建设以资源环境承载力为基础、以自然规律为准则、以可持续发展为目标的资源节约型、环境友好型社会”。

2010 年 10 月，我国“十二五”规划建议明确提出，树立绿色、低碳发展理念，以节能减排为重点，健全激励和约束机制，加快建设资源节约型、环境友好型社会，提高生态文明水平。并首次将碳排放强度作为约束性指标纳入规划，确立了绿色、

---

1 乔清举 . 改革开放以来我国生态文明建设 [EB/OL]. (2019-01-04) [2021-09-26]. http://theory.people.com.cn/n1/2019/0114/c40531-30525604.html.

低碳发展的生态文明建设方向。

第四阶段：最大包容性的美丽中国建设战略。2012 年，党的十八大要求把生态文明建设融入经济、政治、文化、社会建设的各方面和全过程，把美丽中国建设纳入中国特色社会主义理论体系，并在报告中强调了“尊重自然、顺应自然、保护自然”的基本理念。

党的十九大把“坚持人与自然和谐共生”作为“习近平新时代中国特色社会主义思想”的要素和基本方略之一，强调“我们要建设的现代化是人与自然和谐共生的现代化，既要创造更多物质财富和精神财富以满足人民日益增长的美好生活需要，也要提供更多优质生态产品以满足人民日益增长的优美生态环境需要”。[1]

中国对可持续发展道路的探索是具有创新性的。从早期单一的环境保护，到基于小康社会建设的可持续发展理念，再到具有实施框架的基于生态文明建设的科学发展观，直至包容了环境、经济、社会、文化发展的美丽中国建设战略。这一理论与实践的创新过程，既有对世界先进经验的积极学习和借鉴，也兼顾了中国具体的发展阶段与社会经济背景，是对可持续发展内涵的不断充实和拓展，同时也为构建“人类命运共同体”、促进全球生态安全和人类可持续发展作出了卓有成效的积极探索。

1.3　可持续发展的核心议题

人类的发展历程就是逐渐摆脱自然的束缚，创造人类文明的过程。从历史上看，我们曾经对自然缺乏足够的敬畏和尊重，一味地开发、掠夺，导致了日益严重的生态灾难；同类间不断争斗，恃强凌弱，导致了社会的不公平。直到种种危机出现，人类才慢慢领悟到，自然的限制也是一种保护，人与自然是一体的，保护自然就是保护人类自身。而希冀获得一个更美好的未来，必须兼顾环境、社会、经济的协调发展，否则，可持续发展只是虚幻的梦想或政治口号而已。

1.3.1　可持续发展的环境维度

人类作为一个生物种群栖居于地球之上，无时无刻不依赖自然环境提供的各种要素而生存。无论过去、现在和未来，无论处于什么样的社会形态，人类对自然环境的影响都以两种形式发生，即获取资源和排放废弃物。**从生态系统的角度来看，**

1　习近平．决胜全面建成小康社会，夺取新时代中国特色社会主义伟大胜利——在中国共产党第十九次全国代表大会上的报告 [R/OL].(2017-10-27)[2021-09-16]. http://www.gov.cn/zhuanti/2017-10-27/content_5234876.htm.

人类从自然界获取能量与物质（输入），同时将转化后的废气、废水、废物排放到自然界（输出）。环境维度的可持续性就可从这两个角度来理解。

从输入角度看，人类正面临着日益严重的资源危机。2005 年联合国发表的《千年生态系统评估报告》（*Millennium Ecosystem Assessment*）指出：人类已经消耗了地球上 2/3 的自然资源。[1] 世界自然基金会在《2006 年度生命地球报告》中称，假设人类按照目前速度消耗资源，到 2050 年将消耗掉相当于两个地球才能提供的全部自然资源。实际上，可持续性一词的出现就与欧洲当年的能源危机有关。[2] 食物、能源与土地是人类维持生存所需要的基本资源。随着人口的快速增长，人类不断扩大耕种面积，沼泽、森林、草原都被加以开垦或利用，以便种植作物、驯养动物，导致自然生境的快速消失。上述《千年生态系统评估报告》中指出，过去 60 年来全球开垦的土地比 18、19 世纪的总和还要多，人类已经将地球陆地表面的 24% 开垦为耕地。[3] 与此同时，城市化快速发展，人类的群居地从村庄变为小镇，小镇壮大为都市，人造环境不断扩大，原生自然不断减小，以至于偶尔的野猪、大象进入城市，都会被视为新闻而广泛报道。

除了必要的生存所需，人类为了“发展”的目标，将活动范围拓展至前所未有的程度。开发煤炭、石油、金属、稀有矿藏等活动，都需要通过大规模的协作以及先进的技术装备，向地表以下、海洋深处、山体内部不断发掘。与城市化的负面效应相似，高强度的资源开发带来的最大负外部性，是生境的根本性破坏。大量动植物失去栖息地，最终数量减少或种群灭绝，造成生物多样性丧失，从而破坏了生态系统的平衡。这一切都意味着，我们留给子孙后代的很可能是这样一个家园：一个资源匮乏、物种单一、缺乏活力的星球。

在输出方面，由于人类的生产消费活动向自然界排放了大量废弃物，如污染的空气、废水与固体废弃物，从而造成了巨大的环境影响，包括全球变暖、臭氧层浓度下降、雾霾、酸化与富营养化等。其中最具威胁的是全球变暖导致的一系列严重后果。在 2021 年 8 月发布的《IPCC 第六次评估报告》第一工作组报告中提到：**人类活动致使气候以前所未有的速度变暖**。报告指出，目前全球地表平均温度较工业化前高出约 1℃。从未来 20 年的平均温度变化预估来看，全球温升预计将达到或超过 1.5℃。在考虑所有排放情景下，至少到 21 世纪中叶，全球地表温度将继续升高……

1 《千年生态系统评估报告》（*Millennium Ecosystem Assessment*）是联合国集 95 个国家、1360 名专家之力，历时 4 年，耗资 2400 万美元完成的。这份报告所得结论、预测和建议对今后的生态保护有着重要的意义。

2 如前文所述，“可持续”一词第一次出现在德国人卡洛维茨的《林业经济学》一书中，而美国“生态伦理”之父、《沙乡年鉴》一书的作者利奥波德同样是林业官出身。在 19 世纪末期之前，木材作为世界上最主要的燃料，在欧洲中世纪之后就长期处于紧缺状态。如葡萄牙用于大航海的船只，不得不在印度等殖民地制造；西班牙无敌舰队的原料，则不得不从波兰购买。

3 赵士洞 . 千年生态系统评估报告集 [M]. 北京：中国环境科学出版社，2007.

或将超过 1.5℃甚至 2℃。预计全球持续变暖将进一步加剧全球水循环，包括其变率、全球季风降水以及干湿事件的强度。[1] 由此导致更强的降雨和洪水，在许多地区则意味着更严重的干旱。

除了全球变暖可能带来的灾难性气候变化，环境污染也直接影响着人类的健康，无论是伦敦毒雾事件，还是切尔诺贝利的核泄漏，或者是日本的水俣病，都对成千上万普通人的健康造成了长期影响，尤其是缺乏保障、无法逃离污染区域的底层民众。但更严重的是环境污染对生物圈的长期破坏，被污染过后的水体和土壤，往往要经历极长的时间才能恢复正常值。

数百年来，人类活动从输入端到输出端，对自然资源与生态环境都造成了巨大的负面影响，并逐渐波及所有生物赖以生存的资源、空气、土壤和水源。部分脆弱的物种数量减少或者种群灭绝，曾经“完美”的生态系统遭到破坏，最终危及人类个体和种群的延续与发展。在后续章节中我们会详细讨论降低环境影响的诸多设计策略。总体而言，这些策略包括在输入端降低人类行为的物质能量密度，节约日益稀缺的资源，如使用可再生资源、物质产品的回收再利用、材料的循环再造以及非物质化的产品服务系统设计等；在输出端降低废弃物的产生与排放，最大限度地避免对空气、水源与土壤的污染，如对生物可降解材料与技术的研发和创新设计，以及清洁能源的使用等。但值得注意的是，这一切努力都有赖于对目前的生产模式和生活方式的重塑，而非渐进式的改良。

1.3.2　可持续发展的社会维度

相比环境可持续，社会可持续是较晚被关注的议题，目前尚缺乏普遍认可的定义。从字面意义理解，社会可持续就是人类社会得以延续并获得长期良好的发展。从可持续发展概念与目标中可以看出，社会可持续关注的重点是“公平原则”（equity principle），即这颗星球上的每个人都拥有获得生存与发展的空间与资源的权利。如果将广泛意义的社会道德 / 伦理与可持续发展目标相对应，那么社会可持续则包含了更丰富的内涵：“在尊重基本权利与文化多样性基础上，创造平等的机会；促进建立一个民主、包容、团结、健康、安全和公平的社会，同时反对一切形式的歧视。”[2] 在如此宽泛的概念下，如何评价社会维度的可持续性也成为重要议题。

联合国发展署在《1990 年人类发展报告》中采用了人类发展指数（HDI）来衡量联合国各成员国经济社会的发展水平，以修正之前以单一的国内生产总值（GDP）作为发展进程评估的方法。人类发展指数由预期寿命、成人识字率和人均国内生产

1　IPCC. Climate change 2021: the physical science basis [M]. Cambridge: Cambridge University Press, 2021.

2　PRALL U. The sustainability strategy of the European Union [J]. Journal for European environmental & planning law, 2006, 3(4): 325-339.

总值 3 项指标构成，以期通过人的长寿水平、知识水平和生活水平反映社会的发展水平。社会发展不是无源之水，高水平的社会发展往往以高水平的经济发展为基础，但是，经济发达却不必然带来社会公平与发展。社会发展通常由社会内部资源与财富分配模式决定。

从可持续发展的视角看，人类发展指数将社会发展与经济发展进行关联，但缺乏对生态成本的计算。因此，有学者提出更精确的社会发展定义，即**"在生态环境的承载能力以内实现较高的福利水平"**[1]。如此将社会、经济发展的目标与成本进行了直接关联，并指明了可持续发展的方向和路径。

从人类历史来看，经济发展与社会发展的成果，往往会被用来评估与论证不同发展模式的优劣，但加上生态成本的指标后就会发现，**如果延续当下的发展模式，无论是富国还是穷国，都无法实现可持续发展。**《能量与文明》一书的作者斯米尔认为，在较低的发展阶段，能量的使用（生态成本投入）与人类发展指数才有线性关系；当发展到一定阶段之后，更大的能量投入却不能带来更高的社会发展。如在发展水平十分接近的情况下，相对于德国和法国，美国的能量消耗却要高出近一倍。显然，这样的社会经济模式是不可持续的（图 1–5）。

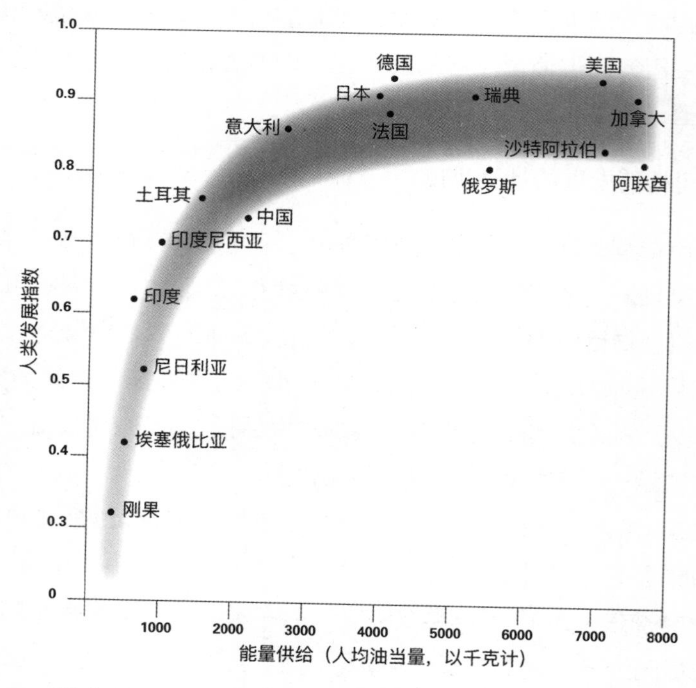

图 1–5　2010 年各国的人均能量消耗和人类发展指数[2]

1　张帅，史清华．应用人类发展指数和生态足迹的可持续发展研究——基于强可持续的研究范式 [J]. 上海交通大学学报：哲学社会科学版，2017，25(3)：99-108.

2　斯米尔．能量与文明 [M]. 吴玲玲，李竹，译．北京：九州出版，2021：367．原始数据来源于联合国发展署（2015 年）及世界银行（2015 年）。

基于上述分析，有学者从人类发展指数与生态足迹这两个维度出发，提出了社会发展的四种模式[1]。即根据福利水平（用人类发展指数衡量）和自然消耗（用生态足迹衡量）两个指标界定了 4 个象限：“高福利、低消耗”（唯一的可持续发展模式）；“高福利、高消耗”；“低福利、高消耗”以及“低福利、低消耗”。研究者根据 2015 年联合国发展署公布的 HDI 指数以及全球生态足迹数据，对人口超过 1000 万的 82 个国家进行了计算，分析结果显示，目前没有国家处于“高福利、低消耗”的象限；19 个国家位于“高福利、高消耗”象限，其中 17 个为发达国家，两个（阿根廷和智利）为发展中国家；25 个国家位于“低福利，高消耗”象限，其中 23 个为发展中国家，两个为发达国家（俄罗斯和罗马尼亚）；48 个国家位于“低福利、低消耗”象限，其中 14 个为发展中国家，24 个为最不发达国家。在“高福利、高消耗”象限中，澳大利亚、美国、加拿大的生态足迹各为生态承载力的 5.37 倍、4.75 倍和 4.72 倍，这意味着如果全球居民都像他们一样生活，那么至少需要 4~5 个地球才能满足人类的自然消耗需求（图 1–6）。

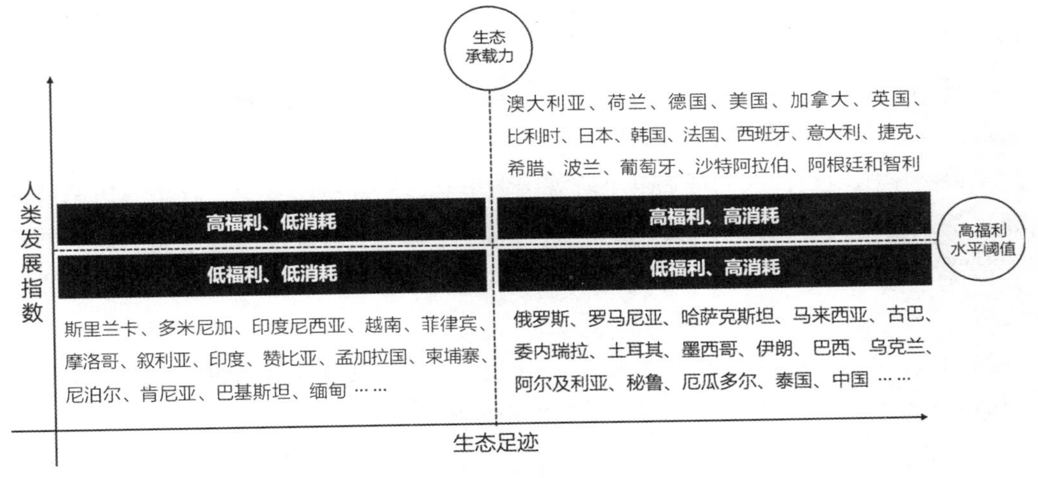

图 1–6　基于人类发展指数和生态足迹的可持续发展象限[2]

联合国在可持续发展定义中强调了两个方面的公平，一方面是作为“托管人”，我们有义务为子孙后代保护好自然资源与文化资源，以实现“代际公平”[3]；另一方

1　张帅，史清华 . 应用人类发展指数和生态足迹的可持续发展研究——基于强可持续的研究范式 [J]. 上海交通大学学报：哲学社会科学版，2017，25(3)：99-108.

2　同 1.

3　“代际公平”是可持续发展原则的一个重要内容，主要是指当代人为后代人类的利益保存自然资源的需求。这一理论最早由美国国际法学者爱迪・B . 维丝提出。代际公平中有一个重要的“托管”概念，认为人类每一代人都是后代人类的受托人，在后代人的委托之下，当代人有责任保护地球环境并将它完好地交给后代人。参考：BAIER A C. For the sake of future generation[M]//REGAN T. Earthbound：new interductory essays in enviromental ethisc. New York：John Wiley & Sons，1984：214-215.

面是指代内的所有人，无论国籍、种族、性别、经济发展水平和文化等方面的差异如何，对于利用公共自然资源与享受清洁、良好的环境均有平等的权利。也就是说，当代一部分人的发展不能以损害另一部分人的发展为代价。在当今发达国家都以“高消耗”的形式进入“高福利”社会之后，“低福利”国家能否通过对自然资源的合理使用，提升本国的整体福利，这将是未来国际政治的焦点议题之一。而在国家内部的不同群体之间能否实现资源占有与分配的公平原则，则是该国实现社会可持续的前提。

1.3.3 可持续发展的经济维度

经济可持续性与环境、社会可持续性是无法分割的一个整体，事实上，并不存在单纯的经济可持续。在英文中，经济（economy）与生态（ecology）具有相同的词源，这意味着经济行为与自然生态在本质上也是不可分割的。在古典经济学中，经济学是一门研究有限或稀缺资源在不同的竞争性目的之间配置的学问。[1] 在可持续领域中，如何使经济服务于可持续发展，而非默认经济发展必然以环境的破坏为代价，是近年来理论研究的重要议题。

在古典经济学范畴中，自然环境的主要功能是提供人类生存发展所需要的各种资源。这些资源被视为竞争性与排他性的商品，在市场上被定价与交易。然而，在生态经济学出现后，人们开始以系统观重新审视自然环境时才发现，这些自然资源是无法从整体生态系统中被分割或被定价的。如空气、海洋是不可分割的，任何人无法主张排他性的使用。而树木被砍伐售卖，可能导致当地水土流失、生态多样性丧失、空气净化能力下降等后果，但这些负面影响并没有被计入木材的价格，而成为当地人民要承担的社会成本。此外，当企业在排放废气、废水时，生产的收益归企业所有，但环境污染带来的损害则施加于全社会。

因此，从可持续发展的经济维度看，“成本”与“收益”测算的经济模式需要重新界定。1923 年，约翰·穆勒在其《政治经济学原理》一书中最先提出“稳态”这个概念，到了 1973 年，经济学家赫尔曼·戴利主编了《走向稳定的经济》一书，标志着“稳态经济学”的形成。稳态经济学认为，现代经济学的局限是研究相对稀缺生产要素的配置以及收入的分配，同时断言高速度的经济增长可以无限地进行下去，但实际上增长过快会加速原材料的耗竭，加重环境污染，使经济增长丧失物质基础。

在稳态经济学之后，“去增长”的观念在西方发达国家出现。“去增长”一词由法国社会哲学家 André Gorz 于 1972 年提出。随后在 2008 年的“去增长”主题

---

1 戴利，法利．生态经济学：原理和应用 [M]. 金志农，等译．北京：中国人民大学出版社，2014：3.

会议上，其相应的英文术语 degrowth 进入公众视野。2016 年，在《增长的极限》出版半个世纪之后，罗马俱乐部出版了《重塑繁荣》一书[1]，其中暗示，生态系统的承载力已经无法支撑人类的高速增长，“1% 的增速已经足够”。

无论是稳态经济学，还是“去增长”理论与运动，都是在西方语境之下对可持续发展所需范式的响应。但在当今各国社会经济发展极不均衡，以及大量人口尚未摆脱温饱问题的情况下，如果缺乏富国向穷国的资本与技术转移，以及广泛的国际合作，“稳态”与“去增长”都属于不切实际的理念。只有明确所有个体和社会都有向往美好生活的发展权，并包容制度与文化的差异性，才有可能获得共识，进而探索可持续的新经济范式。

在可持续发展的理论体系中，环境、社会与经济三者互为基础、互相制约、相互包容。简单来说，人类的生存与发展以自然环境为基础，也受到自然环境的限制。经济发展帮助人类善用自然的赐予，并有可能突破自然力的约束；而不同的群体与个体之间，如果无法就自然——这一人类共享的公共资源的使用与分配达成共识与协作，就会产生激烈的社会冲突。**在人口增长和资源短缺的情况下，不可持续的社会必将导致环境和经济的不可持续**。因此，将环境、社会与经济这三个维度进行系统性的思考和耦合，才有可能实现人类的可持续发展。

1.4　理论争议

可持续发展的思想从 20 世纪 80 年代被提出，90 年代被联合国确立为全球发展战略，已经有 30 多年的演进历史。尽管大多数研究者认同当今人类面临的主要问题与可持续发展的目标，但依然存在众多争议，甚至对环境危机与气候变化等议题还不乏阴谋论的说法。这些争议主要包括强、弱可持续性的不同模式，人类中心主义、技术中心主义与生态中心主义等。

1.4.1　可持续发展的范式：弱可持续与强可持续

西方经济学家将自然具备的两种基本经济功能，即“源功能”和“自净功能”统称为“自然资本”。自然资本是能够在当下或未来提供有用的产品流或服务流的自然资源及环境资产的存量。[2] 在“可持续性经济学”研究中，人力资本和生产资本往往被统称为“人造资本”，以便与自然资本相区分。

1　魏伯乐，维杰克曼 . 翻转极限：生态文明的觉醒之路 [M]. 程一恒，译 . 上海：同济大学出版社，2019.

2　霍肯，艾莫里・洛文斯，亨特・洛文斯 . 自然资本论：关于下一次工业革命 [M]. 王乃粒，诸大建，龚义台，译 . 上海：上海科学普及出版社，2000：7.

从可持续发展概念进入学术研究的视野以来，经济学对可持续发展的理论思考和政策思考就出现了两种不同的范式。[1] 一种是基于主流的新古典经济学的修补性的思考，是经济增长研究范式内效率意义上的改进方式，这种范式不认为经济增长存在着自然极限，被称为“弱可持续性”（weak sustainability）的范式。[2] 诺贝尔经济学奖得主索洛（Solow）明确指出，可持续性确实涉及分配公正问题，即当代人与后代人的福利分享问题。**在他看来，人类没有必要保护自然资本，只要把不断积累的人造资本留给后人，后人满足需求的能力就不会受损和减弱。**[3] “弱可持续性”是建立在如下信念之上的，即对子孙后代十分重要的是人造资本和自然资本（也许还有其他形式的资本）的总和，而不是自然资本本身。笼统地说，现在这代人是否用完了不可再生资源或向大气排放二氧化碳都没有关系，只要造出了足够的机器、道路和港口、机场作为补偿就行。[4]

新古典经济学将资本的概念拓展到自然领域实际上是将自然“工具化”了，它延续了李嘉图的“资源相对稀缺”假设。新古典经济学家通常认为，人造资本是稀缺的，而自然资本是不稀缺的，因此，经济学的研究重点是解决人造资本的稀缺问题。虽然这个看法对于过去二百多年工业革命时期的经济增长是合理的，但是在经济增长一定程度上缓解了人类人造资本短缺的同时（当然这种缓解在发展中国家和发达国家之间的分配是不均衡的），却出现了全球意义上的自然资本及其服务的短缺问题。而且，随着传统经济增长模式的持续，自然资本的短缺在严重加剧。[5] 这就是可持续发展经济学的主要理论家戴利（Daly）所说的从自然资本富裕的“空旷的世界”进入到生态环境约束的“拥挤的世界”。在这种情况下，“弱可持续性”范式的问题就显现出来了。

与之相对的另一种观点认为，20 世纪 70 年代以来的人类发展，证明了需要认真考虑经济增长下的自然极限问题，需要对新古典经济学的理论和方法进行变革性的思考，从生态系统对于经济系统的包含性关系入手，系统地解决人类社会从经济增长到福利提高的问题。国际上的“可持续性经济学”（sustainability economics）和“可持续性科学”（sustainability science）研究属于后一种研究途径，被称为“强可持续性”（strong sustainability）的模式。

强可持续性观点主张，各类资本都是必要的基本生产要素，彼此之间是互补关系，不能完全替代（或具有低替代性）。**自然环境中的每一子系统、每一物种和每**

1 PEARCE D W, et al. Blueprint 2: greening the world economy [M]. London: Routledge, 1991.
2 DALY H E. Georgescu-Roegen versus Solow/Stiglitz [J]. Ecological economics, 1997, 22(3): 261-266.
3 索洛 . 经济增长理论：一种解说 [M]. 2 版 . 朱保华，译 . 上海：格致出版社，上海人民出版社，2015.
4 诺伊迈耶 . 强与弱：两种对立的可持续性范式 [M]. 王寅通，译 . 上海：上海译文出版社，2006：1.
5 诸大建 . 超越增长：可持续发展经济学如何不同于新古典经济学 [J]. 学术月刊，2013(10)：79-89.

一资本的物理存量与构成都应维持在必要的水平，总资本构成中的各类资本的存量必须分别维持在相应的合理底限之上，才能实现可持续发展。[1] 随着生态学、复杂理论的深入发展，越来越多的人认识到，除了自然环境中可计算可测量的要素之外，各个要素之间的复杂关系往往是难以测量的，无法进行货币化估值。人类社会与经济的发展受限于生态环境，这种强可持续的范式是可持续发展理论中的主导范式。

1.4.2　人类中心主义

2000 年，诺贝尔化学奖得主保罗・克鲁岑提出了“人类世”（Anthropocene）的概念，以强调当下人类在地质和生态中的核心作用。克鲁岑认为：自 18 世纪晚期的英国工业革命开始，人与自然的相互作用加剧，人类成为影响环境演化的重要力量。人类活动对地球系统造成的各种影响将在未来很长的一段时间内存在，未来甚至在 5 万年内，人类仍然会是一个主要的地质推动力，因此，有必要从“人类世”这个全新的角度来研究地球系统，重视人类已经而且还会将继续对地球系统产生巨大的、不容忽视的影响。[2]

尽管有关“人类世”的界定还存在很多争议，但这个概念的影响远远超出了地质科学的范畴。人类活动对环境的直接影响有了越来越多的确凿证据，因而，大批学者开始探讨并反思西方文化中的“人类中心主义”。

人类中心主义（anthropocentrism）作为处理人与自然关系的伦理准则，在西方文化中有两大主要来源。在哲学层面，可以上溯至古希腊哲学家普罗泰戈拉，他认为“人是万物的尺度”；在宗教层面，天主教与基督教的经典《圣经・创世纪》中描绘了宇宙和人类的起源：上帝造人，并要求人类管理世界上的其他生灵。西方哲学与宗教确立的世界观对西方文化产生了根本性的影响。

欧洲文艺复兴以及之后的启蒙运动，大大促进了“人类中心主义”的发展。法国哲学家笛卡尔树立了基于还原论的认识论，认为人类可以像理解机器一样理解动物，“人对自然和动物没有义务，除非这种处理影响到人类自身”。康德也认为，理性让人成为内在价值的唯一主体，动植物不具有理性，因而不具有道德，“就动物而言，我们不负有任何直接的义务。动物不具有自我意识，仅仅是实现外在目的的工具。这个目的就是人”[3]。

而在 20 世纪 60 年代环保运动兴起之后，越来越多的西方学者认为，导致地球生态恶化的主要原因是将自然工具化的“人类中心主义”。要遏制这一趋势，就应

1　诺伊迈耶．强与弱：两种对立的可持续性范式 [M]. 王寅通，译．上海：上海译文出版社，2006：30.

2　克里斯蒂安．起源：万物大历史 [M]. 孙岳，译．北京：中信出版集团，2019：350.

3　康德．道德形而上学原理 [M]. 苗立田，译．上海：上海人民出版社，1986：81.

该反思人与自然的关系，因而“反人类中心主义”成为很有影响力的主张。

但正如法国哲学家拉图尔所说，无论是“人类中心主义”还是“反人类中心主义”，实际上都是将自然与人类对立起来的二元论主张。[1] 主客二分的二元论思想，对于近代科学技术的兴起无疑有巨大的作用，但也有着根深蒂固的缺陷。现代复杂科学的兴起，已经从自然科学的基础上认识到自然的整体性，而人类尽管数量庞大，对自然的影响巨大，也仍然属于自然的要素而不是对立面。从本体论的角度来讲，无论是“人类中心主义”还是“反人类中心主义”都背离了自然的本质。

但质疑“反人类中心主义”的主张并不意味着认同对自然的剥夺。事实上，对自然界无节制的破坏与掠夺，认为自然是人类征服与奴役的对象，本质上是对自然生态系统缺乏认知的短期工具主义。认知自然、保护环境，归根结底仍然是为了人类种群的延续，是更长期的“以人为中心”的发展立场。在马克思主义生态学理论当中，**可持续发展的立场是“弱人类中心主义”：人类社会的延续，有赖于适合人类生存的生物圈的存在。**[2] **减少人类活动对生物圈的负面影响，是实现可持续发展的前提。**

二元对立的“人类中心主义”来自于西方文明的源头，但世界上存在着大量非西方文明，包括中华文明，都保留着整体论的世界观，如流传了两千余年的“天人合一”思想。人类的意识构成了人类的主体性，但人类对世界的认知是逐步深入和扩展的，在不同阶段存在着不同的局限性。承认这一局限性，不以“自然之主”来定义自身，就不会狂妄地视自然为永不枯竭的客体。

1.4.3 技术中心主义

近代几百年来，科学技术的发展极大解放了生产力，给人类带来了财富与现代文明，同时也帮助我们度过了一次次的危机。如蒸汽机的发明，极大提升了采煤的效率，不仅化解了由于森林砍伐殆尽可能造成的能源危机，也将人类带入了机器时代；19 世纪末，石油开采技术的成熟，为人类带来了更高效率的能源；可再生能源技术的发展，缓解了石油危机对全球经济的压力，也为彻底消除空气污染带来了希望。“技术中心主义”的一个根本假设就是，技术有自身独立的目的，“它完全独立、自为法则，它甚至因此而为万物立法。……技术中心主义同样而且仍然属于人类中心主义的一个变种，因为其实质就是要掌握并占有自然”[3]。“技术中心主义”者信心百倍地认为，如果将环境可持续视为下一个目标，那么突破性的新技术与新材料，一定能够给人类提供新的解决方案。**换句话说，“技术中心主义”是乐天派，**

1 诺拉图尔．自然的政治 [M]. 麦永雄，译．郑州：河南大学出版社，2016：159.

2 佩珀．生态社会主义：从深生态学到社会正义 [M]. 刘颖，译．济南：山东大学出版社，2005.

3 斯蒂格勒．技术与时间 1：爱比米修斯的过失 [M]. 裴程，译．南京：译林出版社，2012：103.

他 / 她们承认各种环境问题的严重性，但他们笃信在现行的社会形态下，利用技术就一定能解决问题并获得无限制的增长。

但事实上，在当下的全球社会经济结构中，技术并不是环境问题的根本解决方案。首先，技术不是中立的[1]。从科技革命以来，技术的发明、运用与迭代都依赖巨额的资本投入，因此，技术的首要目标是实现资本增值。无论是垄断技术的企业，还是发达国家都从来不会主动与其他国家共享技术。即便在 21 世纪的当下，在人类面临全球性传染性疾病大流行之时，对病毒检测与疫苗制造的技术分享也难以达成。此外，技术还会受到人的价值观与政治因素的干扰。技术本身是手段，掌握技术的人（或利益集团）才是决定技术如何使用、谁能够使用、在什么时间与什么范围内使用的核心要素。因此，并非所有技术成果（被操控的）都能普惠于大众，从而推动经济与社会福祉的增长。

其次，对于复杂系统来说，技术具有局限性。1971 年，美国著名生态学家巴里·康芒纳出版了《封闭的循环》一书，认为技术具有相对性、非关联性和受控性，他指出："技术的支离分散的设计是它的科学根据的反映。因为科学被分为学科，这些学科在很大程度上是由这样一种概念所支配着，即认为复杂的系统只在它们首先被分解成各个部分时才能被了解。还原论者的偏见也趋于阻碍基础科学去考虑实际生活中的问题，诸如环境恶化之类的问题。"[2] 现实也无数次证实了康芒纳的观点，如绿色革命提高了农业产量，极大地促进了人口增长。但农药化肥的过度使用又破坏了土壤与水源，于是出现转基因技术，带来更大的社会争议与未知的环境影响。技术有可能是解决方案，但同时也存在着巨大的风险与不确定性。以下巴厘岛水稻种植的故事告诉我们，对于技术的态度必须审慎。

巴厘岛的绿色革命：位于热带地区的巴厘岛自公元前 3 世纪起就种植大米。巴厘岛主要为山地，水稻种植在山丘的梯田和低地的水田当中，依赖河水进行灌溉。河水一般从高山顺深谷流至下游，因此很多地方的河水需要通过人工挖的河道流至沟渠，再流入梯田。灌溉稻田之后，多余的水再汇入河流，或者慢慢流至地势较低的洼地，这是一个"运行了数千年之久的人工生态系统"。自公元 10 世纪以来，农民们自发组成基本合作单位——苏巴克，负责管理这一系统，并遵照自然周期进行灌溉或排水，几千年来维持了良好的土壤肥力，几乎没有出现减产或歉收。与这一稻作技术相配套，巴厘岛发展出一套宗教系统，宗教仪式与稻田耕作周期完美契合。如果苏巴克之间的用水分配出现分歧，也往往通过地方庙宇进行协调。

20 世纪 50 年代印度尼西亚人口暴涨。1967 年，作为粮食高产区的巴厘岛年进

1　佩珀 . 现代环境主义导论 [M]. 宋玉波，朱丹琼，译 . 上海：上海人民出版社，格致出版社，2020：105.

2　康芒纳 . 封闭的循环：自然、人和技术 [M]. 侯文蕙，译 . 长春：吉林人民出版社，1997:154.

口粮食 1 万吨左右。为增加粮食产量，印度尼西亚开始借鉴墨西哥绿色革命的经验，引入新型水稻；1977 年，巴厘岛 70% 的梯田已改种高产水稻；1979 年，在亚洲开发银行的资助下，通过“巴厘岛灌溉计划”重建灌溉系统；80 年代初，围绕高产水稻品种与种植技术的新型农业系统建成，传统的苏巴克系统被彻底摧毁。

但技术带来高产的同时也带来了问题。单一的水稻品种更容易受到疾病和昆虫的侵害。如 IR-8 型大米易受褐飞虱的侵害，这种昆虫本来数量不多，但是在单一作物环境中会迅速繁殖；于是一种可抵抗昆虫侵害的新型超级品种 IR-26 型大米取代了 IR-8；但是一种新型飞虱又击破了 IR-26；于是人们不得不改种 IR-36；不幸的是，IR-36 很容易感染东格鲁病毒，于是又被 PB-50 取代；而 PB-50 一度感染上真菌，1982 年，这种真菌摧毁了 6000 公顷水稻。传统农业通过休耕、轮种等技术很好地控制住这些自然病害，但绿色革命放弃这些复杂系统，以单一高产为目标，最终疲于应对。更糟糕的是，新型水稻的高产必须以大量使用农药化肥为前提，这使得当地的水系统受到全面污染。20 世纪 70 年代中期，在经历了短暂的水稻高产之后，巴厘岛再次开始进口水稻。1987 年，人类学家斯蒂芬·兰辛和系统生态学家詹姆斯·克莱默在两位程序员的帮助下，研发出巴厘岛两套水系统的计算机模型。在比较了多种不同灌溉模式的效率之后，他们发现由水神庙协调管理苏巴克的传统稻作系统的生产效益最高，病虫害最少，供水效率最高。[1]

1.4.4 生态中心主义与深生态学

与技术中心主义截然相反，当代涌现出一批“反人类中心主义”的生态哲学思想，如生态中心主义（ecocentricism）和生物中心主义（biocentrism）。尽管其间流派众多，观点纷纭，但挪威著名哲学家阿恩·纳斯（Arne Naess）创立的“深生态学”被视为当代西方环境主义思潮中最具革命性和挑战性的生态哲学，也是具有先导作用的环境价值理念。按照纳斯的叙述，浅生态学是人类中心主义的，只关心人类的利益；深生态学是非人类中心主义和整体主义的，关心的是整个自然界的福祉。浅生态学专注于环境退化的症候，如污染、资源耗竭等；深生态学要更进一步地追问环境危机的根源，包括社会的、文化的和人性的。深生态学的自然价值理论以当代生态科学的研究成果作为依据，即作为整体的大自然是一个互相影响、互相依赖的共同体，即使是最简单的生命形式（如草履虫）也具有稳定整个生物群落的作用。人类生命的维持与发展，依赖于整个生态系统的动态平衡。

除了整体的生态观之外，深生态学还强调自然物具有自身的内在价值，并非仅仅是人类的工具；所有生物物种平等，不仅包括自然物种、群落，也包括地球上的

1 改写自：拉德卡. 自然与权力：世界环境史 [M]. 王国豫，等译. 保定：河北大学出版社，2004.

所有民族；反对浪费，主张控制人口增长；主张恰当而非主宰性的技术；以物质的充分利用和精神生活来自我实现。

针对有两千余年“人类中心主义”观念的西方社会而言，深生态学延续了利奥波德、芒福德、舒马赫等著名环保主义者的思想，直面当下的环境危机，试图找到根本性的解决途径，是完全打破西方思想传统的哲学思想，极具社会影响力。

但深生态学具有内在的深刻矛盾以及强烈的乌托邦性质。如果自然物具有自身内在价值，但自然物又无法主张价值之时，人应该采用何种方式与自然物交互？可以说，自然的非经济价值，如社会的、文化的，乃至审美的价值，都是人类从自身的更高需求出发所做的定义。对自然而言，荒漠、海洋、群山与深渊只是一种客观存在，既不美也不丑，既不善也不恶，价值判断和审美判断的出发点仍然是人类。究其根本，深生态学仍然是人类中心主义的，只是以更为长远的、以人类种群的延续为目标的人类中心主义。人类即便放弃发展的目标，仅以生存为最底线需求，也有赖于生物圈中的生产者与分解者的存在。因此，非人类中心主义的观点缺乏事实根基。深生态学是浪漫主义的，甚至理想主义的，其部分理论依据是坚实的，但逻辑是破碎的，其倡导是真诚的，但也是无力的。

1.5 人类何以可持续

人类自从出现在这颗星球上以来，就凭借着超越其他种群的智慧和文化，不断繁衍壮大，成为生物圈中最具支配力的物种。在取得了压倒性的优势与前所未有的“文明”成就之后，人类征服自然、改造自然的步伐也从未停止，并滋生出更强的占有欲和控制欲，直至面临生态环境、社会 / 伦理、经济发展的巨大危机，才开始认真思考未来生存和延续的策略。人类未来的可持续发展有可能吗？

科学家在 20 世纪 70 年代就发出了“增长的极限”即将到来的预警，而事实上，今天人类已经跨过了这个极限，种种迹象表明，我们赖以生存的生态系统已经非常接近崩溃的状态了。世界可持续发展工商理事会（WBCSD）在 1996 年发布的“生态效率领导力”（eco-efficient leadership）报告中提到，考虑到可预见的人口增长和当前不利环境下对福祉不断增长的需求，只有将生产和消费系统的生态效率提高 10 倍才能实现可持续性要求。因此，在一个可持续的社会技术系统中，提供服务所使用的环境资源要比目前在成熟工业社会的使用量至少降低 90%。[1] 尽管这只

1 WBCSD. Eco-efficient leadership for improved economic and environmental performance[R/OL]. 1996 [2021-09-26]. http://wbcsdservers.org/wbcsdpublications/cd_files/datas/wbcsd/business_role/pdf/EELeadershipForImprovedEconomic&EnviPerformance.pdf.

是估算，也缺乏足够的科学依据，但仍然提出了变革所需的重要参数。在这样的现实面前，渐进式的技术改良与末端治理（end-of-pipe）方式已经明显力不从心了，**只有转向源头干预，对当下的生产与消费方式进行系统重塑，才有可能实现可持续性的社会转型**。尽管不同国家选择的道路各异，前瞻性的社会实验也必不可少，但可持续转型的最终实现一定有赖于人类共同的愿景、合作与行动。

如果说，人类整体与自然之间的关系，是环境可持续问题，那么，不同群体之间的关系，则决定了人们如何共享有限的环境资源与承担环境责任。**如果没有人与人之间、群体与群体之间良性的社会关系，那么环境问题将无法逃脱“公地悲剧”**[1] **的境地，因此，在某种程度上，社会可持续是环境可持续的前提**。此外，除了资源与环境问题，人口增长往往也被视为不可持续的原因之一。但历史证明，只有社会经济发展到一定程度，才可能出现主动的人口下降。高生育率往往是高死亡率和人均寿命较短的补偿策略。[2] 事实上，无论是富国与穷国，亦或是富人与穷人，在现代社会中，优势群体都无法保证能够独善其身。只有将地球村视为一个整体，秉持人类命运共同体的理念，才可能共同致力于对“生物圈”这一生态系统的保护，也才有望实现人类社会的可持续发展。

1 公地悲剧是 1968 年，美国学者哈丁在《科学》杂志上发表的《公地的悲剧》一文中提出的概念。文中设置了这样一个场景：一群牧民一同在一块公共草场放牧。一个牧民想多养一只羊增加个人收益，虽然他明知草场上羊的数量已经太多了，再增加羊的数目，将使草场的质量下降。牧民将如何取舍？如果每个人都从自己私利出发，肯定会选择多养羊获取更多收益，因为草场退化的代价由大家负担。公地悲剧经常用来形容非排他性、竞争性的公共资源在分配上的难题。

2 孙文忠．人口转变理论新论——兼论人口量质发展理论 [J]. 人口与经济，2008(S1):7.

第 2 章　可持续设计

可持续设计 (design for sustainability) 源于可持续发展理念，是设计界对经济发展与环境、社会等要素之间关系的理论反思，并在此基础上不断寻求变革与转型的设计实践。其理念演进是从相对孤立的、以物为中心的视角，逐渐向更加系统的、以人为中心的视角转变。从本质上讲，任何倡导与践行可持续发展理念的设计教学、设计实践和设计研究活动都属于可持续设计的范畴。

可持续设计（design for sustainability）源于可持续发展理念，是设计界对经济发展与环境、社会等要素之间关系的理论反思，以及不断寻求变革与转型的设计实践。简单来说，就是设计研究者与从业者置身于可持续发展的宏观语境中的思考与实践。可持续设计的概念并无定论，它一方面与“绿色设计”（green design）、“生态设计”（ecological design）以及“社会设计”（social design）等概念密切相关，另一方面又有着自身的特征与系统性。在不断演进的过程中，可持续设计吸纳与包容了数十年来人们关于资源、环境、生态系统、社会变革、商业模式等领域极富创见的思想观念与理论方法，其涵盖的内容也越来越丰富与立体。**从本质上讲，任何践行可持续发展理念的设计教学、设计实践和设计研究活动都属于可持续设计的范畴。**[1]

尽管人类在设计（谋事与造物）发展历程中，体现朴素的可持续思想由来已久，但可持续性（sustainability）与设计（design）从词汇上的联姻还是始于20世纪90年代中期。1995年，英国萨里艺术设计学院[2]成立了“可持续设计中心”（Centre for Sustainable Design），并开设了可持续设计的硕士课程。他们提出，可持续设计是针对我们创造、使用以及处理产品的“系统”进行分析与改变（优化），而不是进行局部的、短期的环境设计。[3]1994年英国开放大学（Open University）的Emma Dewberry与Philip Goggin认为，相对于大家熟悉的绿色设计与生态设计，可持续设计要面对“产品”以外更加复杂的社会、经济以及道德等条件的制约。可持续设计意味着从产品到系统、从硬件到软件、从设计产品到提供服务的方式的改变。[4,5] 21世纪初，米兰理工大学的Ezio Manzini教授认为，“可持续设计”与一般以单纯“物质产品”输出的设计不同，它是通过整合“产品及服务”以构建“可

---

1 VEZZOLI C, KOHTALA C, SRINIVASAN A, et al. Product-service system design for sustainability[M]. Sheffield, UK: Greenleaf Publishing, 2017:2.

2 萨里艺术设计学院 (Surrey Institute of Art and Design)，1995年由西萨里艺术学院与埃普索姆艺术设计学院合并而成，后于2005年与肯特艺术设计学院合并为创意艺术大学 (University of Creative Arts)。

3 Anne Chick 在1995年“可持续设计中心”的硕士课程计划中提出了可持续设计的“系统观”与“循环观”理念。

4 DEWBERRY E, GOGGIN P. EcoDesign and Beyond: steps towards sustainability [EB/OL].[2021-10-12]. http://oro.open.ac.uk/29316/ .

5 DEWBERRY E. Ecodesign strategies [EB/OL]. [2021-10-12]. https://ci.nii.ac.jp/naid/10012598857/en/.

持续的解决方案”（sustainable solution）去满足消费者特定的需求，以“成果”和“效益”去取代物质产品的消耗，而同时又以减少资源虚耗和环境污染、改变人们社会生活质量为最终目标的一种策略性的设计活动。[1] Tischner 则从更为宽泛的视角对可持续设计进行了阐释：可持续设计是探索一种保证社会和我们周边社区（尤其是贫穷和不发达人群）的利益、自然环境的利益，以及经济体系（全球的，但尤其是本土的）利益共赢的解决方案。[2]

显然，可持续设计是个极具包容性的概念，尽管它继承了绿色设计与生态设计的基本理念与方法，但可持续设计并非单纯地强调保护生态环境，而是提倡兼顾环境效益、社会效益、使用者需求与企业发展的一种系统的创新策略。在这样的语境下，以往只充当服务角色的设计从业者承担了越来越多的社会责任和义务，传统“设计”所涵盖的疆域和涉及的范畴也在不断扩延。[3]

设计的发展高度依赖所处的社会、经济、文化背景，并在大多数时间，设计作为一种“手段”和“服务业”通常是被动和滞后的。本章将探讨设计随着可持续发展问题的紧迫性而逐渐觉醒的历程，并概略介绍设计与可持续性相融合的重要理念与演进路径。

2.1　设计的觉醒

从历史上看，设计始终是连通生产、流通与消费之间的重要桥梁。工业革命以后，手工业时代的精湛技艺随着贵族专享的奢华消费品一起逐渐消失了，取而代之的是大批量生产、略显冷漠粗糙但可惠及普罗大众的工业化产品。鉴于这种工业化生产方式带来的粗制滥造以及对工人的奴役，约翰·拉斯金（John Ruskin）和威廉·莫里斯（William Morris）发起了著名的工艺美术运动（Arts and Crafts Movement），力图让设计更富有艺术感，并努力复兴面临失传的手工艺传统。同时他们还肩负一项使命，就是通过更有创造力的工作，恢复工人“劳动的喜悦”。[4] 但由于顽强抵抗任何形式的机械化，这个带有理想主义色彩的设计革新运动并没有成功，不过，他们的理念以及留存下来的精美作品对后来的设计，包括我们今天讨

1　MANZINI E，VEZZOLI C，CLARK G. Product-service systems：using an existing concept as a new approach to sustainability[J]. Journal of design research，2001，1(2)：27-40.

2　CHARTER M，TISCHNER U. Sustainable solutions：developing products and services for the future[M]. Sheffield：Greenleaf Publishing，2001：80，204.

3　刘新 . 可持续设计的观念、发展与实践 [J]. 创意设计，2010 (2)：36-40.

4　夏洛特·菲尔，彼得·菲尔 . 设计的故事 [M]. 王小茉，王珍时，译 . 南京：江苏凤凰美术出版社，2018：142.

论的可持续设计都有着重要影响。20 世纪初，“包豪斯”在充分肯定和接受了工业化运动的前提下，融合技术与艺术，将设计回归到以“人本”为出发点的“功能主义”内涵，真正为现代的设计学科与设计行业奠定了基础。20 世纪 20 年代，大洋彼岸的美国进入了经济高速发展阶段，“商业设计”随之走向历史舞台，并助力资本，共同缔造了遍及全球的“消费主义”浪潮。由于谙熟于人性的特质，又善于操控形式美学，设计在遵循“资本逻辑”的前提下，不断挖掘人的潜在欲望，推出花样翻新的商品，在无孔不入的营销之下，来维系“消费社会”的运转和繁荣。

商业设计在人类历史上作出的积极贡献不容忽视，从 1949 年雷蒙德·罗维（Raymond Loewy）登上时代周刊（*Time*）封面开始，设计就进入了历史舞台的中央地带，并在社会、经济发展中扮演着重要的角色。但长期以来，服务于产业的设计一直充当着“手段”的角色，始终是企业赢利的工具。设计师的职责似乎只限于创造外观炫目、具有吸引力的产品，以促进销售来帮助企业获取利润，而对于环境与社会问题视而不见。从“有计划废止”（planned obsolescence）[1] 到市场上争奇斗艳的产品“形式创新”，**设计一直是刺激人们潜在欲望，塑造不可持续的幸福观、消费观和生活方式的直接操纵者。设计也因此被指责为助长消费主义、加剧资源消耗与垃圾产出的罪魁祸首之一。**[2] 美国 MOMA 博物馆的埃德加·考夫曼在 1948 年就激烈批评当时的设计行业是把教科书中的“形式追随功能”篡改为“风格追随销量”。[3] 美国加州大学的内森·谢卓夫教授在《设计反思：可持续设计策略与实践》一书中提出，本应该以解决问题为其职能的“设计”，现如今反而成为制造问题或麻烦的一分子。[4] 在这样的大背景下，设计界开始认真反思自身应有的职能，也触发了可持续设计相关理念的产生。

如果讨论当代语境下“设计”与“可持续性”的融合，首先要提及两位重量级人物，即巴克敏斯特·富勒（Buckminster Fuller）与维克多·帕帕奈克（Victor Papanek）。可以说，他们的思想与实践为我们今天广泛讨论的可持续设计奠定了基础。

巴克敏斯特·富勒是美国建筑设计师、发明家，同时也是一名环保主义者。他在 1968 年发表了《地球号太空船操作手册》（*Operating Manual for Spaceship Earth*），富勒以设计师的身份，首次以飞船理论模型作为基础，阐述人类发展对环境的影响，这在当时是相当难能可贵的。富勒意识到，人类的资源利用方式只能

1 对“有计划废止”制度的讨论详见本书第 6 章。

2 刘新，夏南. 从末端到源头：垃圾追踪与产品服务系统设计 [J]. 装饰，2013(6):22-25.

3 夏洛特·菲尔，彼得·菲尔. 设计的故事 [M]. 王小茉，王珍时，译. 南京：江苏凤凰美术出版社，2018:370.

4 谢卓夫. 设计反思：可持续设计策略与实践 [M]. 刘新，覃京燕，译. 北京：清华大学出版社，2011.

满足一小部分人的需要，大部分人注定要经历贫困与折磨，这是极为低效和愚蠢的。而解决方案是进行一场"设计革命"，消灭那些华而不实的设计。富勒在其漫长的一生中，不断探索技术与对人类生存与发展的影响，并形成了独特的设计思想，称为 dymaxion。他解释说，这是用很少的能量做更多的事情的方法。他所做任何一件事都是按照这种理念执行，包括著名的"富勒球"[1]（图 2–1）。他曾经幻想将整个曼哈顿都罩在其中，并创造一个自给自足的生态系统，以抵御未来可能发生的气候变化与人为灾难（比如核爆炸）。[2]实际上，我们今天依旧能在很多科幻电影中感受到富勒的设计影响力。

图 2–1　巴克敏斯特 · 富勒与 1967 年蒙特利尔世界博览会的美国馆
（图片来源：https://www.wired.com）

另一位重要人物是维克多 · 帕帕奈克，他是一位出色的美国设计师和理论家，也是富勒的盟友与追随者。在 20 世纪 60 年代末到 70 年代初，美国经济高速发展，工业界与设计界都对未来充满信心，而帕帕奈克却不合时宜地提出了"设计伦理"的概念，对当时美国消费主义泛滥、城市能耗与污染大幅上升进行了毫不妥协的批判。他在鼓励对社会问题、第三世界、底层人民投入关注的同时，将环境 / 自然资源的保护纳入设计师的职责范畴当中。他的经典著作《为真实的世界设计》曾经遭到 12 家出版社的拒绝，第一版首先于 1970 年在瑞典出版，1971 年才在美国出版了英文版（图 2–2）。这部书被翻译成多种语言，并多次修订再版，影响深远。书

1　富勒为 1967 年蒙特利尔世界博览会上美国馆设计的短线程穹顶建筑，兼具重量轻与强度大的特点，后被称为"富勒球"。

2　如果地球资源彻底枯竭，世界末日来临，我们应该怎么办？富勒在 1960 年提出一个惊世骇俗的"曼哈顿穹顶"计划，他设想用一个"富勒球"式的大罩子，将曼哈顿中心罩起来，里面的城市可以建立一个完整的、自给自足的系统。这个大罩子可以创造适合生存的气候条件，提供必要的生态机制，并有完整的垃圾污物处理系统。同时大罩子还具有防御性，无论是太阳风暴，还是核弹爆炸，都可以被阻挡在外。

中他提出了工业设计应该自我限制的观念，强烈批判商业社会中单纯以盈利为目的的消费设计，主张设计师应该担负起对社会和生态变化的责任。他对设计师的社会意识和环境意识的高度强调，令之后的几代设计师认识到自己应该承担的社会及伦理价值，而他终其一生倡导的“有限资源论”则为后来掀起的“绿色设计运动”提供了理论基础。[1]

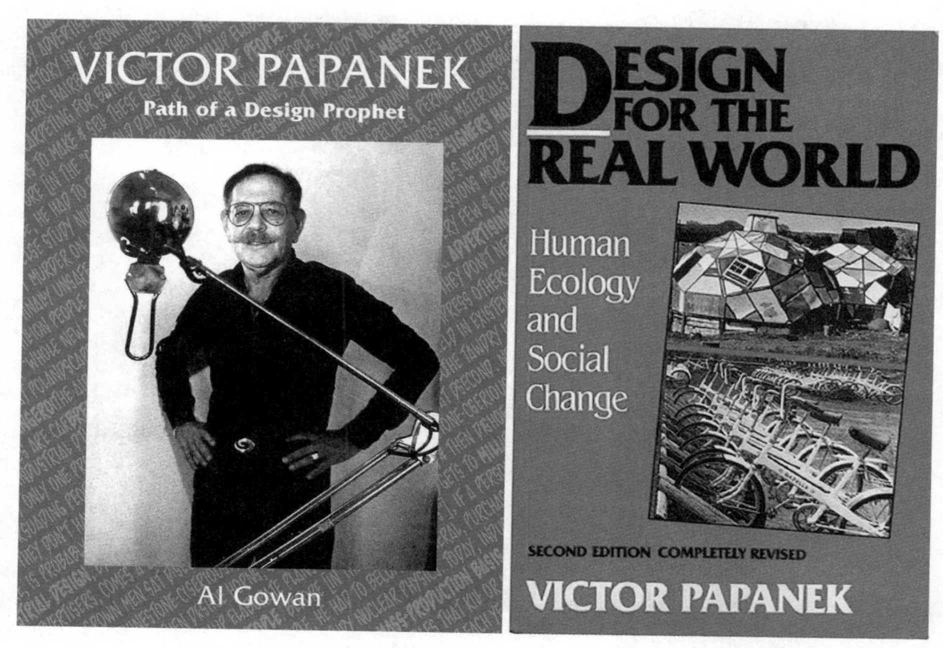

图 2-2　维克多·帕帕奈克与《为真实的世界设计》
（图片来源：Amazon & LinkedIn）

尽管设计领域对环境、社会问题的反思与探索从来没有停止过，但在西方制造业高速发展的 20 世纪七八十年代，相对于商业设计而言，其产生的社会影响力还是极为有限。

20 世纪 90 年代后，随着环境、社会问题的不断加剧，可持续发展的观念通过联合国的若干次宣言逐步为人所知，富勒与帕帕奈克们播下的种子逐渐孕育、生根、壮大，设计界开始更积极、主动地对其担当的社会角色进行反思与调整，并逐步建立起系统化的设计理论体系。对于设计界整体来说，这是一个逐渐觉醒的过程。绿色、生态、可持续设计也正是在这样的背景下产生、发展，逐步取得了广泛共识与社会关注，并成为当今设计界的主流话语之一。

本书希望为读者揭示这一觉醒、反思与行动的演进历程和内在逻辑。值得注意的是，设计作为一个独立的学科还非常年轻，并受到经济、社会、文化、技术等各

1　滕晓铂 . 维克多·帕帕奈克：设计伦理的先驱 [J]. 装饰，2013(7)：60-61.

种要素的影响，再加上设计本身的实践性与多学科杂交混生的基本特性，因此，这个演进历程并非单一的线性轨迹，而是各种机缘汇聚的结果。而且，由于出自不同领域、视角或学术传承，很多可持续设计相关概念的语义宽泛、近似并可能相互涵盖。尽管这些问题难以避免，但其发展的内在逻辑还是有迹可循的。本书作者基于多年的设计研究与实践积累，并结合 LeNS 国际可持续设计学习网络项目[1]，以及 Carlo Vezzoli 与 Fabrizio Ceschin 等学者的研究成果，将可持续设计理念的演进简要分为五个阶段，即绿色设计、生态设计、产品服务系统设计、为社会公平与和谐的设计，以及为可持续转型的设计。下面将进行深入讨论。

2.2　绿色设计

从 20 世纪 70 年代开始，环境污染的恶性事件急剧增加，科学界以及社会媒体开始讨论什么是“低环境影响”[2]（low environmental impact）的材料与资源，以及界定标准。这是绿色设计运动的初期，其目标是通过技术手段，尽量降低工业界的资源消耗以及毒性物质的排放。对于设计师们来说，理解与掌握相关的材料知识、技术标准与规则，并将其应用于产品设计中，就成了他们必须拓展的知识储备与设计能力的一部分。

与此同时的另一个议题是公众对于“自然材料”从盲目崇拜到理性认识的反思与讨论。实际上，自然材料这个用词非常含糊，即使在今天还是经常会造成困惑。相对于各种“合成材料”来说，自然材料的说法很具亲和力，似乎是环境友好材料的代名词，我们在购买物品时也经常会被这个“标签”所打动。而事实上，自然界中存在大量有毒有害的物质，并非自然材料就一定无害。此外，在自然材料制成有用产品的过程中，通常需要繁琐的加工程序，这同样会带来巨大的环境影响（想一想工业化造纸过程的排放和危害）。这些思考与争议对绿色设计的发展起到了重要推动作用。

20 世纪 80 年代中后期，随着上述讨论的深入，公众对生态灾难与环境问题意

1　LeNS（the Learning Network on Sustainability）是欧盟资助的 Asia Link 项目之一（2007—2010），研究主题是“可持续的产品服务系统设计”，由亚洲和欧洲 7 所设计院校参与其中，目标是通过建立一个开放的网络学习平台，推动亚欧高等设计教育机构在可持续设计研究、教学与实践领域的交流与合作。LeNS 项目促成了多个区域可持续设计联盟的形成，并陆续共同申报了多个国际可持续设计研究项目，如 LeNSes（the Learning Network for Sustainable energy systems），研究主题是“可持续能源的设计研究”（2013—2016）；以及 LeNSin（the International Learning Network of networks on Sustainability），研究主题是“可持续的产品服务系统设计与分布式经济”（2016—2020）。参见 http://www.lens-international.org。

2　环境影响是指人类活动（经济活动、政治活动和社会活动）对环境的作用和导致的环境变化，以及由此引起的对人类社会和经济的效应。环境影响包括人类活动对环境的作用，以及环境对人类的反作用两个层次。参见：王喆，吴犇 . 环境影响评价 [M]. 天津：南开大学出版社，2014:2-4.

识的不断提升，以及绿党[1]在欧洲的政治地位凸显，媒体和广告中出现了大量以绿色为基调的形象，为设计带来了新的象征意义，并由此引发了一系列热词的诞生，如绿色设计、绿色产品、绿色包装等。**“绿色设计”顺理成章地成为这一时期“因关注环境而进行的设计”的代名词**。1986 年，英国设计委员会（British Design Council）举办了一个名为“Green Designer”的设计展览，从能源利用、耐久性、可回收性与市场接受度几个角度，首次向设计师以及公众阐释了何为绿色设计。展览提出了“赢在设计、设计获利”的口号。之后不久便首次使用了绿色消费者（green consumer）一词来描述一种全新的消费趋势，以昭示绿色设计并不反工业化，而是能够帮助产业走得更远。该设计委员会在 1991 年出版的《绿色设计》一书，可以看作设计在可持续性方面更全面、更系统化研究的开始。

绿色设计是一个很宽泛的概念，其应用范围涵盖了工业产品设计、服装设计、信息与视觉传达设计、环境艺术设计、建筑与规划设计等各个领域。但无论应用于哪个领域，绿色设计都具有一些基本的共识与原则。1994 年，学者保罗·布洛尔（Paul Burall）提出绿色设计需要建立在“4R”原则基础之上，即减量化（reduce），将材料的使用和能源的消耗降到最低；重复使用（reuse），对废旧产品或部件的重复使用，以减少废弃物的产生；循环再造（recycle），将废弃材料循环再利用；再生（regeneration），将废弃物重新制成有价值的产品或原料。[2] 1994 年，麦肯齐（Mackenzie）针对绿色设计提出了 6 条更具操作性的设计原则：①容易拆卸与组装，以增加维护保养的便利性；②选择低污染并容易回收的材料；③完善的环保标识；④明确的回收分类；⑤回收价值的考量；⑥废弃处理。[3] 2002 年，杜瑞泽提出，绿色设计需要减少对天然资源的消耗，应选择最适合生态环境的材料，选择污染最小的生产工艺并提升产品的使用性与寿命。此后，诸如无害化设计（design for disposal）、可拆解设计（design for disassembly）和耐久性设计（design for durability），以及使用可生物降解（biodegradable）的替代性材料等，都成为绿色设计的重要策略。本书后续的诸多章节都与上述策略密切相关。

绿色设计首次将环境问题纳入设计思考的基本要素之中，是对设计应发挥的作用和社会责任的深刻反思，极大地提升了设计的社会价值。绿色设计并不是一种设计风格的变迁，而是一种设计态度、理念与相应设计策略的演进，由此唤起了更多

---

1 绿党是以绿色政治为诉求的国际政党。绿色政治有三个基本目标：和平主义、社会公义（尤其强调本地居民的权利）和环境保护。绿党支持者认为，实现绿色政治可以让世界更健康，而他们往往为实现自己的理念而付诸实际行动，反对造成生态破坏的任何经济发展策略。资料来源：维基百科。

2 BURALL P. Green-ness is good for you[J]. Journal of product innovation management，1995，12（4）：354.

3 MACKENZIE D，et al. Green design：design for the environment[M]. London：Laurence King，1991:154.

人对经济发展与生态环境之间关系的深刻思考。

不过，**早期的绿色设计还停留在降低材料与部件的环境影响上，是一种“过程后的干预”，即意识到问题和危害后，采取的缓和补救措施，本质上只是在一定程度上缩小了危害的强度，延长了危害爆发的周期**。但随着认识的提升以及技术的发展，绿色设计的概念还在不断地细化与完善。在随后的几年中，这种理念的边界在逐渐拓展，并被置于更广阔的产品领域中进行讨论，“生态设计”随之成为更贴切的表述。

2.3　生态设计

20 世纪 90 年代中期，研究者的关注点逐步从局部的、技术层面的材料与能源，转移到完整的产品层面，“产品生命周期”（product life cycle）的分析与设计成为核心内容。由于这种方法根植于对自然系统的理解，以及对生态学的借鉴，因而通常被称为“生态设计”（eco-design）。**生态设计包容了几乎所有绿色设计的策略与原则，其概念之间的界限并不明显**。事实上，使用的概念或名词并不重要，关键是要表达的核心理念。生态设计从更宏观的视角，完整考量与优化产品生命历程的环境影响，更具包容性，也颇具哲学意味；而绿色设计的切入点更为清晰、明确，更具操作性。

从词源角度看，生态学（ecology）是研究生命体与其生存环境之间关系的科学分支，最早由德国人 Ernst Haeckel 于 1866 年提出。从 20 世纪 60 年代开始，这个词汇就逐渐被用于抵制环境污染的运动中。[1]1982 年德国人 Evelyn Möller 提出了“生态功能主义”的概念，并为当时的德国工业设计师与制造商设计了一个生态检查表[2]，成为日后德国工业设计协会（Verband Deutscher Industrie-Designer，VDID）推动生态与设计的基础。1988 年，John Botton 整理了近 90 个带有“eco”前缀的词，包括生态城市、生态技术、生态建筑以及生态管理等，“生态”作为一种价值观逐渐渗透到各个领域。1989 年，英国成立了“生态设计协会”并创办了杂志《生态设计》（*Ecodesign*），这个专用词汇的出现反应了当时欧洲设计界，从深层生态学[3]视角对设计与生态关系的理解：“材料与产品的设计、项目与系统、环境、社区的设计，对于这颗星球的生态环境与所有生命体都应该是友好的。”[4]

1　引自 Word Origins Dictionary（https://www.quword.com/etym/s/ecology）。

2　MADGE P. Ecological design: a new critique[J]. Design issues, 1997, 13(2): 44-54.

3　有关“深层生态”与“浅层生态”的含义详见第 1 章。

4　引自英国生态设计协会（Ecological Design Association，EDA）1990 年的生态设计理念宣传页。

20 世纪 90 年代，生态设计的理念从欧洲迅速推广至全球，逐渐成为引领设计发展的新的价值体系。

在生态设计中，环境被赋予了与传统设计的价值标准，如功能性、商业效益、美学、人机工学等同样的地位；在实践层面，生态设计开发出一系列完整的设计原则、指南以及工具包。生态设计方法的显著特征就是从全生命周期角度，看待产品的环境影响，测算从原材料的获取到产品生产、销售、使用、废弃、处置，以及中间运输环节的整体能耗与环境影响。通过量化分析，确定问题最大的阶段与活动，之后有针对性地提供设计干预。相关论述详见本书第 3 章“生命周期设计”。

相对于绿色设计，这种全流程分析是更为系统、完善的思考方式。但问题在于，真正客观、准确的产品生命周期评估极为困难，因为需要大量的数据统计与经年累月的跟踪考察。所以有人质疑早期的产品生命周期评估，到底是一种科学方法，还是一种不切实际的理论假设？但近年来，仰仗计算机算法与数据库的日益完善，生命周期评估的信度与操作性有了极大的提升。

尽管如此，生态设计观念的影响极为深远，大量设计理论和方法与之有千丝万缕的联系，比如“工业生态学”（industrial ecology）、“从摇篮到摇篮”（C2C）的循环经济设计、“朴门永续设计”（permaculture）、生物模仿设计（biomimicry design）等。

生态设计是面对产品生命周期完整过程的设计方法，不仅仅关注最终结果，而且全面思考产品的各个阶段、各个方面、各个环节中的环境问题，是设计在“过程中的干预”。但总体看来，绿色设计与生态设计都是聚焦于物质化产品的设计，并以降低环境影响为核心目标，缺乏对社会问题与商业模式的综合考量，以及提出系统性可持续解决方案的能力。

生态设计的理念也受到了更广泛层面的挑战。Emma Dewberry 和 Phillip Goggin 认为，可持续设计要面对复杂的社会、环境、发展和伦理问题，他们认为，现行的发展模式对于发展中国家来说是极不公平的，因为世界上 20% 的发达国家人口消耗了世界上 80% 的资源。因此，生态设计（仅仅关注环境与经济发展的关系）存在着许多局限性，是不可能实现全球可持续发展的。[1] Gui Bonsiepe 则表示担心，生态设计仍然是富裕国家的奢侈品，而环境标准的代价将转移到第三世界人们的身上。[2]

1 DEWBERRY E，GOGGIN P. EcoDesign and beyond：steps towards sustainability[EB/OL].[2021-10-12]. http:/oro.open.ac.uk/29316/.

2 MADGE P. Design，ecology，technology：a historiographical review[J]. Journal of design history，1993，6(3)：149-166.

2.4　产品服务系统设计

20 世纪 90 年代末，伴随着一系列联合国、欧盟以及其他机构的研究报告，人们对可持续性有了更深刻的理解，意识到仅有针对物质层面的技术性措施是不充分的，需要进行商业模式与消费模式，以及系统层面的变革，才有望实现可持续发展的目标。在设计领域，早期的绿色设计与生态设计在推行过程遇也到了一定障碍。首先，在传统以销售产品为目标的设计模式中，企业会在生产阶段尽量减少材料和能源的消耗，但并不真正关心在使用过程中的产品能源消耗，也不会对废弃产品的回收、运输、处理过程可能造成的资源浪费以及对环境的影响感兴趣。耐久性只是营销的口号，很多时候，生产商更愿意销售生命周期较短的产品，以促成销量，获得利润。而企业有意或无意的“漂绿”[1]（green washing）行为，使得原本就缺乏统一标准与共识的“绿色”与“生态”概念，沦为了部分企业促销谋利的噱头。这些问题使人们认识到，以销售物质化产品为唯一盈利目标的传统企业，缺乏真正的动力投入到环境友好产品的设计与制造中。

其次，即使上述设计策略被企业践行，并带来了明显的环境效益，但成果可能会被不断增长的产品消费量所抵消，而变得毫无意义。比如，根据欧盟提供的数据，在 1990—2004 年期间，通过提升汽车效率（10%）所获得的环境收益，已被成倍数增加的汽车销量以及行驶里程的增长（30%）所抵消了。因此，仅仅依靠产品层面的生命周期设计或生态设计并不能够真正解决问题。在这样的大背景下，众多设计师和学者开始意识到，要实现可持续的生产与消费，必须彻底改变传统的商业模式，关键是要在物质化产品之外实现更多的创新。因此，强调非物质化的产品服务系统（product-service system，PSS）设计应运而生。

从企业端看，**产品服务系统设计可以理解为在新形势下的一种创新策略转变的结果，即从单纯的以设计、销售“物质化产品”转向提供综合的“产品与服务系统”，以更好地满足人们的特殊需求**。换句话说，企业的重点将不再是以大量销售产品来盈利，而是提供给人们一种需求得到满足的“幸福感”来获得发展的空间。实际上，面对市场萎缩与竞争加剧，传统制造业开始将服务视为实现利润增长的新途径，并意识到产品与服务相结合，可以获得比单独销售“产品”或“服务”更高的利润。这种意识从根本上改变了产品与服务割离的观点，并伴随着产品服务化与服务产品化两种趋势的交融、发展，最终形成了产品服务系统的概念。

从消费端看，我们需要的是一种达成目标的“满意”状态，而非具体的功能性产品。就如同人们需要干净衣服而不是洗衣机，城市交通需要的是便捷出行而不是

1　漂绿：泛指那些具有欺骗性的、以牟利为目的的环保宣传和行为。

汽车一样。产品只是达成目标的工具和手段。因此，设计师需要从产品设计思维，转换为系统设计与服务设计思维。事实上，**如果采用适当的方式，产品服务系统创新不仅可以有效降低资源消耗，减少企业的成本投入，而且可以获得新的利润增长点，同时更好地响应消费者的需求。更为重要的是，产品服务系统在有效减少物质产品消耗的同时，有望导向一种新的非物质化的消费理念，从而建立起一种新的生活方式与消费方式，并从源头上降低人类活动的环境影响。**“使用而不拥有”的共享经济理念也因此成了产品服务系统设计重要的策略与原则。

由此可知，可持续的产品服务系统（SPSS）设计是力求将处在复杂商业环境中与设计相关的诸多因素进行整合，关注不同利益相关人的互动方式，创造出新型的产品 + 服务的商业模式与消费模式的整体解决方法。正如保罗・霍肯在《商业生态学》中所讲：企业需要将经济、生物和人类的各个系统统一为一个整体，实现企业、消费者和生态环境共生共栖的循环，从而开辟出一条商业可持续发展之路。经济发展要从对“物质化产品”生产与消费的过分依赖中转变过来是个痛苦的历程。但是，这种转变是未来中国经济，乃至全球经济实现可持续发展的必由之路。有关产品服务系统设计的内容详见第 9 章。

2.5　为社会公平与和谐的设计

2000 年以后，可持续设计的理念日渐丰富，并转向了对社会问题的思考，尤其关注发展中国家和金字塔底层人民的真实需求。实际上，关注社会的设计理念在可持续发展概念提出之前就已经出现了。早在 20 世纪 70 年代就有学者认识到，设计师应当肩负起更多的社会责任，如托马斯・马尔多纳多所倡导的新“设计希望”（Design Hope）运动，以及维克多・帕帕奈克的观点：“设计可以也必须成为年轻人参与、改变社会的一种手段。”尽管对这个话题的讨论从未间断，但始终被排斥在设计的主流话语之外。

“为金字塔底层人民的设计”（design for the base of the pyramid，DfBP）是这一领域的重要内容。这个概念与早期的“社会设计”（social design）理念并无太大差异，都是对设计刺激消费主义，仅仅服务于权贵阶层的商业设计的反思。其设计思想可以分为两个阶段：第一阶段是设计关注金字塔底层人民的生存需求，以及参与式方法的研究，以促成人民自己发声；第二阶段的设计侧重于将金字塔底层人民作为商业合作伙伴，使他们在参与商业共创过程中获得授权与赋能。为金字塔底层人民的设计逐渐扩大了干预范围，从产品到拓展到商业模式和复杂的社会伦理方面。[1]

关于设计民主化的讨论也是社会设计领域的重要话题，更进一步的追问是，谁才是设计服务的真正受益者？甚至谁才是真正的设计者？这促使我们对设计精英与普罗大众之间的关系进行更深刻的思考。

进入 21 世纪后，越来越多的学者，如马戈林（Margolin）、曼齐尼（Manzini）、蒂什纳（Tischner）、维佐里（Vezzoli）等都明确提出，指向“社会公平与和谐”的设计（design for social equity & cohesion）对可持续发展具有重要意义，是对可持续设计在内容上的进一步拓展和完善，“社会创新与可持续设计”成为当今设计研究的热点之一。曼齐尼教授在全球推动“社会创新与可持续设计网络”（DESIS）作为社会创新设计研究与实践的平台。在他看来，社会创新的源头在于普通人面对日常问题时的全新的解决方案。这种方案往往依托于“社会资本”，即人与人的联结、互信与协作。激发民众自发的参与和协作，可以创造全新的社会结构，最终实现社会层面的系统创新。在这个过程当中，专业设计师从传统的设计主导者，转变为协作者，同时采用专业力量参与这个社会协作过程，也将带来设计学科的全新定位。他将这种未来的、社会创新性的模式描述为“绿色的、社会化的以及网络化的”发展方向。有关内容详见第 10 章。

从根本上讲，实现社会经济的可持续发展有赖于人们的价值观和消费观的变革，因此，对可持续“消费模式”的关注也是社会维度设计的重要内容。设计是连接生产和消费的桥梁，设计可以成为刺激人们消费冲动的工具，也可以转化为倡导可持续消费的手段。

涉及消费模式的话题，那么对消费者的行为干预就显得格外重要，特别是针对消费行为以及消费之后的使用阶段，可持续设计需要让用户在“信息”“自身行为”以及“对环境 / 社会的影响”三者间建立一种联系。“为可持续行为而设计”的策略就是在这样的背景下产生的。英国拉夫堡大学（Loughborough University）的 Debra Lilley 博士认为，应通过设计主导的方法影响用户的行为，以减少产品在使用过程中产生的负面社会影响。她进一步探讨了如何运用设计来影响用户行为以实现可持续性，并提出了“为可持续行为而设计”（design for sustainable behaviour）的概念[2]，这一理论与新兴的行为经济学密切相关。

总之，社会可持续性的目标有关个人、社区和社会如何彼此相处，并在为自己

1　CESCHIN F，GAZIULUSOY I. Design for sustainability：a multi-level framework from products to social-technical systems[M]. London：Routledge，2019：88.

2　LILLEY D. Design for sustainable behaviour：strategies and perceptions[J]. Design studies，2009，30(6)：704-720.

选择发展模式的同时，也考虑到所在地方和整个地球的环境承载力。[1] 为社会可持续的设计是当今设计研究的前沿，是对可持续设计在内容上的进一步拓展和完善，涉及诸多在环境与经济可持续中没有涉及的领域，如社会公平、福祉、民主参与、对文化以及物种多样性的尊重，以及提倡可持续的消费模式等。在此，可持续设计的系统观念被进一步深化和完善，并向关注全球化浪潮冲击下的社会和谐以及大众的精神层面和情感世界拓展。

2.6 为可持续转型的设计

近年来，人类所面对的社会、环境与经济问题都越来越复杂并相互关联。相应地，以发现问题与解决问题为己任的设计，也已经触及更深层面的，由技术、社会、组织与机制创新引发的“社会技术系统”（socio-technical systems）[2] 变革。为了应对这些复杂的“棘手问题”，如气候变化、环境污染、犯罪、贫困等，卡耐基梅隆大学的 Terry Irwin、Cameron Tonkinwise 和 Giden Kossoff 几位学者提出了转型设计（transition design）的概念，希望推动社会向更可持续、更理想的未来过渡。这意味着，**可持续设计已经不仅限于传统的材料、产品、商业模式层面的创新，而是有意愿并有能力（尽管到目前为止还非常有限）参与到城市更新、系统重构、社会网络重塑或更广泛意义上的社会转型过程中**。Terry Irwin 认为，**转型设计是继服务设计和社会创新设计之后，可持续设计的一个新兴领域**。实际上，转型设计包容了旨在通过商业模式创新，转变生产与消费模式的产品服务系统设计，以及旨在鼓励社会变革，而不将技术变革视为先决条件的社会创新设计等理念。

从概念的源头上看，转型设计的提出受到了英国环保主义者 Rob Hopkins 发起的转型城镇运动（Transition Town Movement）[3] 的启发。此外，从 20 世纪末开始，就有学者开始关注多层次视角（multi-level perspective）的系统创新理论与方法，并开展了相关的设计实践。这也为转型设计的出现奠定了基础。Brezet

1 COLANTONIO A. Social sustainability: exploring the linkages between research, policy and practice[M]// JAEGER C, TABARA J, JAEGER J. European research on sustainable development. Berlin: Springer, 2011.

2 社会技术系统的概念由特里斯特 (E.L.Trist) 及其英国塔维斯托克研究所的同事提出。他们认为，一个组织或企业既是一个社会系统，也是一个技术系统，而技术系统对社会系统有很大影响；个人态度和群体行为都受到技术系统的重大影响。管理者的一项主要任务就是要确保这两个系统相互协调。推而广之，这种理论也被用于理解社会中人的观念、行为与技术发展的关系。

3 转型城镇运动：在欧洲兴起的一个民间运动，往往以城镇为单位进行系统性的创新。英国东南部小镇 Totnes 被认为是第一个转型城镇，发行了与英镑挂钩的地方货币，发展本地种植和食物网络，鼓励本地化产业和消费，通过民间协作，如合作社的形式，来弥补公共服务的不足。目前这个非正式网络在全球有 300 多个成员。

（1997）应该是第一位基于设计语境讨论这一话题的学者，他认为，所谓系统创新（system innovations），就是为适应新产品与新服务的需要而实行的基础设施和组织的变革。[1] 显然，这种理解已经超越传统设计的范畴，涉及机制创新与战略设计层面。2008 年，第一次关于设计与可持续转型的国际大会 Changing the Change 在意大利都灵举行，会议强调，**我们的生活方式与满足需求的方式需要进行彻底改变（radical change），可持续性必须成为所有设计研究活动的“元目标”（meta-objective）**。[2]

从 2012 年起，卡耐基梅隆大学将转型设计的理念引入本科生、研究生教学与博士研究中，并提出了一个转型设计的理论框架，用于探讨设计在向可持续社会转型中发挥的作用。这个框架包含 4 个相互关联、相互促进的方面：①转型的愿景（visions of transition），即建立一个清晰的转型方向；②变革的理论（theories of change），通过丰富的理论和方法论，来解释复杂多变的系统及其内在变化；③观念与姿态（mindset and posture），以开放、协作和自省的姿态，来承担转型中的职责和工作；④新的设计方式（new ways of designing），在上述 3 个领域中将产生新的设计方式（范式）。

具体来说，转型的愿景需要在一个不同于现有社会、经济及治理范式中，由所有的利益相关人共同参与，重新构想全新的生活方式，以此建立一个未来导向的愿景；并基于对复杂系统中的变化进行动态、深入的了解和学习，有意识地促成新的知识体系，建立一个对动态变化的复杂社会和自然系统的深入理解；在多学科理论的交叉与融合过程中，塑造设计师新的知识架构、思维方式以及立场；并通过这种由内而外的全新塑造，引导设计师发展出新的设计方式，来推动转型愿景的实现。这个流程是双向的，随着愿景的不断演进，也将鼓励和推动新设计方法的改进和迭代，持续塑造设计师的知识架构、思维方式和立场，并进一步促使人们寻求新的愿景。未来，转型设计师的工作将聚焦于以下三个相对宽泛的领域当中：一是对未来或某些“尚无定论的领域”建立强有力的叙述（narratives）和愿景（vision）；二是扩大和联系地方社区和组织并介入基层工作（grassroots efforts）；三是基于跨学科团队，设计具有创新性和本地化的解决方案。

除了转型设计，可持续性思考也融合了其他新的话语体系，获得了新的内

1 CESCHIN F，GAZIULUSOY I. Design for sustainability：a multi-level framework from products to social technical system[M]. London：Routledge，2019:125.

2 CIUCCARELLI P，RICCI D，VALSECCHI F. Changing the change：design，visions，proposals and tools[C]. Turin：Allemandi Conference Press，2008：5，18.

涵和意义。包括思辨设计（speculative design）[1]、设计行动主义（design activism）、韧性设计（design for resilience）、共居设计（design for co-habitation）、欢愉设计（design for conviviality），以及更为前沿的探索，如将女性主义理论、动物研究、后人文主义民族志、政治生态学等领域的研究融入可持续性的思想脉络中。其中，思辨设计是通过鼓励设计师思考未来的可能性，将设计作品融入新的理论、科技或进行中的实验，不仅是构想可能的未来，也敦促人们清醒认识技术的发展状况与问题。**思辨设计通过强调“发现问题”“功能虚构”和对“世界如何发展”的探讨，来研究与展现新的观点，并促进围绕争议问题的辩论、思考和决策。**

面对充满不确定性与变化的世界，一方面，设计可以通过想象与思辨来探索可能的未来；另一方面，我们需要切实的行动。设计行动主义作为一种宗旨，鼓励设计师同社会运动、民间互助以及被边缘化的社区结合起来，以一种包容性的精神，用设计能力为面临压迫和困境的人们提供所需要的支持。一般而言，设计行动主义的价值可以理解为促进社会变革，增强有关价值观和信念的意识（如气候变化、可持续发展等），以及挑战大规模批量化生产、消费主义对日常生活的制约。**Alastair Fuad-Luke 将设计行动主义定义为：一种设计思维，通过想象力和实践，以反叙事的手法创造并促进社会、制度、环境以及经济层面的积极变化。**作为一种相对激进的观念，设计行动主义的支持者们往往会拒绝与市场和商业机构合作，并试图通过一些批判性的设计策划来对抗资本主义的发展。值得注意的是，设计行动主义并不是一种政治行为，而是以设计师的方式干预生活，强化行为的反思力和影响力，以此来传递某种诉求或对可持续未来的意愿。

2.7　演进的内在逻辑

纵观可持续设计的发展历程，从关注环境问题的绿色设计与生态设计，到涉及商业模式与消费模式创新的产品服务系统设计，再到聚焦社会公平与和谐以及消费行为改变的社会创新设计，直到指向可持续未来的转型设计等，其内在逻辑是，随着问题复杂性的不断增加，设计介入可持续议题从早年的“末端处理”逐渐转向“源头干预”。这与人类应对环境问题的态度和方式是一致的。从 20 世纪中叶开始，当人们意识到生态环境不断恶化后，所采取的措施就是从污染治理（针对造成污染

1　思辨设计的概念由安东尼·邓恩 (Anthony Dunne) 和菲奥娜·雷比 (Fiona Raby) 提出，他们之前提出的“批判性设计”同样具有重要的影响力。

的工业产品进行事后处理），到生产过程干预（采用清洁技术，减少过程中的污染排放），再到设计新型的产品或服务系统（进行系统变革），最后是强化生态意识以及社会行为层面的反思和干预（可持续的生活方式与消费行为）。

随着时间的推移，设计在可持续发展中的作用日益明显，因为设计的角色已经发生了根本变化——从原来的"形式供应商"，逐步转变为各方利益的协调人、更积极的行动者，以及可持续未来愿景的描绘者。

图 2-3 是可持续设计研究的基本框架，描述了相关理念演进的五个阶段，以及本书涉及的章节主题（转型设计除外）。从左下角到右上角是对可持续设计演进趋势的描绘，即从相对孤立的、技术为中心的视角，向更加系统的、以人为中心的视角转变。从图中可以清晰地看到，具有系统性的和以人为中心的视角的结合，将具有更大的可持续性潜力，显然也是未来可持续设计研究的重点与方向。但是，关注孤立的（通常是材料、部件或单一产品的设计创新）、技术为中心的视角依旧具有重要价值，因为这是与人造物设计有关的基础与前提。循环再造、重复使用、升级再造、耐久性与情感化设计等基础性的策略，依旧是当今可持续设计的重要议题。此外，技术创新正在源源不断地为设计输入新的能量和灵感，如在向自然学习的设计中，

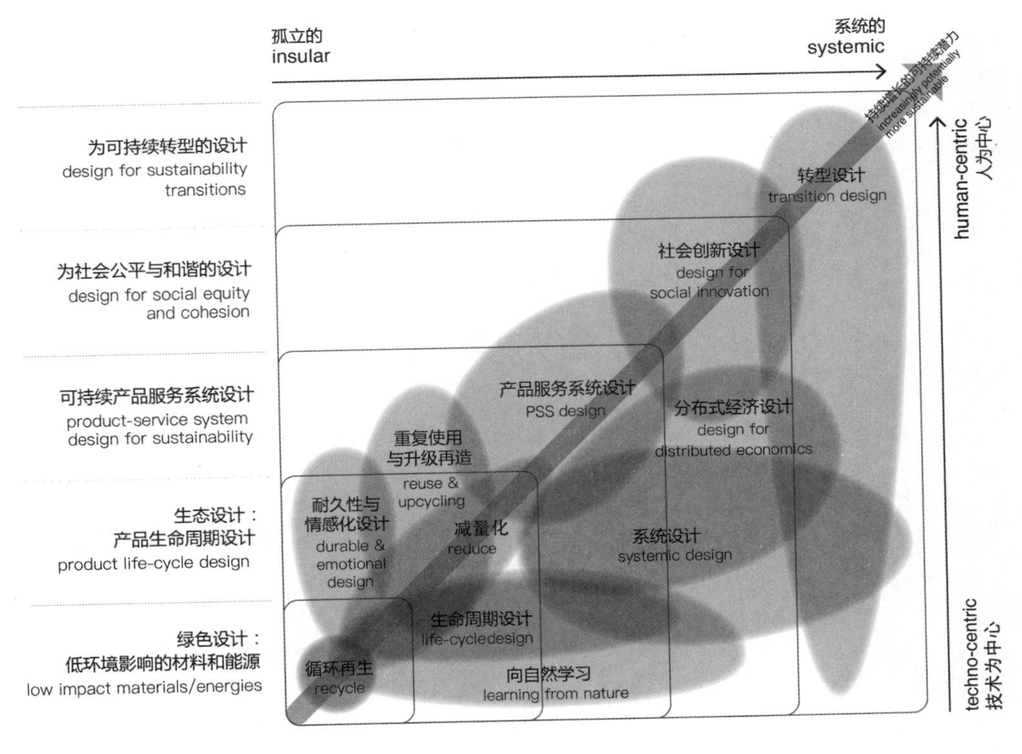

图 2-3　可持续设计演进趋势与研究主题

（该框架结构借鉴了英国布鲁奈尔大学 Fabrizio Ceschin 的研究成果）

借助最新的技术手段，对生物材料、结构、原理以及生态系统进行深入研究，为可持续设计创新开拓了新的视野。大数据、人工智能等技术的发展同样为可持续设计提供了新的想象空间，尤其是在转型设计中，社会技术系统的变革，强烈依赖对突破性技术的深刻理解和巧妙运用。当然，由于转型设计涉及诸多新的知识、新的关系、新的实验以及面临新的挑战，还缺乏成熟的理论体系和成功案例，因此，本书并没有专门的章节进行论述，有待今后深入研究与补充。

以上梳理有助于我们对可持续设计精神与内涵的深入理解。但必须注意到，**不同阶段的划分是对可持续设计发展历程的总体认识和概括，并不意味着后者替代前者，而是在内容上的不断反思、充实与完善**。实际上，正如图 2-3 所示，很多可持续设计的理论和策略是相互包容和关联的。下面我们将开启对各个设计主题的探索之旅。

第 3 章　生命周期设计

产品的生命周期设计 (life Cycle design) 是从时间维度对产品进行思考，从系统层面进行干预的一系列设计策略的集合。这意味着设计要从原材料发掘到废弃处置的完整过程中，努力降低产品的综合环境影响。生命周期设计的基本逻辑就是超越“末端处理”的思维模式，回溯源头，聚焦系统、整体和过程进行设计。

像一切自然生命体具有“生老病死”的不同状态和阶段一样，人为事物也有其“生命周期”。**从可持续性的视角来看，产品的生命周期设计（life cycle design）就是从时间逻辑进行思考、从系统层面进行干预的设计策略，意味着设计要介入产品从原材料发掘到废弃处置的完整生命流程中，并努力降低整体的环境影响，也就是资源／能源消耗最小化，以及废弃物／污染物排放最小化。**

如前所述，设计领域的前瞻者从20世纪中叶就开始了对环境责任的反思。迪特·拉姆斯（Dieter Rams）在20世纪80年代便将环境友好与创新性等要素并列为好设计的基本原则。[1] 时至今日，为环境而设计（design for environment）已经成为普遍的社会共识，环境考量也成为国际各大设计竞赛的基本标准，各种生态、绿色、低碳的设计策略和导则也不断涌现。但问题是，单一或局部的设计改进，尤其是末端解决方案（end-of-pipe solution）[2]，对于降低整体环境影响是极为有限的。因此，一种全生命周期的系统设计观就显得格外重要。

生命周期设计的意义在于，设计从一开始便融入环境意识，这将有助于预防和减少问题的发生，而不是到最后阶段用时间、健康与金钱去纠正已造成的损害。[3] 这无论从环境保护上还是经济上来说都是划算的。

实际上，生命周期设计是一系列设计策略的集合，其设计理念将在后续多个章节进行介绍。按照章节安排的顺序，循环再生是最大限度地延长材料的生命周期；重复使用与升级再造则是尽量延长产品的生命周期；耐久性与情感化设计是尽量避免物品被过早废弃；减量化则是从根本上降低资源的消耗量与废弃物的产生，包括减少物质性产品的消费量，这也是最接近源头的环境设计策略。此外，产品服务系统设计、向自然学习的设计以及系统设计等，都与生命周期设计密切相关。

1　迪特·拉姆斯提出的十项好设计原则是：好的设计是创新的，是使产品实用的，是美的，是使产品易于理解的，是谨慎克制的，是诚实的，是持久永恒的，是在细节处仍保持一致的，是环境友好的，是尽可能少的。

2　末端解决方案是在工业生产过程的末端，对需要排放的污染物实施的一系列治理措施，目的是在减少它们对环境的影响。也用来比喻非（源头）根本性的补救措施。

3　VEZZOLI C. Design for environmental sustainability: life cycle design of products [M]. 2nd ed. Berlin: Springer, 2018:37.

3.1　回到源头的设计

近几十年来，人们不断反思“资源—产品—废弃物”的“线性”发展模式的诸多弊端，逐渐意识到向自然学习、与自然共生才是实现可持续发展的正确途径。生命周期这一理念即源自人对自然规律的深刻认识：生物体的生命历程是不断与外部的生物、非生物环境进行能量、物质和信息交换的过程。在这个过程中，生物体都会经历出生、成长、衰败到死亡的完整生命周期。同样的逻辑，任何人造物也会经历相似的“生命历程”。受生物学的启发以及对自然规律的认识，在 20 世纪中叶，产品的生命周期概念就被引入市场营销领域，随后又引入工程领域。[1]

20 世纪 50 年代，产品生命周期的概念第一次出现在市场营销领域，并被划分为开发、增长、成熟、衰落 4 个阶段，用于描述产品在市场表现中的发展历程。阶段划分的目的是促使企业针对产品所处阶段来制定相应的商业竞争策略，将产品的盈利能力最大化。[1, 2]

在工程设计领域，产品生命周期概念则是面向从原材料获取、制造、使用到报废的完整过程，最初的目的是促使企业控制物质消耗所造成的成本。1962 年，设计师莫里斯·艾斯默（Morris Asimow）在其著作中提出了一个包含生产、分配、消费、回收 / 处置 4 个过程的“环形”产品生命周期模型，强调将废弃物回收重新投入生产，以提高资源利用率。[3] 该理念的灵感源于生态系统中的“共生”关系，即一个生物体的废弃物往往是他者的食物或养分。尽管“工业共生”（industrial symbiosis）这一提法早在 20 世纪 40 年代就出现了[4]，但莫里斯的贡献是在此基础上构建了一个理想的产品生命周期模型，并据此提出了粗略的设计策略（图 3–1）。

同样在 20 世纪 60 年代，生命周期评价[5]（life cycle assessment，LCA）开始成为科学研究的议题。LCA 采用定量的方法，分析产品从原材料获取到最终处置整个过程的物质流和能量流，使资源消耗和环境影响能被科学呈现，对工程领域的知识系统更新起到了重要的推动作用，也促使旨在降低产品环境影响的相关设计方法

1　CAO H，FOLAN P. Product life cycle：the evolution of a paradigm and literature review from 1950—2009 [J]. Production planning and control，2012，23(8)：641-662.

2　LEVITT T. Exploit the product life cycle [EB/OL]. [2020-03-15]. https://hbr.org/1965/11/exploit-the-product-life-cycle.

3　ASIMOW M. Introduction to design [M]. Englewood Cliffs，NJ：Prentice-Hall，1962:8.

4　工业共生概念的早期文献：RENNER G T. Geography of industrial localization[J]. Economic geography，1947,23(3)：167-189. 转引自：CHERTOW M，ASHTON W，KUPPALLI R. The industrial symbiosis research symposium at Yale：advancing the study of industry and environment[C/OL].(2004-11-01)[2021-09-16]. https://elischolar.library.yale.edu/fes-pubs/23.

5　对标国际标准 ISO 14040：2006 的国家标准 GB/T 24040—2008 将生命周期评价定义为“对一个产品系统的生命周期中输入、输出及其潜在环境影响的汇编和评价”。

发生了质的变化。在产业界最早采用LCA方法进行产品管理的是美国可口可乐公司。[1]

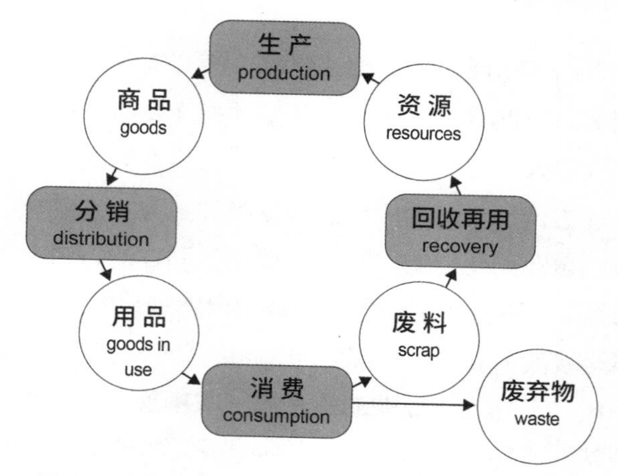

图 3-1　莫里斯 · 艾斯默构建的生产—消费循环 [2]

20 世纪八九十年代，随着生命周期评价方法的不断成熟，绿色设计（green design）逐渐质变为综合考量完整产品生命周期的资源消耗和环境影响的生态设计（eco-design）。[3] 而从绿色到生态这一名称的变化与关联，也体现了工程学与生态学交叉融合的结果。

1989 年，罗伯特 · 弗洛施（Robert Frosch）等人提出模仿自然生态系统的功能，建立一个"尽量充分利用原材料与能源，尽量少产出废弃物，并使得废弃物成为另一个工业过程原材料"的工业生态系统，由此奠定了工业生态学（industrial ecology，或称产业生态学）这门交叉学科的基本理论框架。[4] 生态设计和生命周期评价便分别作为重要的设计方法和评价方法被纳入工业生态学的知识体系中。

20 世纪 90 年代，工程领域出现了几种不同路径的环保设计方法，它们都以生命周期框架为基础，通过对功能、材料、结构等的设计优化来降低产品环境影响，并融入了生命周期评价的方法。在相互借鉴、影响的发展过程中，它们逐渐趋同，如：为环境而设计、生命周期设计、环境意识设计（environmentally conscious

1　面对能源危机和环保压力，美国可口可乐公司在 1969 年委托中西研究院 (Midwest Research Institute) 开展了一项针对玻璃瓶和塑料瓶的比较研究，目的是优化生产工艺和调整商业策略。该研究量化分析了二者在整个生命周期（从原料获取直至报废处置）的输入（材料和能源消耗）和输出（废弃物排放）。结果是：玻璃材料虽然来源广泛而且加工工艺相对简单、成熟，但其生命周期内的耗材和耗能却导致了较高的成本，尤其是在运输环节；相比而言，塑料材料质轻、耐用，在当时也更容易回收。可口可乐公司由此得出了塑料对环境更友好这一结论。尽管这一结论在今天看来仍极具争议，但这项研究却开启了生命周期评价的先河——人们开始从生命周期的系统视角重新看待和认识产品。

2　ASIMOW M. Introduction to design [M]. Englewood Cliffs，NJ：Prentice-Hall，1962:8.

3　CESCHIN F，GAZIULUSOY I. Evolution of design for sustainability：from product design to design for system innovations and transitions [J]. Design studies，2016，47:118-163.

4　FROSCH R A，GALLOPOULOS N E. Strategies for manufacturing [J]. Scientific American，1989，261(3)：144-152.

design）以及更广为人知的生态设计。

进入 21 世纪，自然成为更多人研究和创新的源泉。麦克唐纳与布朗嘉特受自然启发，重新思考了人工世界的造物活动，在 2012 年出版了影响深远的著作《从摇篮到摇篮》（*Cradle to Cradle: Remaking the Way We Make Things*）。“从摇篮到摇篮”是针对产品“从摇篮到坟墓”生命周期特征的革新提法，提倡工业的再生（而非消耗）方法，因此它同样是以生命周期为基本框架，但更强调材料的升级循环，即将生物和技术两类材料视为养分，通过合理设计使生物材料（如竹材料等）在使用寿命结束后进入开环的生态系统中循环；技术材料（如塑料材料等）则在闭环的工业系统中循环，避免废弃物产生的同时也能“滋养”系统，使人类社会的生产、消费和经济增长能无限持续。[1,2]

“从摇篮到摇篮”设计中方法包含着一个重要的理念就是生态效益（eco-effectiveness），这也是它与之前仅追求生态效率（eco-efficiency）[3] 的一些环保设计不同的地方。追求投入产出比的生态效率主要依托技术手段来最大限度地减少产品生命周期内的物质流动。技术进步推动生态效率不断提高，但并没改变物质“从摇篮到坟墓”的单向“线性”路径，而且这一过程还伴随着物质质量的下降（降级循环）。生态效益则通过物质“从摇篮到摇篮”的周期性循环，来维持（或提升）物质作为资源的质量，并“滋养”整个系统，如同生物的“新陈代谢”。**因此，生态效率可被视为“用正确的方式做事情”（效率本身并无价值倾向），而生态效益则是“做正确的事情”**。二者的优势各异，作为策略使用时应该互补而非互斥。[2,4]“从摇篮到摇篮”理念也是今天广泛讨论的“循环经济”[5] 和“蓝色经济”[6] 的重要理论

1　麦克唐纳，布朗嘉特 . 从摇篮到摇篮：循环经济设计之探索 [M]. 中国 21 世纪议程管理中心，中美可持续发展中心，译 . 上海：同济大学出版社，2005.

2　CESCHIN F, GAZIULUSOY I. Evolution of design for sustainability: from product design to design for system innovations and transitions [J]. Design studies, 2016, 47:118-163.

3　生态效率概念由世界可持续发展工商理事会（World Business Council for Sustainable Development）于 1992 年正式提出。经济合作与发展组织（Organisation for Economic Co-operation and Development）将生态效率定义为“生态资源用于满足人类需求的效率”，进一步说是“一种输出（一个企业、部门或整个经济所产生的产品和服务的价值）除以输入（一个企业、部门或经济所产生的环境压力的总和）的比率”。布朗嘉特（Braungart）等人认为其核心一般可理解为“以更少废弃、更少资源使用或更少毒性获得更多产品或服务的价值”。

4　BRAUNGART M, MCDONOUGH W, BOLLINGER A. Cradle-to-cradle design: creating healthy emissions-a strategy for eco-effective product and system design [J]. Journal of cleaner production, 2007, 15(13-14): 1337-1348.

5　艾伦·麦克阿瑟基金会（Ellen MacArthur Foundation）在其报告 *Towards the Circular Economy: Accelerating the Scale-up Across Global Supply Chains* 中认为循环经济是“一种通过意图和设计来实现恢复或再生的工业系统。其目标是通过材料、产品、系统和商业模式的优良设计来消除废弃物”。

6　蓝色经济（blue economy）由冈特·鲍利（Gunter A. Pauli）提出，是对肆意消耗能源的“褐色经济”的抛弃，是对环保但高成本的“绿色经济”的超越，其特点是将生态系统的规律运用于经济系统，主张在本地现有资源基础上，模仿生态规律，梯级利用能量和养分，为自然增值的同时创造经济价值，实现零排放（zero emissions），并提供更多就业机会。

来源（图 3–2）。

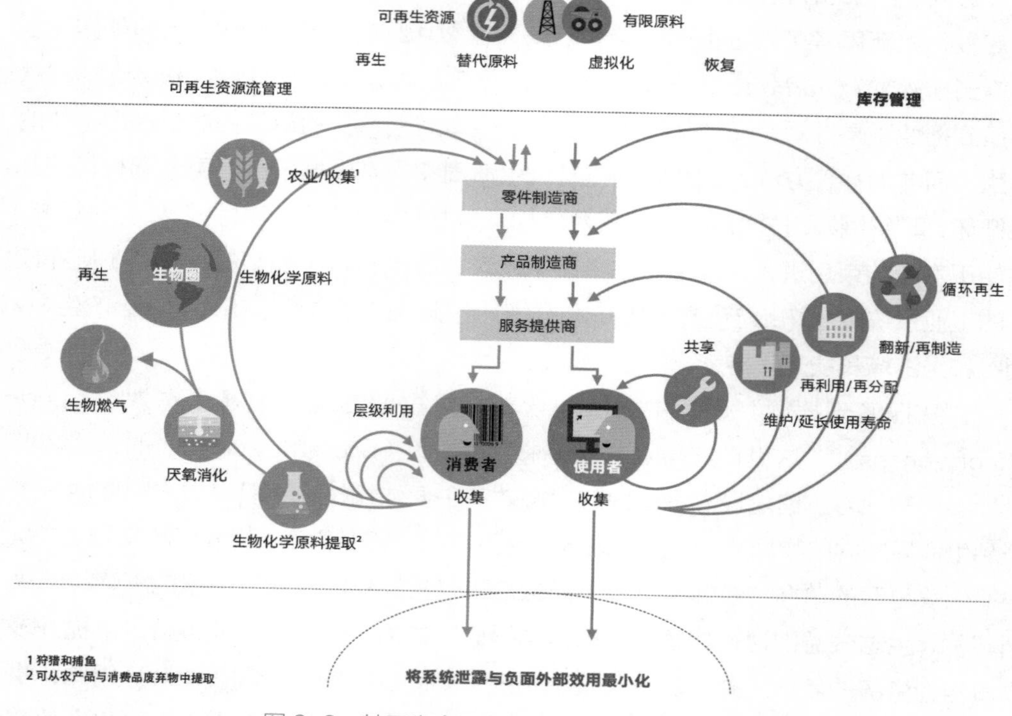

图 3–2　基于生命周期框架的循环经济系统模型
（图片来源：https://ellenmacarthurfoundation.org）

如今，借鉴自然规律的生命周期概念已发展成为多个知识体系的基础框架。产品生命周期理论诞生之初就与经济、环境关联密切，使得它在理解二者关系方面有着不可替代的优势。在设计阶段就以生命周期理论为准则，才可能实现整体资源消耗和环境影响的最小化，也能实现设计价值的最大化。

3.2　产品生命周期

产品生命周期可以描述为产品从原材料发掘、生产、分销、使用，到废弃及处置的一系列活动和过程，其中每个环节都会产生环境影响（environmental impact）。所谓环境影响就是指人类活动所导致的环境变化。理解这个概念并不困难，人类为了生存发展就要从自然界不断获取（输入）资源（比如矿产、动物和植物）；而后向自然界排放（输出）有害物质（比如垃圾、污水和废气）[1]。对产品生命周期

1　有害物质产生的环境影响可以概括为：全球变暖、臭氧层耗损、富营养化、酸化、雾霾、有毒物质排放、废弃物等。

的不同阶段进行划分，并研究各个阶段的环境影响，是有效实施设计策略的前提。本节结合一般的产业规律与卡洛·维佐里（Carlo Vezzoli）等专家的研究成果，以及循环经济系统模型（circular economy system model），构建了产品生命周期模型，即准备、生产、分销、使用、处置 5 个首尾相接的产品生命阶段，见图 3–3。该模型直观呈现了理想状态下产品生命周期各阶段间的相互关系，它们与环境间存在着物质与能量的输入、输出关系，是生命周期设计的基础。

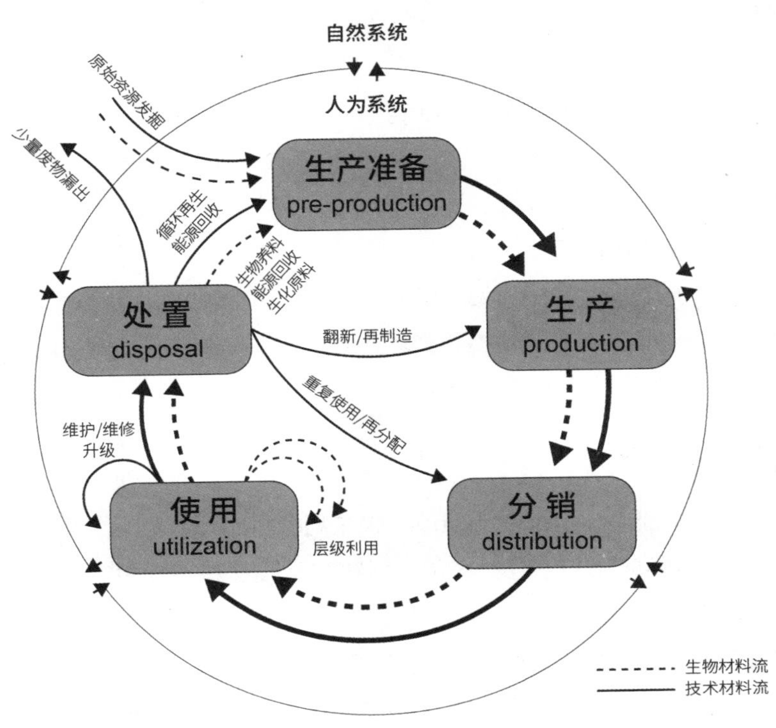

图 3–3 产品生命周期系统模型

3.2.1 生产准备阶段

生产准备阶段（pre-production）就是为制造产品准备所需的资源和半成品，包括资源获取、原材料与能源加工等基本步骤，是产品生命周期的起点。这里讲的资源包括了原始资源（primary resources）和回收资源（secondary resources）[1]。

那些取自岩石圈的材料大多是不可再生的原始资源，如石油、金属等矿产资源等；而取自生物圈的材料大多需要种植和收获，是可再生的原始资源，比如树木、

1 该材料分类方法源自：VEZZOLI C. Design for environmental sustainability：life cycle design of products [M]. 2nd ed. Berlin：Springer，2018.

粮食作物等。众所周知，不可再生的矿产资源日渐枯竭，就连本应留给子孙的那部分也所剩无几了，因此在选用时应格外谨慎。至于说可再生的资源，尽管其来源与应用要乐观得多，但也不能无所顾忌。事实上，包括很多植物种类（如金丝楠等优质硬木）在内的可再生原始资源，由于人类大量的砍伐和利用已经灭绝或濒临灭绝，因此也要有选择地使用。

所谓回收资源或称二次原料，是来自生产加工中的废料或生活消费后的废弃物。有研究表明，“经过工业革命 300 年的掠夺式开采，全球 80% 以上可工业化利用的矿产资源，已从地下转移到地上，并以‘垃圾’的形态堆积在我们周围，总量高达数千亿吨，并还在以每年 100 亿吨的数量增加”[1]。这些废弃物也是潜在的“矿产”[2]，有待我们进一步开发利用。在原始资源日渐紧缺的情况下，这部分资源的应用前景非常广阔。

生产准备阶段还包括了原材料加工和储运。无论是哪类资源都需要一系列的初级加工，才能用于工业生产，比如将铁矿石加工成钢板，原油提炼或加工为塑料颗粒，将回收材料粉碎、熔铸，等等。当然还包含了运输和储存，这也是产品成本的一部分，同样也会给环境带来负面影响。

3.2.2 生产阶段

总体来说，生产阶段（production）是制造商根据市场目标，将采购的零部件（新的或回收的）等半制成品和部分材料（原材料或回收材料）通过制造、装配、调试、涂装等工艺流程制成成品。

生产阶段的环境影响主要集中在加工过程中耗能、耗水、排放、材料浪费等。实际上，不同产品的制造所涉及的环节相当复杂，差异性也很大。材料、工艺、生产设备等都会导致不同的环境影响。如陶瓷产品生产中主要的环境影响是高能耗的煅烧工艺；造纸行业是制浆和抄纸工艺中的高水耗和产生大量有毒污水；制鞋业则在加工时会比一般行业消耗更多的原材料。

翻新再利用和材料循环再生会面临一些特殊的生产问题，如将分散在社会中的产品回收到生产企业的难度大、成本高，还存在运输造成的碳排放；回收后还需要

1 曲永祥．解读“城市矿产”[J]. 中国有色金属，2010，24：30-31.

2 城市矿产 (urban mine) 是对废弃资源再生利用规模化发展的形象比喻。这个概念可以追溯到 20 世纪 80 年代的日本，最初仅是针对废旧家电产品中稀有金属材料的回收利用。1988 年，日本学者南条道夫从金属资源回收的角度，首次将地上积累的工业制品资源称为“城市矿产”。2010 年，国家发改委将其定义为，工业化和城镇化过程产生和蕴藏在废旧机电设备、电线电缆、通信工具、汽车、家电、电子产品、金属和塑料包装物以及废料中，可循环利用的钢铁、有色金属、稀贵金属、塑料、橡胶等资源，其利用量相当于原生矿产资源。此后，“城市矿产”概念的外延被进一步扩大，逐渐包含了一切生产、生活中被弃置但可以再利用的材料、能源等。

进行评估、分解等一些额外的工序，同样会增加成本并产生环境影响。因此，平衡资源节约、成本控制和污染控制之间的关系，就需要构建合理、顺畅的回收服务机制，以及使产品更易拆解、材料更易分类等。

3.2.3　分销阶段

分销[1]（distribution）是连接生产与消费的重要环节。成品经过包装，运输到不同的分销单元存储，最终通过线上或线下方式进行售卖，在这个过程中产品转化为“商品”。分销阶段的主要环境影响在于包装可能导致的浪费和污染，以及运输、存储环节造成的耗材、耗能和污染等。

包装的功能是承装、保护产品，使之便于运输、存储，并最大限度减少这一过程中可能的损耗，同时还附带一定使用说明与商业宣传等功能。包装是一类非常特殊的产品，它既从属于某类产品，又是独立的产品，因为任何包装本身也具有原料加工、生产、分销、使用和处置的完整生命周期，也具有独立的环境影响指标。通常来说，包装的功能单一且使用寿命短暂，如果设计或使用不合理会导致严重的环境影响和资源浪费，如 2019 年我国规模以上快递企业运送了约 635.2 亿件货物，包装箱、塑料袋、纸质封套等包装的产生量可以说是天文数字[2]；再如迎合虚荣消费文化的各种“奢侈型”过度包装同样也不能忽视。

相对于包装来说，运输的环境影响更为严重。绝大部分产品需要借助运输工具将其运送到不同的储存地和销售场所，这个过程会产生大量的碳排放。实际上，货物运输发生在生命周期的所有环节中，而在分销阶段，其环境影响显得尤为突出。常用的运输方式包括火车、汽车、船舶、飞机甚至专用管道等。每种方式所产生的温室气体差异较大，如据相关研究显示，运输 1 吨货物移动 1 英里（约 1.6 千米）所产生的温室气体，火车是轮船的 1.6 倍，卡车是轮船的 10 倍，飞机则是轮船的 47 倍。[3] 这些研究有助于包括设计师在内的从业人员作出对环境更有利的选择。

3.2.4　使用阶段

使用阶段（utilization）包含产品被使用（use）或消费（consume），以及获得各类服务的过程。严格意义上讲，有些产品是被使用的，如汽车或家用电器；另外一些是被消费的，如洗涤剂或方便面。

1　分销即是通过建立销售渠道，将商品或服务从生产端向消费端或用户转移的过程。

2　数据来源于国家统计局针对年业务收入 200 万元以上快递服务企业的业务量统计。

3　DIZIKES P. The 6-percent solution [EB/OL]. (2010-11-08)[2020-03-15]. http://news.mit.edu/2010/corporate-greenhouse-gas-1108.

对于使用性的产品来说，大多情况下，在使用过程中会消耗材料和能源，并产生排放和废弃物。如打印机会消耗墨盒或硒鼓，当然还有电力，并排放臭氧和粉尘；汽车会消耗燃油并排放一氧化碳、碳氢化合物、氮氧化合物、二氧化硫、烟尘微粒等，统称为尾气。即使是电动车，其所使用的电力来源（中国煤电的占比依然较高[1]）与废弃电池去向也值得探讨。

有一类使用性产品的主要环境影响不在使用阶段，而在生产和处置阶段，那就是一次性使用产品。它们大量涌现，日渐成为生活的“必需品”，其特点是产出量大、使用周期短、处理难度高，因此对环境的影响日益显现，尤其是其中占比最大的塑料制品。2015 年的一个统计数据显示：所有塑料制品中仅有 9% 被循环再生，12% 被焚烧处理，79% 则被填埋、待填埋或丢弃在环境里，给人类、动物和环境都造成了严重影响。[2] 为此，包括中国在内的很多国家和地区都颁布了“限塑令”来应对这一挑战。[3]

很多产品在使用过程中需要维修与服务。好的服务可以有效延长产品的使用寿命和使用效率，因此，强化服务是降低总体环境影响的重要途径。当然，使用者或消费者本身的意识和行动才是最关键的要素，可持续消费观念的普及任重道远。

3.2.5 处置阶段

当产品不能再继续使用并被弃置，便进入了处置阶段（disposal）。产品被弃置的原因很复杂[4]，并没有统一标准。此时的产品终其或长或短的一生，似乎已经没有任何价值了。但事实并非如此。在处置阶段通常可能遇到三种情况：一是产品被翻新再利用；二是回收其材料与能源；三是最终废弃并被妥善处理。

第一种情况是，对报废产品中的可用零部件进行翻新（refurbishment），使之面貌一新、焕发“青春”，这样便可以重新回用，或开发出其他功能（详见第 5 章）。例如，苹果公司通过各种途径对已售往市场的产品开展回收服务，翻新后在线上“认证的翻新产品”商店出售，2018 年就翻新了超过 780 万部设备，回收了逾 4.8 万吨电子废弃物。[5] 但值得注意的是，翻新回用的过程同样会耗费资源、排放污染，造成

---

1 《四十年煤电脱胎换骨与新历史使命》一文显示，我国火力发电量占比逐步下降但仍较高——由 2010 年的 80.8% 下降至 2017 年的 71%（其中煤电 64.7%）。

2 转引自联合国环境规划署 2018 年报告 *Single-use Plastics: A Roadmap for Sustainability* 中对 Geyer 等 (2017) 和 Jambeck 等 (2015) 文献的改编。

3 欧盟委员会于 2018 年通过了一项禁用一次性塑料制品的提案；中国在《国务院办公厅关于限制生产销售使用塑料购物袋的通知》（2007 年）的基础上出台了《进一步加强塑料污染治理的意见》（2020 年），对不可降解塑料袋、一次性塑料餐具、宾馆和酒店的一次性塑料用品、快递塑料包装几类塑料制品制订了明确的退市计划。

4 关于产品被弃置的原因，可参见 6.1 节。

5 详细数据见苹果公司《环境责任报告：2019 年进展报告——对 2018 财年的全面回顾》。

新的环境影响。当然，有些被废弃的产品功能、品相良好，无需复杂的翻新过程，只要进行简单的清洁便可以重复使用了。另外也有一类以升级再造（upcycle）的方式，比如把废旧玻璃瓶改造成具有艺术效果的装饰陈设或灯具，来实现对废旧产品的再利用（详见第 5 章）。

第二种情况是，产品已经无法翻新使用了，但其材料可以被循环再生，或被堆肥变为植物养分，或被焚烧发电获取其能量（详见第 4 章）。大多数金属材料可以被回收、清洗、熔铸并制成二次原料，正如生产准备阶段提到的“城市矿产”；部分塑料也可以重新造粒再利用。通常，经过循环再生的材料品质都会下降，仅能实现向更低价值的降级回收（downcycle，与 upcycle 相反），直到成为废弃物，因此需要在有限的循环次数中将其充分利用。还有部分可降解的生物材料可以进行堆肥处理，转化为生物养料，比如淀粉质的农膜与厨余垃圾。其他废弃物就只能用作垃圾焚烧发电的燃料了，作为被回收的一部分能量，贡献出最后的价值。在一些情况下，燃烧是消除不能回收的有害材料的有效方法，如医疗垃圾。尽管焚烧技术越来越先进，所排放的污染物已经微不足道，但这种方式是对材料价值的无视，也间接造成了资源的浪费。[1] 这样的指责并不是针对这项技术本身，而是促使我们反思当今的生活方式与消费方式。

第三种情况是填埋（landfill）或简单的弃置（dump），这是更不应该发生的，但目前状况下似乎无法避免。这种情况可能对环境造成极为负面的影响，比如因无法处理或处理不当而造成废弃物或处置过程产生污染等。垃圾围城已经是很多城市不得不面对的事实。当然，即使我们将所有可回收物与可燃烧物都有效分离出去，还是会有一些砖瓦、陶瓷、渣土等垃圾存在。理论上说，焚烧后残余的灰渣也可能被再利用，如制成建筑材料，但很多情况下由于成本过高企业无法负担。因此，最好的结果是尽量妥善处理，如建立技术完备的垃圾填埋场，合乎法规地堆放废弃物，并做无害化处理等。

综上所述，生命周期各阶段都彼此关联、相互影响，从初期的材料选择，到产品的生产和使用都直接关系到最终的处置，某个阶段的问题往往来自前期的规划与设计不周。设计在其中的职责并非在于技术突破，而是从源头上介入，并在完整生命周期中采取行动，最终促进生产与消费方式的转型。

此外，上述的阶段划分依旧基于传统的产业规律。随着新技术的快速发展，如人工智能的介入或 3D 打印等分布式制造技术的普及和应用，各个阶段的活动有可能发生新的融合与交叉。部分传统的问题依然存在或逐步消减，但同时会产生新的

1　据国家统计数据显示，2018 年我国生活垃圾清运量约 2.28 亿吨，其中约 1.02 亿吨被焚烧无害化处理。在这接近一半被焚烧的垃圾中是否存在仍可以被利用的资源呢?

问题。人工智能背后也依旧有人的影子，受人的观念和愿望支配。但当人工智能超越了人的掌控，所带来的问题和挑战也就超越了本章讨论的内容。如果 3D 打印能够实现远程数据传输、当地加工制造的话，就可以大大减少由于运输和包装所带来的环境影响（详见第 11 章）。但 3D 打印材料的选择与资源消耗无法避免，甚至由于加工制造的便利性，以及满足个性化需求的特点，可能会进一步刺激人的消费欲望，从而消耗比以往更多的资源，这是完全有可能发生的事情。总体看来，在可以预见的未来，上述的阶段划分依旧是生命周期研究的主流观点，对理解不同阶段的环境影响，以及发现设计机会具有重要意义。

3.3 生命周期设计的策略

从上述分析可以清楚地看出，设计有可能介入产品生命周期的所有环节，并在降低环境影响方面发挥积极的作用，这正是生命周期设计的价值所在。

3.3.1 系统思维

生命周期设计的核心特征是从专注于设计某件产品，转变到思考与该产品相关的完整过程的环境影响。这种全流程的系统思维方法，可以帮助我们避免被局部的改善所迷惑，从更高的维度上认清全局和真相。

一些出于“善意”的绿色设计，非但没有降低产品的环境影响，反而从整体上增加了负面影响。事实上，这种情况并不少见，设计有时会以环保的名义，对自然造成更大的伤害。以“纸板家具”设计为例，纸制品一向被认为是最自然的材料，具有可以回收、降解，便于运输、收纳，造价低廉等优势，完全符合人们心目中的绿色、环保理念。与传统家具相比，在生产、分销阶段，纸板家具似乎优势明显（图 3–4）。但是，从使用阶段看，纸板家具的使用寿命相当有限，需要反复替代。从耐久性上看，其显然无法与没有任何“环保”概念的传统座椅相比；并且废弃纸板的回收、运输和再加工，都会产生能耗和排放。实际上，纸的循环再生过程会增加水的消耗、制造污染、消耗能源。可见，如果从全生命周期的视角进行系统分析，这类纸板家具反而导向了更为高昂的环境代价。[1]

从系统层面进行干预，这似乎远远超出了设计的“势力范围”。设计是否有能力和影响力当此重任是个问题。但从大趋势看，可持续发展已经成为当今社会的普遍共识，环境意识也逐渐融入到很多企业的发展战略中，甚至是品牌建设的一部分。

1　刘新 . 可持续设计的观念、发展与实践 [J]. 创意与设计，2010(2)：36-39.

因此生命周期设计并非局限于设计部门，而是管理、市场、工程等领域的共同使命。正如本章开篇所述，生命周期设计不仅可以保护环境，也可以避免因“末端处理”带来的经济损失，对企业追求长远利益与可持续发展大有助益。

图 3-4　“纸板椅”并不比没有任何环保理念的传统座椅更加“绿色”

3.3.2　功能单元

除了全流程的系统考量外，生命周期设计的另一个核心概念是“功能单元”（functional unit）。实际上，我们设计的不是一件产品，而是满足特定功能的一系列过程。**也就是说，评价一个设计的环境影响时，不能局限于某件产品本身，而是要评估满足“等量功能”的产品、服务和过程的环境影响。**[1] 功能单元量化了所选定的产品功能，当对不同的系统进行评价时，它能确保这种比较建立在一个共同的基础之上。[2] 这听起来有些晦涩，让我们举例来说，当对比分析公共汽车与小轿车时，无论处在生命周期的任何环节，公共汽车的环境影响都明显大于小轿车。公共汽车需要投入更多的材料和资源进行生产准备，更繁琐的制造环节，使用过程消耗更多的能源，还会产生更多的废弃物。不过，当我们从满足“等量功能”的角度进行环境影响评估时，结论就迥异了。以运送 1 人的公里数为基本功能单元，假设小轿车平均乘坐 2 人，小型公共汽车平均乘坐 20 人，如果运送同样的里程，那么 1 辆公共汽车等于 10 辆小轿车的运载量。显然，根据目前的数据测算，从满足功能需求的视角看，公共汽车要比小轿车环保得多（图 3–5）。

功能单元将产品的综合表现进行量化描述，使我们在环境评估时超越了单独产品，回归到功能需求的本质，也是回到设计的本质——以产品的功能（而非产品本身）为用户带来满足和愉悦。当然，产品本身的美学特性和情感属性对用户而言同样具有重要价值，但并非本章讨论的重点。

1　VEZZOLI C. Design for environmental sustainability: life cycle design of products[M]. 2nd ed. Berlin: Springer, 2018: 45.

2　全国环境管理标准化技术委员会 . 环境管理　生命周期评价　原则与框架：GB/T 24040—2008 [S]. 北京：中国标准出版社，2008:1.

图 3-5　同等载客量下的公共汽车与小汽车数量比
（图片来源：https://www.vcs-ag.ch/politik/manifest/loesungen）

3.3.3　设计策略

打破规则或许会找到更好的答案，但前提必须是了解规则。降低环境影响并满足生态效益是评价一个产品或服务的基本标准，但显然不是唯一的标准。正如前文所述，好的设计还必须满足功能性、使用性、技术、经济、法规、文化与审美的需求。设计提供给人们的应该是完整的解决方案。不过，基于本章讨论的范畴，从生命周期设计出发，将提出以下设计策略或导则[1]。

1. 最小化材料与能源的消耗、最小化有害物质的排放

这是生命周期所有环节的共同目标，也是首要策略。相对于其他策略，“减量化”（reduce）应该是降低环境影响最根本的手段了。人类文明发展到今天，其重要标志就是物质化产品的生产与消费的极大繁荣，由此带来的资源消耗和环境污染是可持续发展的最大挑战。如果不能从生产方式和生活方式上减少这种消耗和排放，那么任何精心筹划的设计策略都将是徒劳的。有关内容将在第 7 章中详细讨论。

1　导则主要参考 *Design for Environmental Sustainability: Life Cycle Design of Products (second edition)* 一书与美国环境保护署的 *Life Cycle Design Guidance Manual* 手册。

2. 优选可再生、生物兼容性以及无毒性的资源

与上述最小化的策略密切相关，由于不可再生资源[1]日渐稀缺，在生产准备阶段，必须优先选择可再生[2]的原始资源或二次原料，以减少资源消耗。生物降解材料的使用可以有效降低污染物排放，并提供新的设计可能性，但要注意的是，一些可降解材料的降解条件非常苛刻，设计师对此也应充分了解。毒性是材料选择中一个不能忽视的因素，毒性材料不仅对人类有害，也会危害其他生物，设计时应避免使用，或考虑将其置于不易接触但易于回收的部位。同样，选用可再生能源既可以大大减少污染物排放，也出于能源安全考量，是生命周期各环节的共同目标（详见第 7 章）。

3. 优化产品寿命

优化产品寿命意味着设计可重复使用、耐久性使用或使用频率高的产品。这样可以有效减少替代产品所消耗的资源，同时也减少浪费。当然，延长产品寿命是有限度的，其前提是保证产品的安全性与可靠性。对部分电器和电子产品的一项研究指出，技术相对成熟和稳定的冰箱产品的最佳使用寿命约为 20 年；受动态市场影响较大的笔记本电脑产品则为 7 年，这样才能确保提高资源利用率的同时兼顾商业可行[3]。提高产品使用频率是指在有限的生命周期中，频繁、密集地使用产品，使其充分发挥应有的效用和价值，如共享类产品以及相应的产品服务系统设计（product-service system design）。详见第 5 章、第 6 章和第 9 章。

4. 延长材料的使用时间

通过循环再生（recycle）和堆肥（compost）等方式，使原本无法再使用的废弃材料获得新的价值。该策略直接影响产品的处置方式，也为生产准备阶段提供了新的选择，即提供可再生的二次原料（详见第 4 章）。但是，尽管延长了材料的使用寿命，但应注意的是，这些过程同样会产生新的问题，如回收难度大、需要消耗能源、需要资金投入、材料质量会降低等。因此，设计的焦点还是应该集中在如何减少材料以及充分利用材料，同时材料的后续去向也应该在事先筹划。

5. 促进可拆解的设计

可拆解设计（design for disassembly）是针对产品使用和报废处置阶段一个

1　不可再生资源虽源于自然，但恢复或补充的速度极慢，不可能满足当前的消耗速度，如矿物、化石燃料等。尽管它们的一些副产品，如塑料、金属等可以多次再生使用，但极易成为废弃物，因此仍属于不可再生资源。

2　可再生与不可再生相对，共同构成了人类的可用资源，可再生资源包括木材、植物、微生物，还有太阳能、风能、生物质能等。

3　BAKKER C，WANG F，HUISMAN J，et al. Products that go round：exploring product life extension through design [J]. Journal of cleaner production，2014，69：10-16.

重要的考虑因素，以实现维修、零件更换或翻新的目标。[1] 它能有效降低回收的成本、提高资源的利用率，是优化产品寿命和延长材料使用时间两个策略的保障；易损、易污、可升级部件的可拆解设计，有利于产品的维护、升级与更新，从而延长产品使用寿命；考虑到不同材料的可拆解性，则有利于材料的分类回收与循环再生（详见第4章）。

3.4　可选择的策略集合

生命周期设计的基本逻辑就是超越“末端处理”的思维模式，回溯源头，聚焦系统、整体和过程的设计。相应的设计策略对降低产品与服务的环境影响无疑具有启发性。但实际上，这些设计策略的应用并不一定保证达成可持续性目标。通常来说，可应对一切问题的普适答案都值得怀疑，简单套用一些成熟的设计导则并不能确保问题的解决，有时反而会增加负面的环境影响（如纸板家具的例子）。尽管“系统思维”与“功能单元”的分析方法可以帮助我们减少错误，但由于不同的产品类型的差异很大，还是需要有针对性地分析才能斟酌权重、采取措施。

对任何产品来说，无论是汽车、家具还是一次性纸杯，在策略的选择上都会有不同的优先级。比如，家具产品的环境影响大多发生在原材料获取与生产阶段，部分发生在处置阶段，而在使用过程中的环境影响可以忽略不计。因此延长产品的使用寿命，即耐久性设计（design for durability）是家具设计的首选策略。对于汽车来说，相对于其他阶段，使用过程中的能耗与污染占比最大。所以最小化能源消耗与污染排放是首要策略，比如清洁能源的使用。此外，促进共享租赁的产品服务系统设计也是重要选项。对一次性纸杯而言，则是大量废弃导致的资源浪费和环境污染。一般来说，为了防水的功能性需要，这类纸杯要做淋膜处理[2]，导致其无法有效循环利用或自然降解。因此，采用可生物降解的材料制造一次性产品或许是最佳的策略。当然，其前提条件是新材料技术的可靠应用与成本控制。

生命周期设计的出发点是降低环境影响，同时涉及经济维度的思考，比如采取相关设计策略时的成本测算与经济效益考量。艾伦·麦克阿瑟基金会甚至将“从设

1　CHIU M C, OKUDAN G E. Evolution of Design for X tools applicable to design stages: a literature review[C/OL]//ASME 2010 international design engineering technical conferences and computers and information in engineering. ASME, 2010: 171-182.[2021-09-16]. https://doi.org/10.1115/DETC2010-29091.

2　纸杯内侧的淋膜层大多采用聚乙烯材料（polyethylene，PE），其与纸材料极难分离，导致该类纸杯成为不可回收物。

计之初避免废弃和污染”作为循环经济系统的第一法则。[1] 但从目前的研究来看，生命周期设计并没有涉及社会维度的思考。设计与生俱来的禀赋包括了对人性的洞察、对社会趋势的捕捉与消费文化的塑造。[2] 因此，以可持续为目标的设计应该是多种视角与方法的集成。尽管如此，生命周期设计仍然是可持续设计中最综合、最系统的策略集合之一。

1 艾伦·麦克阿瑟基金会提出三个循环经济原则，分别是从设计之初避免废弃和污染（design out waste and pollution）；延长产品和材料的使用周期（keep products and material in use）；促进自然系统再生（regenerate natural systems）。

2 HAUSCHILD M，WENZEL H，ALTING L. Life cycle design-a route to the sustainable industrial cultur [J]. CIRP annals，1999，48(1)：393-396.

第4章　循环再生设计

循环再生（recycle）就是在产品“寿终正寝”后，其构成材料可以“浴火重生”，制成二次原材料，用来制造新的产品。该策略可以有效延长物质材料的生命周期，从而有助于节约资源与保护环境。

理想的未来场景可能是这样：人们生活在一个“闭环”[1]的物质循环过程中，所有物品和材料都可以被重复使用或循环再生，没有废弃，像大自然一样，物尽其用、循环往复、生生不息。然而，我们距离那个理想还非常遥远。

到目前为止，焚烧和填埋依旧是大多废弃物的最终宿命，这种方式不仅浪费资源，而且污染环境、占用土地。正如第 3 章所述，尽管焚烧可以做到部分能量的回收（energy recovery），而且越来越先进的焚烧技术可以保证最小的污染排放，但与产品生命周期中所消耗的全部资源与能量相比，一烧了之显然是得不偿失的。设计师或许可以担当起“救赎”的使命，与工程师、企业家、政策制定者和消费者共同努力，尽量延长产品和材料的“生命”。

事实上，废弃物在生命周期的终点依旧面临几个选择：如果是有机质垃圾，比如食物残渣、蔬果、落叶等，可以采用生物处理技术，制成燃料、肥料、包装或装饰材料等；如果是工业产品的废弃物，比如无法使用的家用电器、手机或是设备零件，其中的很多材料（如铝、金、铜、锡等）可以进行细分并循环再生，再制成新的材料与产品（参考图 3-2）。

从未来材料发展趋势看，生物质可降解材料将有望广泛用于工业品中（如 PLA、PHA、PBS 等）[2]，可以有效降低废弃物对环境的影响。在保证功能的前提下，作为一种积极的替代性方案，此类材料的前景无限。不过，在可以预见的未来，传统工业材料（如金属、塑料、橡胶、陶瓷、玻璃以及各类复合材料等）依旧是产品制造的主要原料。因此，如何延长材料的生命周期、促进循环再生，就成为当下可持续设计的重要策略。

4.1 什么是循环再生

循环再生（recycle）就是将废弃产品或材料进行收集、拆解、清洗后，再制

1 本书中的“闭环”和“开环”均指物质流动与系统之间的关系，其中“闭环”指物质几乎仅在单一系统内循环流动；与之对应的“开环”则指物质的流动涉及多个系统。

2 内容来自欧洲生物塑料协会网站：https://www.european-bioplastics.org。PLA 是聚乳酸的简称，PHA 是聚羟基脂肪酸酯的简称，PBS 是聚丁二酸丁二醇酯的简称。当前，生物塑料的大规模使用还面临着商业化和性能等方面的问题，其有条件的可降解也建立在良好的分类回收系统的基础上。

成新材料与新产品的过程。换句话说，就是在某件产品“寿终正寝”后，其组成材料可以“浴火重生”，制成二次原材料，用来打造新的产品。比如报废的汽车中有大量的钢铁、有色金属、塑料、橡胶、玻璃和纺织品等资源，其中的钢铁、有色金属零部件 90% 以上是可回收利用的，玻璃、塑料等的回收利用率也可达 50% 以上。从一辆报废的轿车中，可以回收废旧钢铁约 1000 千克，有色金属约 50 千克[1]。这些宝贵的材料被有效回收后，便可以投入循环再生的流程，用于制造新的产品。

东京奥运会在资源循环再生方面的理念和做法令人印象深刻。据东京奥组委介绍，日本 2017 年 4 月 1 日启动了对废旧手机家电的搜集活动，耗时两年在全国收集了约 78985 吨小家电和 621 万部旧手机，从中提炼得纯金约 32 千克，纯银约 3500 千克，铜约 2200 千克，并利用这些回收提炼的金属制作了约 5000 枚奖牌（图 4–1），包括缎带也是采用回收的纺织纤维材料制作的。[2] 这是奥运会和残奥会历史上首次通过废物回收的方式，让市民参与奖牌制作过程，其意义不仅是循环利用了大量金属材料，更重要的是社会参与以及全球范围内的环保科普宣传。这一过程促使更多人意识到，在我们司空见惯的日常废弃物中，蕴藏着如此丰富的宝贵资源。

图 4–1　东京奥运会“全民做奖牌”行动

（图片来源：https://tokyo2020.org）

通常情况下，再生材料要比生产同等数量的原始材料的环境影响小得多。尽管循环再生的过程——包括收集、运输、拆分、清洁、加工等环节同样要消耗能量并排放污染物，但从经验以及统计数据来看，再生材料在经济性与环境效益方面都有

1　田广东，贾洪飞，储江伟．汽车回收利用理论与实践 [M]. 北京：科学出版社，2016:5.

2　参考东京奥运会官方网站 https://tokyo2020.org/。

明显优势。如果是生产过程中的工业废料或尾料，由于材料相对单一、集中且非常易于识别，循环再生的效率会更高，甚至在生产企业内部便可以完成生命周期的轮回。[1]

一般来说，再生材料比原材料的物理和机械性能都有所下降，所以被称为降级循环（downcycling）。部分金属除外，如果过程管理良好，其循环再生的品质可以得到充分保证。如果原材料结构受到破坏，材料中混进了杂质、污染物或有印刷涂层，以及长期受到紫外线的影响等，都可能降低循环再造材料的品质，影响未来的应用。当然，大部分材料都不可能无限制循环下去，每一次再生的过程，材料的性能都有所退化，直到不能再使用为止，这时将其焚烧获取能量或许是最好的结果了。

此外，还有诸多因素影响材料的循环再生。例如混合材料或难以拆解的产品。如果材料本身就是混合制成的，就像我们常见的60%棉与40%人造聚酯纤维制成的衬衫，这种衣服废弃后无法进入现行的循环体系，只能填埋或焚烧；还有我们之前提到的一次性纸杯，虽然表面上看是纸质的，但做了淋膜处理，即内部敷上了一层防水的塑料薄膜，这类产品既不能作为纸制品，也不能作为塑料制品进行分类处理，因此处于十分尴尬的境地。

难以拆解的产品对循环再生来说是极大的障碍。在20世纪80年代以前，汽车总装厂安装内饰板主要使用胶粘剂，这样可以快速地将胶合板与化纤织物制成的内饰板粘贴在车身钢板上。这种生产方式似乎十分快速、高效，但问题也显而易见（这里暂不讨论挥发性胶粘剂对工人健康的损害）。当若干年后汽车报废时，拆解厂工人要花费大量的人力和时间来分离这些材料，而且最终回收材料的品质也无法得到保证。如今汽车厂早已摒弃了这种方式，采用塑料卡扣连接，不仅保证工人的安全，也使得最终拆解更为方便、高效。因此，“可拆解的设计”（design for disassembly）[2]是循环再生的前提条件。

4.2 循环再生的步骤

通常情况下，循环再生材料要经历以下几个步骤[3]：收集与运输、识别与分类、拆解/粉碎、清洁/清洗，以及二次原材料加工，见图4-2。

---

1 VEZZOLI C，Design for environmental sustainability：life cycle design of products [M]. 2nd ed. Berlin：Springer，2018：156.

2 可拆解设计是一种设计理念，通过预先设计使产品的零部件和材料容易被分离，目的是提高产品的可维修性，以及回收后分类处理的便捷性。

3 同1：157.

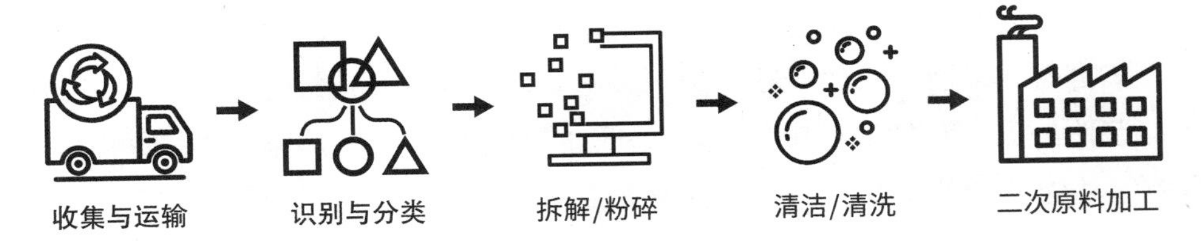

图 4-2　循环再生步骤图

（1）**收集与运输：**首先，废弃的物品要收集起来并运送到工厂或库房。这个阶段会涉及不同参与者，其中，使用者是核心角色，他 / 她们的习惯与行为决定了产品寿命的终结，也启动了循环再生的历程。主动、有效的垃圾分类会大大促进回收效率，并降低成本。此外，这些“废弃物”的运输过程同样会产生经济成本与环境影响，而且通常超出我们的预料，这也是影响循环再生的重要因素。

（2）**识别与分类：**废弃物运送到存储地后，第一项工作就是快速识别哪些材料是可以循环再生的，并将有用的材料进行分类管理。通常来说，收集的过程不可能准确无误，大多情况是将整个产品或部件收集、运送过来。因此，在设计阶段对材料类型进行明确标注——如使用我国国家标准《包装回收标志》（GB/T 18455—2010），将有助于工人的快速识别与分拣。

（3）**拆解 / 粉碎：**拆解就是将不兼容的材料分离开。这不仅意味着将不同的材料，如金属与塑料分开，也包含分离不同类型的热塑性塑料。当然，也有一些组合材料可以进行循环再生而不会影响产品质量，这被称为可兼容材料（compatible material）。拆解与粉碎都是实现材料最终分离的手段，能够单独拆解的部件可以获得更高的经济价值，但不容易拆解的复杂产品可以进行粉碎，然后通过磁分离、感应和悬浮等方式进行材料分离，比如从汽车的残骸中分离出金属材料。产品 / 部件的可拆解性是影响循环再生的重要因素，这也恰恰是设计师能够进行干预的领域。

（4）**清洁 / 清洗：**许多材料在分离后依旧有污染，如污垢、标签、胶粘剂，甚至油墨印刷痕迹（这是最麻烦的情况之一，需要使用化学试剂清洗），这就需要清洁或清洗步骤，以保证再生材料的品质。如何避免这类麻烦是设计需要思考的问题，比如尽量使用模压文字或图形替代油墨印刷等。

（5）**二次原料加工：**为了保证材料品质，二次原料的加工制造中会使用特殊工艺或补充添加剂。在很多情况下，这样做并不影响再生产品的使用，但会对多次循环再生造成负面影响，如为改善高分子材料性能而添加的塑化剂，不仅会降低再生材料的品质，也污染环境，还会对人的健康造成影响。

从广义的循环再生来说，有机质垃圾的处置过程也应该包含在内，其目标是资源化再利用。大多情况下，有机质垃圾也要经历收集、储运、处理这几个步骤。在收集过程中，如果混入了不可降解的杂质，对有机质垃圾处理的影响很大，因此垃圾分类的推行，以及大众科普教育都至关重要；此外，储运过程中的污染与邻避效应[1]要特别注意；有机质垃圾的资源化处理通常有几种用途，包括作为动物饲料、有机肥料、生物质能源（如沼气）、生物质油料（生物柴油），等等。

4.3 循环再生的设计原则

如上所述，设计阶段将会决定未来产品80%以上的环境影响。[2]如果设计师缺乏认识与介入，一旦工程设计完成并投入生产制造、销售，最后再奢望对回收的产品进行拆解、分类处置将困难重重。因此，在设计的初始阶段就应掌握选择材料，减少种类，易于识别，设计级联方式，易于收集、储运、清洁、拆解等各项原则，以便实现循环再生的目标。

1. 选择材料

材料的种类丰富多彩，有一些易于循环再生，并可能多次循环。如钢铁、铝材、玻璃、塑料、纸张，甚至混凝土；另外一些材料几乎无法再生，或需要复杂工艺和高昂成本才能实现。比如陶瓷、镀膜玻璃、覆膜的纸张、超薄的塑料包装，以及医疗废弃物等，在目前的技术水平下，这些材料只能焚烧或填埋。

与其他易于循环再生的材料相比，铝材的表现最为优异（图4–3）。事实上，铝材几乎具有无限循环利用性和高度耐用性的特点。根据美国铝业联合会官方网站的数据，至今为止，人类已经生产了10亿吨铝材，其中大约75%的铝仍然在使用中，一部分铝材循环的次数已经无法计数了。[3]尽管如此，相对于钢铁材料，原料铝材开采、提炼的环境影响却高得惊人。因此，使用回收铝材的产品才是更加环保的选择。

随着化工产业的发展，塑料制品已经无处不在。我们日常生活对塑料制品的依赖程度之高已经超乎想象了。由于塑料垃圾（包括微塑料[4]问题）对环境的巨大影响

1 唐红林在《“邻避效应”问题根源及对策分析》一文中将邻避效应定义为“当地居民因担心周边建设项目对周围环境质量和身体健康的不利影响，而采取强烈的、情绪化的群体抗争行为”。见：http://www.rmlt.com.cn/2020/1104/597831.shtml。

2 European Union. Ecodesign your future: how ecodesign can help the environment by making products smarter [R/OL]. (2014-11-24). [2021-02-08]. https://op.europa.eu/en/publication-detail/-/publication/4d42d597-4f92-4498-8e1d-857cc157e6db.

3 数据源自美国铝业联合会网站：https://www.aluminum.org/aluminum-advantage/facts-glance。

4 在美国国家地理网站（https://www.nationalgeographic.org/encyclopedia/microplastics/）上，微塑料（microplastics）被定义为来自于工业制品和大型塑料制品分解出的微小塑料颗粒，直径小于5毫米。微塑料作为一种污染物，对环境和动物健康都有一定的危害。

图 4-3　常见的铝制品
（图片来源：https://www.conserve-energy-future.com）

（有些潜在危害尚不明确），人们对这种有机高分子材料越来越充满疑虑和担忧。但这是塑料本身的错误还是人类使用者的问题，值得我们深思。[1] 从循环再生角度看，热塑性塑料（占所有高分子材料的 80% 以上）具有良好的循环再生特质，尤其是最常见的 PET（聚对苯二甲酸乙二醇酯）和 HDPE（高密度聚乙烯）。而热固性塑料就无法通过热熔方式循环再生，但可以粉碎后，作为辅料加入到热塑性材料中，实现一定意义上的再生（图 4–4）。

图 4-4　可循环再生的塑料制品
（图片来源：https://www.eco-ricicli.it）

1　塑料源自化石燃料——石油。20 世纪初被发明出来的塑料本是石化工业的副产品，伴随技术的突破，质优价廉的塑料制品迅速占据了我们的生活，几乎无处不在，尤其成为一次性用品的最主要材料。世界经济论坛的数据显示，32% 的塑料包装被随意丢弃在自然界，40% 被填埋，14% 被焚烧，14% 被循环再生，但其中仅有 2% 被有效循环再生。丢弃、填埋和焚烧塑料不但破坏生态环境，也会对生物健康产生不良影响。未来，将通过制定新的跨区域政策、法令和市场规则，将生产者责任延伸到处理环节，倒逼企业研发和使用可降解的替代材料；通过普遍的教育和科普，影响消费者观念，实现源头改变。因此，只有目标统一、全球协作才有可能解决棘手的塑料问题，保护好人类的家园。内容参考由 Pale Blue Dot Media 公司出品，Deia Schlosberg 执导，于 2019 年首映的纪录片《塑料的故事》（*The Story of Plastic*）。

纸张通常被认为是最易于回收再利用的材料（图 4–5），但这绝不意味着选择纸材料就是对环境友好，正如前文中提到的纸板椅案例。纸材料的种类很多，回收时的状态也不同，如瓦楞纸板、包装箱、报纸是极有价值的回收物；而卫生纸、餐巾纸、覆膜纸板、纸杯，以及被污染的纸张就难以循环再生。纸张循环再生的根本目的是保护树木、森林，并减少垃圾填埋量。事实上，由于纸张轻薄、分散、用途不一，如果前端不能有效分类、回收，就会混入其他垃圾中被二次污染，成为不可循环再生的材料。此外，造纸过程——无论是原生纸还是再生纸，都会对环境产生很大影响。因此，对于使用纸材料，设计师同样要三思而行。

图 4–5　便于循环再生的纸制品
（图片来源：https://www.aparasdepapelsaojorge.com.br）

废弃混凝土是一种易于循环再生的材料，这种说法出乎大多数人意料。从数据来看，全球范围内包括混凝土在内的建筑垃圾的产生量惊人，约占所有固体垃圾的25%。[1] 而中国每年建筑垃圾产生量超过 15 亿吨，占城市垃圾的比例约为 40%。[2] 热值极低的建筑垃圾显然无法焚烧，如果只是被填埋处理，不仅占用土地、污染环境，还增加运输成本。如何善用这部分产量巨大的宝贵资源？实际上，废弃混凝土循环再生的用途很多，如制备或粗或细的骨料，用于再生砖等环保建材制造，或直接用于建筑施工中，不仅可降低环境影响，同时也节约经济成本（图 4–6）。

要强调的是，在设计中不应只考虑某种材料本身是否适合循环再生，还应依据全生命周期理论进行综合分析，因为这可能涉及原材料的产地（运输成本及碳排放）、制造过程的环境影响，以及下一步再生材料的去处和用途等。

1　LEBLANC R. The importance of concrete recycling [EB/OL]. (2017-09-29)[2021-02-08]. https://www.thebalancesmb.com/the-importance-of-concrete-recycling-2877756.

2　中国建筑垃圾资源化产业技术创新战略联盟 . 中国建筑垃圾资源化产业发展报告 (2014 年度) [R]. 中商产业研究院，2015.

图 4-6　混凝土建筑垃圾及用其作为骨料制备的砖
（图片来源：https://www.thebalancesmb.com）

2. 减少种类

无论从经济性还是从降低环境影响的角度看，减少产品或部件上材料的种类都是理性的选择。有些情况下，基于市场目标或“美学”考虑，会设计繁复的装饰或使用多种材料，这种观念与做法显然已经过时了。简约与内敛不仅是风格上的，也会影响到材料的选择和使用。

当然，从循环再生角度看，越是单一材料组成的产品越便于识别、分类与再生利用，无论是一个简单的杯子，还是一个复杂的产品。实际上，单一材料的产品也可以做到丰富的形态语言，以及满足不同的功能目标。杰罗姆·卡鲁索（Jerome Caruso）为赫曼米勒公司（Herman Miller）设计的 Celle 办公椅，靠背由细胞状结构的小模块构成，可以满足不同人对支撑硬度与弹性的要求，从而保证了舒适度。也正因为如此，整个部件可以使用单一聚合物材料制造，同时方便拆卸分离，确保材料可以有效地循环再生（图 4–7）。

图 4-7　赫曼米勒的 Celle 办公椅
（图片来源：https://www.hermanmiller.com）

3. 易于识别

通常来说，使用者、初级回收者（拾荒者）或分拣工人大多依靠视觉、触觉、听觉等感官经验来判定材料的类型，这对于分辨金属、玻璃、塑料等简单的大类是有效的。但在循环再造的产业链中，为了便于对回收材料的精准分类，材料成分的标识至关重要，尤其对于复杂产品或来路不明的回收材料。因此，在设计时将材料属性，有时甚至包括材料的寿命、回收次数，以及添加剂等信息进行标识是重要的设计原则。此种标记通常应在部件显而易见的位置，并使用标准规范的识别系统进行标示。尤其对于有毒、有害的材料在设计时要格外关注。该设计原则简单明了，例如美国塑料工业协会的《塑胶材料编码》以及国际标准化组织制定的 ISO 11469：2016 标准（塑料制品的通用识别和标记）中有明确规定（见图 4-8），并已经在产品设计中得到了广泛应用。

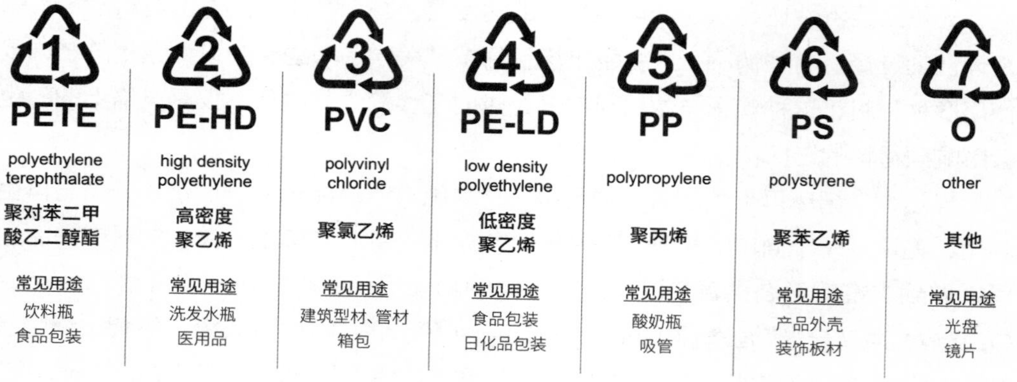

1	2	3	4	5	6	7
PETE	PE-HD	PVC	PE-LD	PP	PS	O
polyethylene terephthalate	high density polyethylene	polyvinyl chloride	low density polyethylene	polypropylene	polystyrene	other
聚对苯二甲酸乙二醇酯	高密度聚乙烯	聚氯乙烯	低密度聚乙烯	聚丙烯	聚苯乙烯	其他
常见用途	常见用途	常见用途	常见用途	常见用途	常见用途	常见用途
饮料瓶 食品包装	洗发水瓶 医用品	建筑型材、管材 箱包	食品包装 日化品包装	酸奶瓶 吸管	产品外壳 装饰板材	光盘 镜片

图 4-8 几类塑料制品通用识别标记
（根据美国塑料工业协会的《塑胶材料编码》绘制）

4. 设计级联方式

所谓级联方式（cascade approach）是指事先设计好一条材料再生的路径，使材料从一个产品或部件循环再生到下一个产品或部件，满足一次比一次更低的需求，直到材料性能下降到无法再次使用，最终通过焚烧获取热能。完备的级联方式设计，可以保证最大限度地挖掘材料的价值和潜力，善用宝贵的稀缺资源。如食品级的塑料经过回收后只能降级使用。大多公共设施产品，如塑料护栏、隔离墩、公共座椅、垃圾桶等都使用了被多次再利用的材料。级联方式在林业以及木制品产业中已经得到了广泛应用，比如从实木、单板、木制品（产品、家具、建材等）、刨花板、纤维板、生物基化工产品，直至焚烧获取热能。[1] 事实上，在保证产品功能的前提下，级联方式可以最大限度延长材料的生命周期，并带来明显的经济效益。

1 参见：https://www.ceguide.org/Strategies-and-examples/Dispose/Cascading。

5. 易于收集、储运

易于收集、储运原则会涉及产品设计与服务系统设计两部分内容。首先，从产品设计的角度看，将产品设计得尽量标准、规整，可以在叠放起来时节省空间；或是尽量减少产品总重量和体量，而不是刻意设计“虚张声势”的物品（如为了炫目所设计的异形产品或包装），都有助于收集和储运。粗大笨重产品的收集、运输也是一件麻烦事，比如对社区垃圾桶旁边的废弃床垫和家具，拾荒者与管理者都会感到一筹莫展，往往要等数天后才被清运走。而可以折叠的废纸箱和轻便的塑料瓶，相对来说就很容易被收集。依云公司通过对矿泉水瓶进行可压缩性的纹路设计，使其在废弃后可以有效节省储存空间，从而提高了运输效率（见原则 7），见图 4–9。此外，模块化设计与容易拆卸的设计都有助于此问题的解决。

图 4–9　依云公司设计生产的矿泉水瓶[1]
（图片来源：https://www.danone.com）

另一方面，设计师还可以提出有针对性的回收服务系统设计，但前提是要充分理解现有的废弃物回收服务体系，包括政府运营的公司、商业机构与从业个体，他们所回收的材料种类和运作模式。比如当下常见的各种手机、电器、服装等专业回收服务平台，可以极大方便使用者，并保证各类有价值的废弃物得到更快速、有效的收集。设计师所能做的还有很多，比如对废弃物分类、回收知识与方法的科普宣传设计等。

6. 易于清洁

清洁不仅是回收后去除材料表面残留的污染物而已，而必须在设计阶段开始思考。这些原则包括：在保证功能的前提下，尽量减少材料的表面装饰与不必要的涂层，

1　依云这款水瓶的瓶体上设计有螺旋线，不仅有助于手持把握，还可以在废弃后，引导用户将空瓶压缩到最小体积，以最大限度减少运输中占用的空间。

比如减少装饰用的电镀涂层；避免在产品表面进行印刷，尤其要避免内表面印刷[1]；必要的标签和产品信息可采用塑料印刷的薄膜、便于拆卸的铭牌等；优先选用原料配色的方式，避免表面喷漆，这不仅可以减少回收部件的脱漆处理工序，也在耐久性与成本节约方面更有优势；将产品的编号与类型等识别信息模压在产品上，可以进一步替代印刷与铭牌（图 4–10、图 4–11）。这些基本原则应该成为产品设计师潜移默化的内在知识。

图 4–10　无印良品风扇产品，将识别信息模压在产品上
（图片来源：https://www.muji.com.cn）

图 4–11　依云公司推出的无标签矿泉水瓶（label free bottle）设计，
通体纯净的设计没有任何印刷和涂装
（图片来源：https://www.evian.com）

1　部分透明玻璃或塑料制品，为了避免印刷在产品外表面的信息被磨损，而采用内表面印刷方式。这会给回收材料的清洁带来很大麻烦。

7. 易于拆解 / 拆卸

易于拆解确保了不兼容的材料能够快速、有效分离，具体包括避免永久性连接、使用标准化固定件、减少紧固件、标明分离点与拆卸顺序等原则。易于拆解是循环再生的重要原则，可以提升回收材料识别、分类、清洁、处理的效率，从而降低经济成本。

有些情况下，出于保证产品安全性、运行稳定性，以及知识产权保护等原因，企业并不希望使用者自行拆卸产品，因而在设计中有意增加了拆解难度，或只能破坏性拆解。这种顾虑可以理解，但企业必须要考虑维修的需要，以及产品废弃后的处置，因此建议使用特殊的工具或设备进行拆解操作。

易于拆解设计的重点是尽量减少拆解的时间（成本），提高效率，并预先设置拆解深度。拆解的程度越深，所费时间越长，成本越高。当然，最理想的效果是拆解得又快又深（细）。[1] 易于拆解的意义不仅在于产品废弃后的材料分类与再生，而且在于产品维修、升级与部件重复使用过程中。

（1）避免永久性连接：从拆卸的角度看，连接可以分为可逆的与永久性的。可逆就是可以被移除、分离或重新使用，且不损坏部件本身。这对于维修与重复使用非常重要。但对于循环再生来说，只要不同材料容易分离，部件本身的完整性意义不大。在某些情况下，永久性连接更方便、更稳固，如焊接、铆接或粘接，但务必要避免将不可兼容的材料进行永久性连接（参考上文提到的汽车内饰案例）。如果不可避免，如一定要在玻璃瓶子上贴标签，那就选择水溶性胶粘剂吧。

（2）使用标准化的固定件：在一件产品中使用统一规格的螺栓，可以大大提升装配与拆卸的效率，如使用直径、长度以及相同形状的螺帽（螺帽的不同会导致频繁更换工具）。

（3）减少紧固件：在连接强度和密封性没有特殊要求的前提下，尽量减少螺丝或螺栓等紧固件的使用，转而采用卡接或榫卯结构等方式。

（4）标明分离点与拆卸顺序：可以使用色彩、纹理、质地或槽线等方式，标明需要分离的不同材料或近似材料，这样有助于提高拆解的效率；另外，对于复杂的零部件，标明拆解顺序同样重要。

时至今日，高效拆解已经成为很多产品的重要品质和竞争手段，并在设计时就已被充分考量。如苹果公司研发的拆解机器人 Daisy，可以快速识别并拆解 15 种机型的 iPhone 手机，并将产品中含铝、铜、稀土元素等材料的零部件分拣处理，

1　所谓拆解深度就是组件的分离程度，这是分析回收成本的重要变量。详见：VEZZOLI C. Design for environmental sustainability: life cycle design of products [M]. 2nd ed. Berlin:Springer, 2018:180.

便于循环再生后制造新的产品，目前 Daisy 拆解的速度达到了每小时 200 部[1]，见图 4–12。

图 4–12　苹果手机自动拆解机器人 Daisy
（图片来源：https://www.apple.com）

4.4　必要的末端处理

世间一切物品最终都会被废弃，而任何一种"废弃物"必然是生物圈中某一组成部分或某一生态过程的有用"原料"或缓冲剂；人类一切行为最终都会以某种信息的形式反馈到我们生活的世界上。显然，作为可持续设计的重要策略之一，循环再生可以促使被废弃的产品或材料转化为制造新产品的原料，有效延长材料的生命周期，从而有助于节约资源与保护环境。

但值得注意的是，循环再生是物品已经被废弃后所采取的补救措施，是一种末端处理方式。并且，任何循环再生过程（如物品收集、运输、清洁与再造等环节）同样会造成环境影响，材料的品质也在不断下降。可见，循环再生并非可持续设计的最佳手段，更不应成为我们过度消费、放任挥霍自然资源的借口和心理安慰。设计有责任不断探寻真相，借助产品生命周期理念，追溯源头，持续探索更为有效的策略与方法。

1　苹果公司 . 环境责任报告：2019 年进展报告——对 2018 财年的全面回顾 [R/OL]. [2020-03-15]. https://www.apple.com.cn/environment/pdf/Apple_Environmental_Responsibility_Report_2019.pdf.

第 5 章　重复使用与升级再造设计

重复使用 (reuse) 与升级再造 (upcycle) 的设计目标都是尽量延长产品的使用寿命。重复使用意味着产品在正常使用期后，还可以被二次或多次使用；而升级再造的核心是发掘产品与材料内在的特性和潜力，将废弃产品打造成更有价值或全新用途的物品。

“重复使用”（reuse）与“升级再造”（upcycle）虽然概念不尽相同，但目标都是延长产品的使用寿命。尽管第4章讨论的“循环再生”措施行之有效，但在将废弃产品和包装转移给回收企业之前，尽量促进现有产品的重复使用和升级再造则是更重要的策略。实际上，在使用阶段，增加产品的使用效率和频次，甚至拓展其使用功能，最大限度地延长产品使用寿命更具可持续价值。

5.1 重复使用设计

节俭本是人的天性，在漫长而艰难的进化过程中，对物品的重复使用是通常的行为方式，丢弃有用的物品是不可想象的，也是很愚蠢的行为。

重复使用的概念简单直白，即在正常使用期后，物品还可以被二次或多次使用。这里指的是物品本身（或部件）的使用，而非材料的再生。重复使用设计的目标就是尽可能延长物品的使用寿命，避免其过早地被废弃。当然，并非所有物品都可以重复使用，比如一些医疗检测用品。另外，重复使用的安全性以及综合环境影响也是必须考量的因素，如重复使用含有毒性物质溢出的塑料瓶，就显然背离了设计的根本目标。

一般来说，重复使用可以是使用者个人的行为，如对即将废弃的日常用品进行重复利用、捐助或分享等，或对包装重复利用；也可以是企业或机构的行为，如对产品部件、包装的再利用，包括城市设施或建筑的重复使用。事实上，重复使用也是一种设计理念，而不仅仅是企业或个人的环保行为。尽管我们常说“人人都是设计师”，尤其是使用者个人的主动性和创造性至关重要，但专业设计师的介入还是会对重复使用起到非常重要的促进作用。首先，设计师可以提前规划好物品重复使用的功能，预留接口，提供新的配件，来促进物品在废弃后的重复使用。在这种情况下，设计师要充分考虑到产品的结构强度与耐久性，在平衡经济成本与使用性（usability）的前提下，尽量提高可重复使用的量级和次数，比如设计可重复使用的咖啡杯、包装箱，多用途的塑料瓶，以及模组化的日用品和家具等；除了产品本身的设计，设计师还能参与促进旧物流通的服务创新或交易平台的设计；此外，设计师也可以直接用废弃物创造出美观实用的物品或装饰品（即升级再造），用超乎预期的视觉冲击力唤起公众的意识和参与感。不过，后一种并非是设计师的首要工作，相对于非物质化的设计，以及耐久性更强与方便拆解的设计来说，这只是锦上添花的事。

5.1.1　日常用品的重复使用设计

大多年长些的人都有“惜物”的传统和节俭意识，对日常用品的重复使用更是一种自然而然的行为和习惯。比如旧罐头瓶水杯、旧物改造的玩具、旧衣服的翻新利用等；或将旧物赠送他人、交换或交易。早年间的当铺不仅可以暂存、交易比较珍贵的二手物品，保证物有所值（价格并非总是公道），还成为金融业的一部分，后来的信托公司也具有同样的功能。随着经济发展与生活水平的提升，日常用品似乎越来越“廉价”和容易获得。人们被灌输消费至上的商业广告洗脑，并逐渐形成新的消费习惯。一次性物品脱离了必要的场景，也在生活中大行其道。珍惜旧物的美德与我们渐行渐远。不过，社会演进就是这样反复无常，由于过度消费带来的资源危机和环境问题又一次给人们敲响了警钟，勤俭节约的绿色生活方式又开始萌生，低碳生活日渐成为新语汇，线上旧物交易平台也日益繁荣，而且更具有分布式、自组织和灵活性等特点。尽管如此，在消费社会的大氛围中，仅仅依靠“绿色达人”的智慧和自发 DIY（自己动手做）的行动还不足以促成“物尽其用”的社会风尚。因此，设计的积极介入和推动就显得格外重要。

比如，针对塑料袋的环境影响问题，英国设计师品牌 Anya Hindmarch 在 2007 年推出了“我不是塑料袋”（I'm not a plastic bag）的环保购物袋。根据调查，英国人一年平均用掉 167 个塑料袋，为了顺应“绿色这季当道”（green is the new black）的潮流，Anya Hindmarch 将环保与时尚设计完美结合起来，希望通过一款可以多用途使用的帆布购物袋，促进物品的重复使用，同时减少人们对一次性塑料袋的依赖。简约直白的环保概念加上 5 英镑即可买到的限量版手袋，使它成为当年时尚界抢手的“It bag”，也是绿色设计的经典案例之一（图 5-1）。

图 5-1　英国设计师品牌 Anya Hindmarch 推出的环保购物袋
（图片来源：https://www.anyahindmarch.com）

为了鼓励人们重新利用废弃物品，可口可乐公司联合奥美中国，在泰国和越南发起了一次名为“第二生命”（2nd lives）的活动，在活动中，可口可乐为人们免费提供 16 种功能不同的瓶盖产品，只需拧到旧可乐瓶子上，就可以把瓶子变成水枪、笔刷、照明灯、转笔刀、哑铃等工具，促进了饮料瓶的重复使用率，在某种程度上减少了废弃物的产生。这是典型的通过提供配件，开发废弃物的潜在价值，从而延长产品使用寿命的例子（图 5–2）。

图 5–2　可口可乐的瓶盖配件产品设计

（图片来源：https://www.designboom.com）

我们每天都要使用牙刷，一般人 3~4 个月就会更换牙刷，而全世界有 70 多亿人，可以想象每年有多么巨量的牙刷被丢弃。为了减少塑料废弃物，Touguet 牙刷采用可拆分的模组化方式，设计考究、操作简单，用户只需每隔几个月更换刷头部件，而牙刷的主体部分则能够长期重复利用，有效减少了塑料废物的产生（图 5–3）。

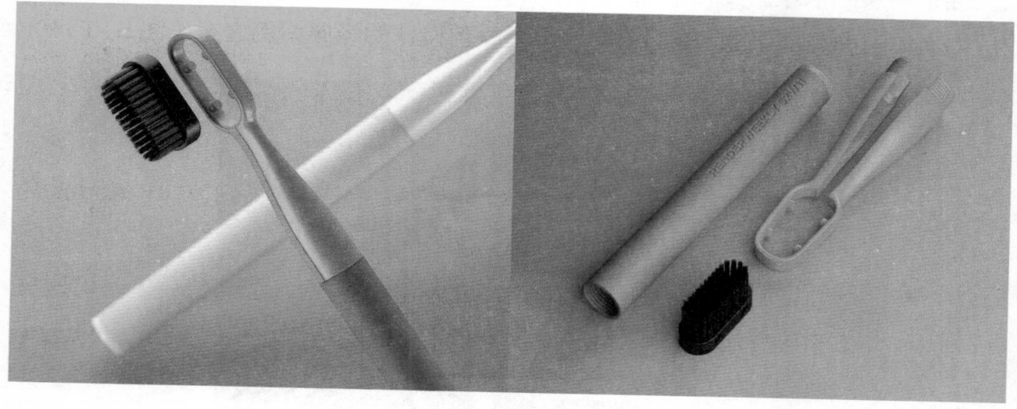

图 5–3　Touguet 的牙刷

（图片来源：https://www.yankodesign.com）

5.1.2　一次性产品的再设计

现在是一次性产品盛行的时代，根据相关数据，中国每天废弃 6000 万个快餐盒[1]。2020 年以来由于疫情原因，这个数字无疑还会激增。回想一下你生活中的一次性用品，包括矿泉水瓶、外卖餐盒、一次性纸杯，以及住宾馆时的一次性牙刷、拖鞋、毛巾、剃须刀等。不可否认的是，一次性产品的确使我们的生活更加便利，但为了这些便利，人们在不断耗尽宝贵而有限的资源，同时污染着环境。

有人会强调一次性产品的合理性，比如医疗注射器、针头、绷带等，考虑到安全性以及消毒的复杂程度与时间成本，用后即弃被视为理所当然。实际上，多年来，诸如输液袋和针头之类的许多医疗产品，在清洁消毒后再使用都没有出现过任何问题。[2] 因此安全性并非核心问题，还是时间成本与经济性的考量（一次性产品的成本可以悄然无声地转嫁到消费者身上），而环境影响并没有被充分考虑在内。当然，某些医疗用品与公共用品的特殊需求理应被考虑，在有些情境下，一次性用品是必要的。我们讨论的要点是，**一次性用品越来越成为生活中的“通用”解决方案，无所不在，已经逐渐成为一种路径依赖与行为习惯**。事实上，大多数人不会对这种行为产生自责或罪恶感，在这种集体无意识中，我们共同耗费着这颗星球的能量值，这样的游戏还能玩多久呢？

因此，对一次性产品的重新思考与设计必将成为社会共识与大势所趋。实际上，在不得不使用一次性物品的情况下，寻求可生物降解材料制造产品或许是最佳选择（这一话题将在第 7 章中详细探讨）。从目前的设计实践来看，设计师可以从系统创新、结构创新、功能替代等多个角度对一次性产品进行设计思考。

“GOOD TO GO”是一个由 18 位来自 16 个不同国家的“创变者”（change maker）组成的团队，他们联合纽约地区咖啡零售商、当地艺术家、媒体人士和政府官员，希望在改善市民饮用外带咖啡体验的同时，减少一次性咖啡杯浪费。他们的解决方案就是提供可重复使用的咖啡杯服务。消费者花 5 美元可以买到一杯咖啡，在喝完后将杯子还给咖啡店或其他回收点，仅保留杯盖以便获得下次购买减免 25 美分的奖励。GOOD TO GO 的杯子再次使用前会经过严格的清洗和消毒。此外，购买地点与回收地点可以不一致，概念类似共享自行车。显然，如果这种模式能够覆盖更多的饮料零售商，将会带来更大的环境效益与社会影响力（图 5–4）。

如果消费者具有环境意识，又可以对生活习惯作出改变，那么自己携带可重复使用的咖啡杯是更好的办法。从市场看，设计师已经推出了很多款式的产品供选择（图 5–5）。当然，如果管理者、商家、消费者都将减少一次性物品作为一种使命，

1　汪屈峰 . 我国餐厨废弃物处理技术对比浅析 [J]. 广东化工，2016，43(10):147-149.

2　谢卓夫 . 设计反思：可持续设计策略与实践 [M]. 刘新，覃京燕，译 . 北京：清华大学出版社，2011:183.

图 5-4 “GOOD TO GO”咖啡杯回收计划
（图片来源：https://www.fastcompany.com/3029693/if-were-sharing-everything-else-why-not-our-coffee-cups）

图 5-5 可重复使用的 KeepCup Original 咖啡杯
（图片来源：https://www.amazon.cn）

并推出多种替代方案的话，解决这一问题并非困难重重。要知道，在中国一次性物品的大量出现不过是近二三十年的事情。

5.1.3 产品包装的重复使用设计

不幸的是，今天市场上大多数的产品包装也是一次性的，“用后即弃”的包装物是资源浪费和环境污染的重要源头之一，尤其是塑料包装。统计数据显示，95%的塑料包装在使用一次后便失去了经济价值，即大约每年损失 80~120 亿美元。[1] 此外，塑料包装所造成的巨大环境影响有目共睹，前文多有提及，不再赘述。

包装既从属于某类产品，又是独立的产品。根据国家标准（GB/T 4122）中的解释，包装可以保护产品，方便储运，促进销售。[2] 由此可见，包装最核心的功能就是盛装与保护产品，在方便使用的同时，也避免产品在储运过程中的损坏。设想一下，

1 塑料总产量的 26% 都用在了包装领域，数据详见艾伦·麦克阿瑟基金会 2016 年报告 *The New Plastics Economy: Rethinking the Future of Plastics*。

2 详见国家标准《包装术语第 1 部分：基础》（GB/T 4122.1—2008）。

如果包装完成了使命而本身依旧完好无损，重复使用似乎是顺理成章的事。理论上讲，包装再利用能有效节约资源和能源，降低企业成本，还能通过激励机制和信息技术提高品牌忠诚度，优化运营，创造新的商业价值。但实际上，由于回收、运输、清洁等成本问题，以及用户被培养出的新习惯（用后即弃），上述优势已经逐渐被消解和忽略，重复使用产品包装的情况已经越来越罕见了。

经历过 20 世纪的人们大多有“打酱油”的习惯，那个时代，如果家里的酱油、花生油、芝麻酱、米醋、白酒、粮食等日常消耗品用完了，就会拿起原来的瓶子、罐子、袋子前往百货商店或粮店购买。到如今，这种购物方式会让我们感到累赘与麻烦，实际上，这不仅是用户习惯问题，还因为目前很少有设计考虑到了重复使用，所以很多包装产品并不具有重复使用的功能和品质。

艾伦·麦克阿瑟基金会在 2019 年的《重复使用：重新思考包装》（*Reuse: Rethinking Packaging*）报告中提到，重复使用包装代表价值超过 100 亿美元的创新机遇。其实现既需要通过产品设计，提高包装本身的耐用、易用等性能，也需要依靠商业模式设计，构建顺畅和有价值的运行系统。该报告中提到的包装主要是生活中最常见的容器类包装，如洗衣液、饮料、调味料包装等。这些包装和其中的填充物一起满足用户的需求，家中（涵盖其他终端场景，如办公室等）和途中（指中端场景，如零售点等）是两个核心使用场景，用户自行填充和返还给企业填充是两种使用形式。基于此形成了 4 种重复使用模式，即家中填充（refill at home）、家中返还（return from home）、途中填充（refill on the go）、途中返还（return on the go），见图 5–6。

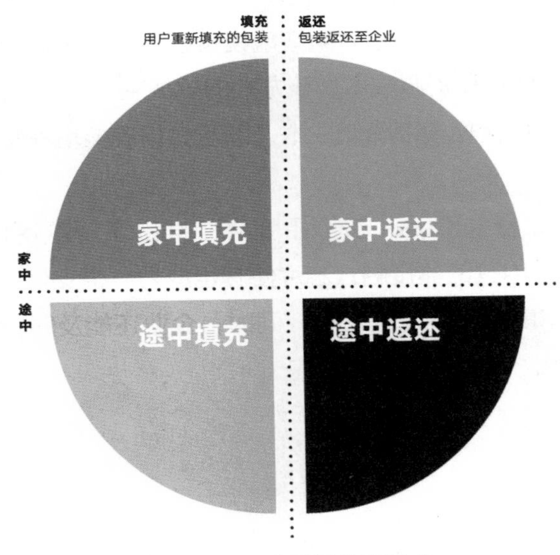

图 5–6　4 种重复使用模式
（图片来源：艾伦·麦克阿瑟基金会）

1. 家中填充

用户可通过线上订购配送或线下购买自提的方式获取饮品、清洁和护理用品等填充物，重复使用已有的包装。企业甚至可提供压缩式填充物，进一步减少运输和包装成本，形成价格优势；还可提供定制化产品，提升品牌的体验感和忠诚度。用户对填充这一方式的接受度，以及填充物也需要包装是该模式的潜在挑战。

Drinkfinity 公司设计研发了一款个性化果汁饮料。用户将订购的不同口味浓缩果汁胶囊塞入重复使用的瓶中，按压后便与瓶中水混合成一瓶美味的果汁（图 5–7）。

图 5–7　Drinkfinity 公司的果汁饮料产品
（图片来源：https://www.pepsico.com）

2. 途中填充

用户需携带已有包装到指定实体地点自行填充饮品、调味料、护理及清洁用品等，并根据实际填充量付费。企业可以通过智能设备满足用户的个性化需求，也能收集相关信息优化产品和运营。小体积智能设备的合理选址能为用户提供更便捷的服务，并减少人工、地租和资源成本。该方式的挑战来自如何激励用户自带包装物，如何提高运维能力和扩大规模以降低成本，以及如何确保填充物符合相关的安全和卫生标准。

英国 Barclays 银行与 Costa 咖啡品牌合作推出了一款可以重复使用的咖啡杯——Clever Cup。内置的非接触式芯片使其也成为一个支付工具，减少了用户的购买步骤，并使用户能享受一定的优惠，同时，企业还能及时获取反馈信息以持续优化系统（图 5–8）。

图 5-8　Clever Cup 咖啡杯
（图片来源：https://www.which.co.uk）

3. 家中返还

用户订购带包装的食品和日用品等，配送时将旧包装返还企业或零售商，以便重复使用。该模式受物流等基础设施影响较大，更适用于城市。企业可以通过产品设计使包装更耐用，并通过激励机制促使用户返还包装。用户续订既避免了产品囤积，也是品牌忠诚度的体现。逆向物流等基础设施的条件、企业经营的规模、对用户有吸引力的激励机制等是该模式的潜在挑战。

Liviri Fresh 是一款可重复使用达 75 次的冷藏运输箱，其科学的工程设计可使食物保存更久的时间。因为食物消耗具有周期性的特点，所以快递员在运送新包裹的同时，可以取走旧箱子（图 5–9）。

图 5-9　Liviri Fresh 运输箱
（图片来源：https://www.fastcompany.com）

4. 途中返还

用户将包装携带至零售点或回收设备等指定地点返还，以便其能被多次使用。该模式已较为成熟，且应用广泛，如在零售店退牛奶瓶等。企业可以通过激励机制提高品牌忠诚度，通过与其他品牌、不同行业共享如存储、物流、清洁等基础设施来优化运营；通过信息技术获取用户信息来改善体验和优化经营。其挑战则在于，如何使用户感觉更方便，如优化返还点位置、简化返还流程、设置激励机制等。

Cozie 公司开发了一款售卖 8 种不同化妆品的分销设备。用户在设备上返还包装瓶，并在购买新产品时可自动扣除包装费用，包装瓶被收集后统一清洗并重复使用（图 5-10）。

图 5-10　Cozie 化妆品散装分销设备
（图片来源：https://www.novethic.fr）

除了上述容器类包装外，其他商品的包装也可以通过巧思设计来促进其重复使用。设计师可以利用其原有材料、结构和空间继续盛装物品，也可以赋予其新功能和形式。如设计师 David Graas 设计的灯具包装，当把灯泡取出来之后，剩下的包装盒就是一个非常美观的灯罩（图 5-11）。

意大利的 Studio BoCa 工作室曾经设计过一款咖啡桌，其玻璃台面由两件 EPP（发泡聚丙烯）材料的包装护持，确保在运输与储存过程的安全性。当咖啡桌运送到家后，其包装部件并没有沦为垃圾，失去价值，而是经由简单插接组合，摇身一变成为支撑玻璃台面的桌子支架（图 5-12）。这款包装设计极具创意，因为包装本身就是产品的重要部件，最大限度延长了产品包装的生命周期。

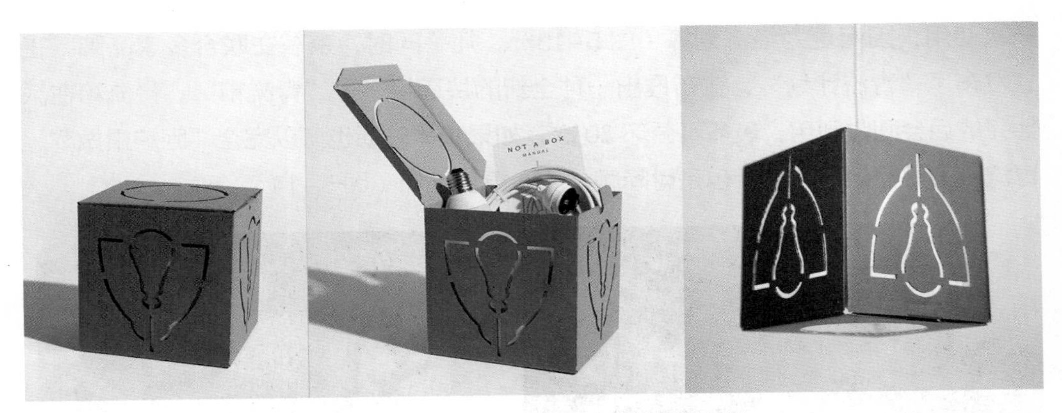

图 5-11　David Graas 设计的灯泡包装

（图片来源：https://designgush.wordpress.com/2011/07/21/david-graas-not-a-box）

图 5-12　咖啡桌包装设计

（图片来源：https://www.concienciaeco.com）

快递包装问题是当今世界面对的严峻挑战。据光明网报道，2020 年全国快递年业务量达到 830 亿件，稳居世界第一。[1] 在行业快速发展的同时，也给环境带来了巨大压力，尤其是快递包装问题，引起社会广泛关注。正因为如此，国家邮政局制定了《邮件快件包装管理办法》，特别强调要优先采用可重复使用、易回收利用的包装物。实际上，早在 2017 年“双十一”期间，苏宁就推出共享快递盒项目。这款包装使用 PP（聚丙烯）材质，质量轻、牢固耐用，不仅可重复使用，而且材料无毒，还可以循环再生。据测算，相比于同尺寸的瓦楞纸盒，由于共享快递盒可重复

1　见光明日报记者董蓓 2021 年 4 月 12 日报道《用什么包、怎么包、怎么管——快递包装迎来哪些变化》。

多次使用，因而更为经济划算（图 5-13）。几乎同时，京东在联合多家品牌，正式发布了“青流计划”，宣布推出一种全新的快递箱——“青流箱”。青流箱在派件完成后会回收利用，最多可循环 20 次，如果箱体破损也可以完全“回炉重做”。青流箱上配套使用的胶带也是可降解材质，更加环保（图 5-14）。

图 5-13　苏宁共享快递盒
（图片来源：https://www.sohu.com）

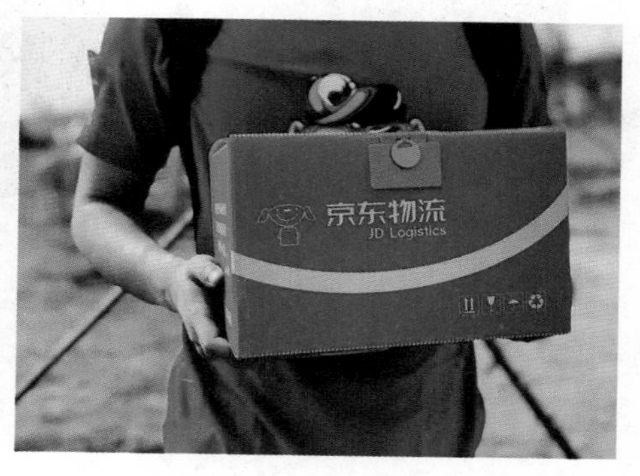

图 5-14　京东青流箱
（图片来源：https://www.cndsw.com.cn）

除了上述提到的“共享快递盒”“青流箱”外，还有“箱伴计划”“菜鸟箱”“丰 BOX”和“灰度箱”等可持续包装项目也在运行中，反映出国内大型电商和物流企业对快递包装问题的重视，以及一定的社会责任担当。但由于种种原因，到目前为止，这些项目的运行都极为艰难。相比于一次性的瓦楞纸箱，这些可重复使用的包装必须要进行回收、分拣、清洗、消毒、储存和重新配送等多个环节，还需快递小哥与用户的积极配合，其综合成本相对更高。显然，包装问题也是个系统问题，不仅需要更加耐久、坚固、方便使用的包装箱设计，还需要更加完善的管理机制与服务设计，以及政策的推动与企业的坚持。

5.1.4　促进旧物交换的服务平台设计

尽管物品本身的重复使用至关重要，但促进旧物交换的服务平台似乎更具影响力和魅力。从古至今，这类场所就是人们日常生活中的必要配置，如典当行、信托商店、旧物商店、二手车市场，还有遍布全世界的大大小小的跳蚤市场与旧物市集，比较著名的有北京的潘家园旧物市场、巴黎的蒙特勒伊跳蚤市场、伊斯坦布尔的大巴扎跳蚤市场、布达佩斯的埃切利市场，等等（图 5-15）。除了这些大型市场，还有不计其数的乡野小镇中的旧物市集，不仅为人们提供了“淘宝”的机会，还创造了人际交往的空间与场所。这些传统的旧物交易平台多是自发形成的，只需适度管理，无须刻意设计。而在当今的消费社会语境下，开设一家旧物商店则需要精心的氛围营造与巧思设计。

图 5-15　巴黎蒙特勒伊跳蚤市场与北京潘家园旧货市场
（图片来源：https://www.baidu.com）

今天，传统的跳蚤市场尚在，但规模与人气已大不如前，渐渐沦为旅游打卡地与怀旧的文化象征，而依托互联网技术的线上旧物交易平台风头正劲。移动互联网、物联网、大数据等现代信息技术的发展以及物流网络的建立，为闲置资源快速分享、高效整合、低成本交易提供了强大的基础设施支持。不管是个人、组织还是企业，都可以通过线上平台发布闲置物品的信息，甚至足不出户就可以将其变现。借由网络的扩大效应，闲置商品的“剩余价值”在供需双方的重新分配中得到“重生”，让原本极有可能被抛弃的物品延长了使用寿命，从而减少了物质资源的浪费。

在共享经济的浪潮下，全球的二手交易市场发展迅速，如美国的 eBay，日本的 Mercari，挪威的 Finn，还有国内的闲鱼、转转、拍拍、万物新生、58 同城等，它们的市场规模、商品与服务品类、用户数量等都是传统跳蚤市场所无法比拟的。多家机构预计，中国闲置市场规模将在 2021 年超过 1 万亿元。[1] 就阿里巴巴旗下的闲鱼来说，2020 年其交易额超过 2000 亿元人民币，用户已达 3 亿人，比上一年度增长了 100%。线上平台交易的闲置物品种类也愈发丰富，除日常生活所需的数码产品、衣包鞋帽、书籍报刊、母婴用品、日化美妆等消耗品外，原本在日本、欧美流行的二手奢侈品消费潮流也进入国内。以往由线下专业机构提供的房屋租赁、二手车交易等重资产的交易服务也开始融入线上闲置平台中，此外还有越来越多知识、服务、技能等无形资产的交易等。[2] 不少专注于细分领域与主题化的平台也借助旧物转卖形成了独特的社群文化，例如多抓鱼平台，通过旧书买卖与书评分享，建立起

1　引自媒体 TechWeb 2021 年 4 月 2 日的报道《闲鱼：预计今年底 GMV 将达 5000 亿》。

2　王家宝，敦帅，黄晴悦．当闲置资源遇见“互联网 +”——分享经济的风靡之道 [J]. 企业管理，2016(6)：55-57.

卖书人与买书人的互动关系，通过主题书单构建阅读文化，凝聚了稳定的消费群。之后，随着业务发展衍生出独特的品牌 IP、出版物、周边商品，陆续推出电子产品、服装等消费品的循环服务，并逐步在一线城市开设了线下体验店（图 5–16）。由此可见，旧物交易的亮点已经不仅是高性价比，其中趣味、社交、环保等特点也都吸引着年轻一代。“90 后”“00 后”们所具备的线上消费习惯与绿色消费理念，更让他们成为旧物交易中的主力军。不少年轻人将自己不喜欢的盲盒、只剩一只的 AirPods 蓝牙耳机等物品发布在平台，促成了个性化的交易行为；因冲动消费的网购战利品，也可以通过“一键转卖”找到下家。

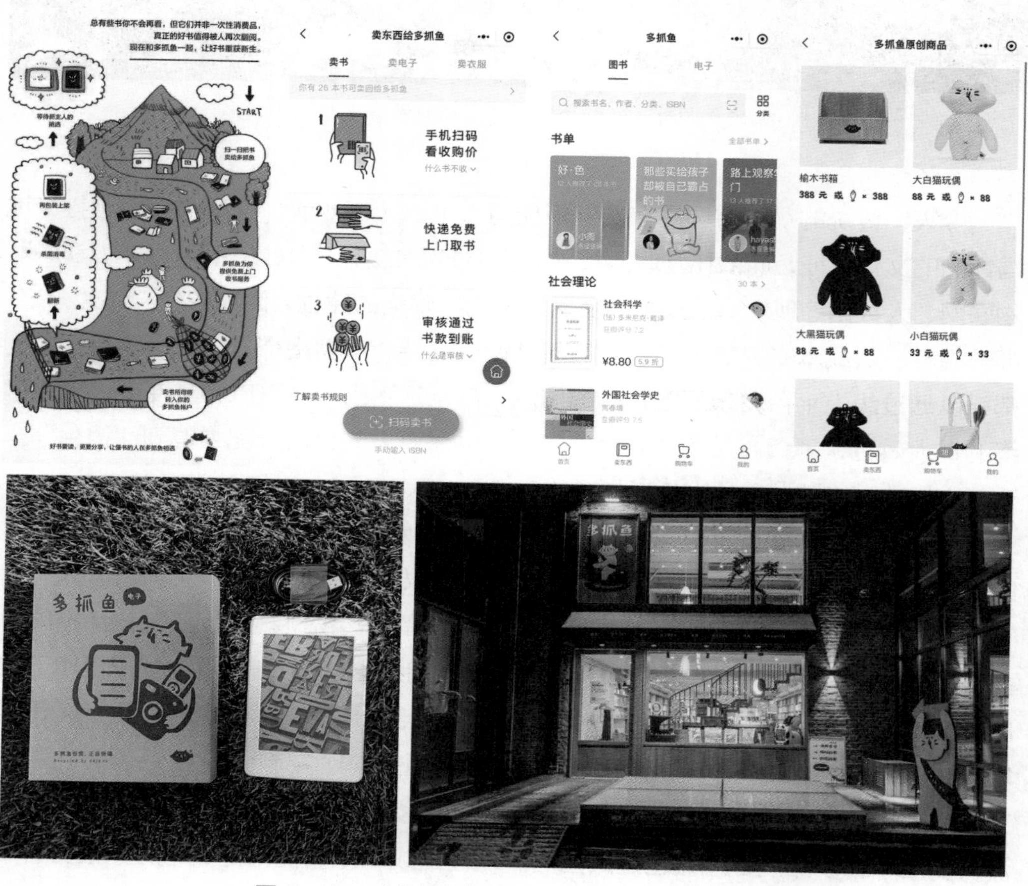

图 5–16　“多抓鱼”二手书店线上与线下店铺

（图片来源 :https://www. m.thepaper.cn 以及多抓鱼小程序截图）

尽管线上二手物品交易平台日渐繁荣，但也不乏隐忧。据调查，2021 年不少闲置交易平台开始有专业的主播入驻带货，以提升订单与销售额。这样的商业运作是否会异化二手物品交易的初衷？如此便利并伴有利益刺激的商业活动，是否会鼓励盲目、冲动的消费行为？原本局限在社区尺度的旧物分享行为，可能会演变为跨区域、甚至跨国界的交易和配送行为，其所增加的碳足迹是否可以抵消旧物重复使用带来的环境影响？对于设计师来说，总是需要对事物背后的支配逻辑进行反思和质疑，并努力尝试找到一种更适合的解决方案。实际上，借助大数据、物联网和智能系统，设计师是可能针对旧物类型、物品残值、特殊需求、流通区域与交易范围等因素，结合商业模式与服务流程进行整合设计的。此外，发挥有形资源的邻近性优势，进行本地社区化运营，利用区块链等新技术将虚拟闲置资源进行社群化管理与应用，这都可能是未来循环再用的发展方向。[1,2] 总之，重复使用的目标是创造一个无废弃、无闲置的社会，而非二手物品交易数量与交易额度的大幅增长。

5.1.5　产品部件的重复使用

产品部件的重复使用主要指企业回收自己的产品，将功能良好的部件（包括产品包装）进行重复使用。这样做不仅能节约资源、保护环境，而且从商业上看也是很划算的。在全球范围内已经有很多企业承诺在产品寿命终结时回收自己的产品，并重复利用那些性能完好的部件，制造新的产品。当然，重复使用的前提是要保证产品的安全性、功能性和综合品质（包括视觉感受），以打消使用者的顾虑，并建立持久的品牌信任。事实上，人们对使用旧部件制造的产品还是会产生不安和担忧，但随着大众环保意识的加强，以及设计、制造能力的提升，这种方式日渐获得更多消费者的理解与青睐，来自消费端与市场的鼓励会进一步激发企业的社会责任意识和主动回收行为。

在很多情况下，回收部件还要进行修理（repair）、翻新（refurbish）或再制造（remanufacture）等多个步骤才能应用在新产品中。但无论是旧部件的直接利用还是翻新后再利用，设计的前期规划都不可或缺。比如，遵循**可拆解设计**和**模块化设计**的原则，可以保证快速、方便、安全地分离产品部件，并置换新的部件，使得制造端的再加工与重复使用变得更容易。此外，合理的回收服务系统设计，对鼓励用户参与、优化流程与储运，以及降低综合成本都至关重要。当然，产品或部件是否可以重复使用，要综合判断各种因素而定，比如进行生命周期分析，来评估运输、清洗、翻新、再制造等环节可能带来的环境影响与经济成本。

Flokk（挪威）是北欧著名的办公家具制造商，旗下的 BMA Axia 2.0 办公椅是一系列卓越的生态友好型产品，使用完全可循环再生材料以及 100% 的绿色能源进行制造，由于采用了独特的装配技术，该系列办公椅完全不使用螺丝进行组装，

1　张阿源．网络旧书业 C2B2C 商业模式的特征、困境及探索——以“多抓鱼”为例 [J]. 出版发行研究，2019(3)：48-53.

2　宋立丰，宋远方，国潇丹．基于数据权的现实与虚拟闲置资产共享——区块链视角下的共享经济发展研究 [J]. 经济学家，2019(8)：39-47.

充分体现了方便拆解的设计原则，从而使零部件容易更换与维护，提高了部件的可重复使用性。当产品达到使用寿命，BMA 就通过 Next Life 计划，对废旧产品进行回收，避免产生废弃物的同时，最大限度地重复使用零部件制造新产品。该系列办公椅由此获得了 2011 年 C2C（从摇篮到摇篮）奖（图 5–17、图 5–18）。

图 5–17　BMA Axia 2.0 系列办公椅
（图片来源：https://www.bma-ergonomics.com）

图 5–18　BMA Axia 2.0 办公椅的装配过程
（图片来源：https://www.bma-ergonomics.com）

卡特彼勒再制造工业（上海）公司，是美国 Caterpillar[1] 在中国第一家从事废旧工程机械产品再制造的专业公司。他们利用先进的工程技术，将废旧的工程机械零部件进行专业化的修复和再制造，使其在性能和质量上达到全新产品的水平，并以远低于新零件的价格提供给客户，实现产品和部件的重复使用，从而帮助客户降低成本，同时最大限度地减少原材料需求，节约宝贵的资源，也极大地减少了废物和废气的产生（图 5–19）。

1　卡特彼勒公司 (Caterpillar，CAT)，成立于 1925 年，总部位于美国伊利诺伊州，是世界上最大的工程机械和矿山设备生产厂家、燃气发动机和工业用燃气轮机生产厂家之一。

图 5-19 卡特彼勒再制造工业公司
（图片来源：https://www.caterpillar.com）

5.1.6 建筑材料及场所的再利用

尽管城市的自然更新是必要的，但为建造时髦的、具有标志性意义的新建筑，而拆除依旧坚固耐用的老建筑是极为愚蠢的行为。这种事情屡屡发生，不仅浪费了大量材料和能源，改变了城市风貌，还永远失去了那些建筑、空间所承载的文化和记忆。

乐观的是，我们同样可以看到一些更为智慧的解决方案。这些设计不再是简单粗暴地拆除与重建，而是尊重现有的建筑格局，通过改造，赋予它新的功能、意义和价值。相对于工业产品，建筑的重复使用似乎具有更大的社会影响和示范效应。德国鲁尔区的工业遗产保护与建筑再利用就是经典范例。

位于开普敦的非洲当代艺术馆博物馆 Zeitz MOCAA 就是从一座历史悠久的谷仓变身而来的。这座谷仓一度曾是南非最高的建筑物，见证了开普敦的工业历史，但早在 1990 年就已被废弃，多年以来一直作为某种精神象征存在着。在考虑过农场、停车场等改建方案后，最终确定将其改造为一座艺术博物馆。建筑团队 Heatherwick Studio 对高达 10 层楼的谷仓空间进行了非同凡响的创意改造，使 4600 立方米的中庭呈现出奇妙的空间形态与合理的功能分区。切割开来的圆弧断面被刻意磨光，与粗糙的混凝土形成强烈对照，营造出梦幻般的艺术气息，同时也建构出实用的展览空间（图 5-20）。这是一个重新利用废弃建筑的杰出设计作品。

中国建筑师王澍使用废旧材料进行建筑实践，不仅是对物料进行再利用，而且是在延续一种文脉，使那些存有人们情感和记忆的一砖一瓦，融入当代生活场景的构建中。王澍团队从 2000 年开始就在探讨一系列使用回收旧砖瓦进行循环建造的作品。其中一种做法习得于宁波地区的民间传统建造，它使用多达八十几种旧砖瓦

图 5-20　非洲当代艺术博物馆 Zeitz MOCAA
（图片来源：https://www.azchitecturaldigest.com）

混合砌筑墙体，名为“瓦爿墙”[1]。2004 年，王澍团队从当地拆房现场收集了 700 万块不同年代的旧砖弃瓦，用于中国美术学院象山新校区的一期工程建造。2008 年竣工的宁波博物馆沿用了同样的理念，将传统建筑元素与现代建筑形式和建造工艺有机结合，使之简约而灵动，极具创意（图 5-21）。2010 年，王澍采用“瓦爿墙”方式，从宁波的象山、鄞州、奉化等地的大小村落收集了 50 多万块旧砖瓦，来建造世博会宁波滕头案例馆的墙体，让这些历经百年沧桑的元宝砖、龙骨砖、屋脊砖焕发新生。传统民居废旧建材的混砌重构，在现代空间中链接了地域与时间。这种做法充分体现了利用废旧材料进行建造的实用性、环保性、经济性和文化性特征。在某种程度上，这种建材的再利用已经接近升级再造的理念了。

图 5-21　宁波博物馆建筑
（图片来源：王澍团队）

1　王澍 . 造房子 [M]. 长沙：湖南美术出版社，2016：46。

5.2　升级再造设计

根据现有文献，升级再造的概念最早由德国人 Thornton Kay 在 1994 年一篇名为 *Salvo in Germany-Reiner Pilz* 的采访稿中提出，在谈到即将出台的欧盟废弃物排放处理标准时，他认为，“我们需要的是升级再造，旧产品被赋予更多的价值而不是更少”[1]。1999 年，Gunter Pauli 和 Johannes F. Hartkemeyer 出版了名为 *Upcycling* 的著作，他们认为应该以自然为模型，从整个经济系统的角度确保不产生废弃物，并在材料的每个利用阶段都创造价值。[2] 后来这个概念又被威廉·麦克唐纳（William McDonough）和迈克尔·布朗嘉特（Michael Braungart）引入他们的书籍《从摇篮到摇篮：重塑我们的生产方式》（*Cradle to Cradle: Remaking the Way We Make Things*）和《升级再造：超越可持续——为丰裕而设计》（*The Upcycle: Beyond Sustainability-Design for Abbundance*）中。书中谈到，“upcycling”就是以工业品、生活用品的循环再利用或升级利用为手段来改造现有产品设计和生产方式。

《牛津词典》在 2014 年将升级再造定义为“重复利用废弃物品或材料，以创造出比原有产品质量或价值更高的产品”。《可持续管理词典》对其的定义是“将工业养分（材料）转化为具有类似价值或更高价值的材料的过程”。对比上述两个定义可以看出，升级再造体现在产品 / 物品以及工业材料两个层面。有学者认为，产品 / 物品层面的升级再造是最具可持续性的解决方案之一，其效益介于重复利用和循环再生之间，因为其通常只需要很少的能量投入，并且可以消解人们对新产品的需求。[3] 对于工业材料层面，威廉·麦克唐纳和迈克尔·布朗嘉特倡导一种激进的设计创新，正如前述“从摇篮到摇篮”理论，目标是实现材料的永久循环利用。艾伦·麦克阿瑟基金会则将其归在了广义的循环再生策略中[4]，作为材料再生利用的一个类型。

本节重点讨论产品 / 物品层面的升级再造设计，强调不应将废弃产品回归为“原

1　KAY T. Salvo in Germany-Reiner Pilz[N]. SalvoNEWS，1994-10-11(14).

2　PAULI G，HARTKEMEYER J F. Upcycling[M]. Munich：Riemann Verlag，1999.

3　SUNG K，COOPER T，KETTLEY S. Individual upcycling practice：exploring the possible determinants of upcycling based on a literature review [C/OL]. Sustainable Innovation 2014，19th International Conference，Copenhagen，Denmark，November 3-4，2014. [2022-03-18].https://irep.ntu.ac.uk/id/eprint/2559/1/217970-1133.pdf.

4　艾伦·麦克阿瑟基金会在其 2013 年的报告 *Towards the Circular Economy:Business Rationale for an Accelerated Transition* 中将材料循环再生 / 再造 (material recycling) 分为 3 类：功能性再生 (functional recycling)，即以最初目的或其他目的恢复材料的过程，不包括能源回收；降级再生 (downcycling)，即将材料转变为较低品质和功能减少的材料的过程；升级再造 (upcycling)，即将材料转变为较高品质和功能增加的材料的过程。见：https://emf.thirdlight.com/link/ip2fh05h21it-6nvypm/@/preview/1?o。

料”，再经历回炉、提炼等化学或物理方法的二次加工过程[1]，而是直接研究各种材料、部件在属性、形态、结构等方面的特性，挖掘其“可用性”，令其以新的产品形式再生，转化为具有新功能价值的用品，创造出远比“回归原料”更高的使用价值。**升级再造的核心是发掘产品与材料内在的特性和潜力，将被视为无价值的物品，打造成更美且更有价值和全新用途的物品。**

近年来，升级再造一词广泛流行，似乎成了一种新的设计时尚，2019 年曾被剑桥词典（Cambridge Dictionary）评选为年度词汇[2]。但总体而言，升级再造的概念还缺乏清晰的界定与共识，作为可持续设计的重要策略之一，其理论研究与设计实践依然处于探索中。尽管下面的案例具有启发性，但升级再造理念的张力与扩展性，会为后来的设计师提供更多的思考空间与创新可能性。

Rag Chair 是升级再造设计的典型案例，由荷兰设计师 Tejo Remy 为 Droog Design 设计[3]，见图 5-22。椅子重 50 多磅（1 磅约为 0.45 千克），由金属带将废旧衣物固定在一起制成，做法似乎简单粗暴，但具有特殊的美感和实用性。这些椅子的特别之处在于，用户只需将自家的旧衣服寄出，公司便会为其定制独一无二的椅子，并在 8~12 周内寄回给用户。Rag Chair 设计不仅帮助用户解决了废旧衣物去处的苦恼，还保留下了那些衣物储存的回忆。

图 5-22　Rag Chair
（图片来源：https://www.droog.com/product/rag-chair）

1　即将循环再造视为一种材料的降级循环，具体参见第 4 章。

2　见：https://dictionaryblog.cambridge.org/2019/11/04/cambridge-dictionarys-word-of-the-year-2019/，剑桥在线词典将其解读为“使用旧的或用过的物品、废弃的材料制造新家具、物品等的活动”。

3　来自荷兰的 Droog Design 是一家以家具和建筑设计为特色的设计团队。由设计师海斯 · 贝克 (Gijs Bakker) 和设计评论家芮妮 · 拉梅克丝 (Renny Ramakers) 在 1993 年成立于阿姆斯特丹。荷兰文 droog 是干燥的意思，代表着简约不乏味、一目了然的设计，企图用单刀直入的方式传递概念，不走虚张声势、矫揉造作的路线。

Laquercia21 是来自意大利中部的崇尚绿色设计理念的设计工作室，他们使用回收的二手家具、废旧木地板，甚至建筑工地上废弃的木材，设计制造了系列家具产品。时尚的品位与古旧的材料交相呼应，创造出奇妙的感受。设计师自己调侃说，这些家具来自“老祖母的厨房”，并命名为“天真的现代主义设计”。Credenza Rossa 抽屉柜就是他们的典型作品，橡木的台面，红色油漆的箱体，配以回收来的五颜六色的旧木板作为抽屉面板，拉手也是旧货市场中淘来的物件，别具一种独特的品质与风格（图 5–23）。与其说这件抽屉柜是实用的家具，不如说是一件艺术品。因为，他们的每一件作品都是独一无二的，在这些设计中，废旧材料的价值被创意所激活。

图 5–23　Credenza Rossa 抽屉柜
（图片来源：https://laquercia21.it）

FREITAG 也是升级再造设计的旗帜。它是瑞士苏黎世一家集设计、生产、销售为一体的环保包制造商，由 Freitag 兄弟于 1993 年创立。其销售的箱包原材料均来自于废品，其以废旧集装箱卡车防水布为箱包的主要材料，用废旧的汽车安全带制作背带或手提带，用自行车内胎来制作箱包的附件。FREITAG 的设计很好地诠释了升级再造的理念，将看似寻常的废旧材料设计成时尚产品，极大提升了产品的价值，同时也减少了废品处理带来的能源消耗。FREITAG 在余料的使用上也别出心裁，将那些因制作大型挎包而被裁切的边角余料设计制作成零钱包、票夹等随身小配件，或是其他一些大型箱包的配饰，真正做到了物尽其用。从审美的角度而言，FREITAG 充分利用集装箱卡车防水布本身的涂装，通过合理的剪裁，让老旧的防雨布焕发出时尚的光彩，同时在设计时也有意识避免纹样的重复，确保产品的表面花纹几乎都是独特的，可以尽可能满足不同消费者的审美趣味（图 5–24）。

图 5-24　FREITAG 产品图
（图片来源：https://www.freitag.ch/zh）

“TransGlass 系列环保玻璃瓶”花插是纽约现代艺术博物馆的永久收藏品。自推出以来，它们已成为 Artecnica 设计公司最畅销的产品。通过对玻璃瓶的切割和拼接，每个花瓶都极具美感和使用性。凭借再生原料和光滑、流线型的设计，TransGlass 系列传达了积极的环保态度，结合了传统的工艺和艺术性的设计，每件 TransGlass 系列环保玻璃瓶摆件都是独一无二的作品（图 5-25）。

图 5-25　Artecnica 公司推出的 TransGlass 系列花瓶
（图片来源：https://tordboontje.com/transglass/）

与重复使用一样，升级再造也并非设计师的专利。2009 年，亨利埃塔 · 汤普森（Henrietta Thompson）就编写了一本推动普通人进行旧物再造、体验“无废生活”的设计指南。该书分为家具、存储用具、灯具 / 家居配件、纺织品 / 布料装饰品、清洁用品几章。书中用简单易懂的插图和详细的制作流程，教读者如何利用家中的废弃物，自己动手创造具有设计感的家居生活。这本书很好地诠释了一种当代环保精神，既时尚、又省钱。2012 年，汤普森又推出了续作《重新制造：服饰》（*Remake it: Clothes*），为读者介绍如何使用旧衣服设计、制造新的服饰（图 5–26）。她认为：“设计可以提供更多的东西，不应仅是精英主义的主张或昂贵的代价。”[1]

图 5–26　亨利埃塔 · 汤普森所著的 *Remake it* 系列书籍
（图片来源：https://www.amazon.com）

5.3　物品“升值”与系统“再造”

如上所述，重复使用与升级再造都发生在使用阶段，两个概念的含义非常接近。相对来说，重复使用强调通过设计促进物品的多次使用，无论是原功能的沿用，还是作为另一种功能使用，重点是用户行为层面的改变；升级再造则在此基础上，更注重通过设计创意提升废弃物的价值，强调从材料、功能、造型等多个角度，深入挖掘废弃物品的可用性和潜在价值。就像之前提到的玻璃酒瓶，如果只是将其用作容器，无论盛装的是什么液体或物品，都属于重复使用的范畴；但如果经由切削、打磨、拼装、组合而成为一套新奇优雅的物品（如花瓶），实现了物品的增值，那么就是升级再造了。当然，也有一些设计是多种策略的组合，比如 Thomas Leech

1　THOMPSON H，WHITTINGTON N. Remake it：clothes[M]. London：Thames & Hudson，2012.

的Shoey Shoes，就是将皮革加工业的废料进行升级再造成为儿童鞋，显著提升了废弃物的价值，同时又利用模块化的设计理念，使得鞋子的某些部件可以重复使用，并方便了废弃材料的循环再生。[1]

从概念的源头看，升级再造是针对“降级再造”（downcycling）所提出的修正策略，本质上是一种“过程后干预”[2]，因此难以在产品生命周期早期的设计阶段就进行预设与规划。正因为如此，升级再造策略非常强调设计师针对废弃物品的特殊感受力，以及个性化、艺术化的表现。这种方式很难满足批量化、规模化生产的要求，其可持续性也需要谨慎评估。但升级再造给人的想象力就在于其概念的不确定性和巨大张力，如何真正做到“升级”，仅是单一物品和材料的再设计是不充分的，需要系统的“再造”。

《从摇篮到摇篮》一书的作者威廉·麦克唐纳和迈克尔·布朗嘉特是最早提出循环利用观念并付诸实践的学者，在经过十多年的研究与探索后，他们又出版了新书《升级再造：超越可持续——为丰裕而设计》（*The Upcycle: Beyond Sustainability-Design for Abundance*），强调不应再把精力放在如何减少人类对生态的影响和伤害上，而是要从根本上重新设计人们的活动，使生态达到良性循环的状态。[3]显然，他们提到的升级再造已经超越了狭义的概念界定，是一种更宏观的系统层面的升级再造。

他们对早年在《从摇篮到摇篮》中提出的循环理念进行了深化和推进，形成了更为激进的观点：生态主义主张的是节约能源和资源，其相关措施和法规限制了人们选择的空间和自由，抑制了经济的增长。这是把环境保护和工业发展对立起来，进一步说是把环境和人类对立起来，是一种舍本逐末的办法，不能解决根本性的问题。**他们认为，不必一味主张减少“有害”的行为（less bad），而应该认识和遵从自然的规律，用可持续的设计让人类达到丰裕的状态（more good）**。[4]以水为例：许多人喜欢长时间冲洗热水澡，但当水流得太久时，人们可能会对水、金钱和能源的浪费产生罪恶感。但如果将家庭或旅馆中的水进行过滤后重复使用，并利用太阳能加热，那么人们就可以享受“无罪”的豪华淋浴了，这样也就可以保持原有的生活方式，而不再顾忌浪费了。

---

1 参考：www.thomasleech.co.uk/#/shoey-shoes。

2 即意识到问题和危害后，采取的缓和补救措施，本质上只是在一定程度上缩小了危害的强度，延长了危害爆发的周期。参见第2章“可持续设计”。

3 MCDONOUGH W, BRAUNGART M. The upcycle: beyond sustainability-designing for abundance[M]. Berkeley，CA: North Point Press,2013.

4 王洪伟，林波．生态设计——评《升级再造：超越可持续——为丰裕而设计》[J]. 设计艺术研究，2015, 5(5):39-42,48.

这个话题已经超越了本章探讨的范畴，可能会使读者感到困惑，但也可能会激发你的思考。因为这涉及被塑造的生活方式，以及更复杂的社会公平的讨论。我们真的能够保持原有的生活方式，而依靠生态技术实现可持续发展吗？所有人都有这样的机会吗？

第6章　耐久性与情感化设计

耐久性(durability)与情感化设计(emotional design)强调在正常使用期内，设计更为坚固、不容易损坏、不易过时的产品，或设计能激发情感联结的、使消费者不舍得丢弃的产品。这是对“快时尚”与消费主义文化的强烈反思和矫正。

“耐久性”与“情感化设计”的目标都是尽量延长物品的使用寿命（useful lifetime），避免过早地被弃置。这与上一章探讨的“重复使用”和“升级再造”目标相近，但区别在于，**耐久性与情感化设计是更为前置的策略，强调在正常使用期内，设计更为坚固、不容易损坏的产品；或设计更具情感联结的、不舍得丢弃的产品**。相对来说，重复使用和升级再造是强调在正常使用期之后，物品还可以被多次使用，无论是沿用之前的功能，还是创造出新的用途和价值。

6.1 弃置物品的原因

我们一生中会由于各种原因弃置很多物品。很多情况下，我们会丢弃一些依旧完好、有用的物品，比如家具、电器、装饰品，当然还有衣物（通常是最多的）。尽管“断舍离”是很好的理由或是借口，但事实上，我们很快会忘掉这个理由，继续购置新的物品。因此，在讨论耐久性设计之前，需要思考物品为什么“不耐久”。

一般来说，会有这样几种原因让我们抛弃日常物品：频繁使用导致的性能或结构老化；化学或自然原因导致的材料老化；由于不当使用或偶然因素造成的损坏；由于技术升级导致的产品废弃；还有就是文化和美学因素导致的产品过时等。

（1）**产品老化，正常使用而导致的性能、结构或材料老化**。任何产品都有使用寿命的极限，出于安全性和可靠性考虑，这种产品废弃与置换理由充分，无可厚非。问题是，产品的使用期限也是人为设计出来的。是否可以选择更适合的材料和技术，设计更长的使用期，制造更具耐久性的产品？

（2）**意外损坏，由于不当使用或偶然因素造成的损坏**。实际上，如果维修服务系统完善的话，这种原因导致的废弃也是可以有效避免的。但维修、保养服务的利润微薄，在“快时尚”与低价竞争的商业背景下，除了部分高档产品，商家越来越缺乏提供此类服务的动力。如何通过设计来降低这类损坏？或设计更加便于维修和保养的产品？或设计更加有效、周到的服务系统？这些问题的解答将有助于耐久性的设计。

（3）**技术陈旧，科技进步导致原有功能不适用了**。大多信息类产品都逃不过摩尔定律[1]的法则，这促使我们不停地更新换代电子产品。还记得你更换过多少次手机吗？尽管旧手机依然牢靠，但新手机确实有功能更多、拍照效果更好、待机时间更长等优势，让我们无法抗拒新技术的诱惑。

（4）**心理因素，由于美学和文化因素导致的产品废弃**，也就是后面要提到的“心理废止”——区别于物理产品老化的“心理老化”。对于使用者来说，由于受到不断变化的流行趋势，以及极具感染力的广告的影响（时尚是可以被制造出来的），将不断产生落伍感。简单说，就是使用者被告知，你拥有的产品已经过时了，无论款式、色彩、材质还是装饰图案。为了不被时代抛弃或边缘化，你需要购置新的商品。这种废弃是被“刻意”设计出来的，也是影响产品耐久性的根本原因之一。

事实上，生活中被废弃的物品大多不是因为技术性的原因或产品老化。在英国有 33% 的家用电器是在功能完备的情况下被丢弃的。[2] 中国的数据不详，但在消费主义浪潮的持续冲击下，情况也不乐观。在全球范围内，消费者每年丢弃的还可继续穿的衣物总价值高达 4600 亿美元。据估计，其中一些衣物仅穿了 7~10 次。[3] 更可怕的是，有大量服装类产品从来没有被销售过，就直接被销毁了。[4] 牛仔裤制造业给水环境带来的污染令人震惊（图 6–1），可悲的是，人类竟然没有充分使用或根本就没有使用过这些付出巨大环境代价而制造出来的服装产品。

图 6–1　牛仔裤生产严重污染水源

（图片来源：https://www.vogue.de,https://tinachou28.github.io,https://waterwitness.org）

1　摩尔定律是由英特尔（Intel）创始人之一戈登·摩尔（Gordon Moore）提出来的。其内容为：当价格不变时，集成电路上可容纳的元器件的数目，每隔 18~24 个月便会增加一倍，性能也将提升一倍。换言之，每一美元所能买到的电脑性能，将每隔 18~24 个月翻一倍以上。这一定律揭示了信息技术进步的速度。（资料来源：维基百科 https://zh.wikipedia.org。）

2　COOPER T. Inadequate life? Evidence of consumer attitudes to product obsolescence [J]. Journal of consumer policy, 2004, 27: 421-449.

3　艾伦·麦克阿瑟基金会 . 新纺织经济：重塑时装的未来 [R/OL]. 2017[2021-09-26]. https://archive.ellenmacarthurfoundation.org/assets/downloads/ 新纺织经济：重塑时装的未来 _180926_152316.pdf.

4　2018 年 Burberry 品牌烧掉约合人民币 2.5 亿元的全新服饰；H&M 被发现 2013 年以来在丹麦焚烧了 60 吨滞销衣物，2017 年有超过 15 吨库存送去销毁。其背后原因值得我们对当今时尚产业的商业模式进行深刻反思。见：BARANIUK C. Will fashion firms stop burning clothes?[EB/OL]. 2018-09-17[2022-03-10]. https://www.bbcearth.com/news/will-fashion-firms-stop-burning-clothes.

6.2 有计划废止与永恒的设计

“有计划废止”（planned obsolescence）**是个经典的营销术语。作为一种商业手段，它通过设计操控产品的寿命，促使其尽早报废。**换句话说，有计划废止就是通过设计来塑造一种“喜新厌旧”的消费文化，以此提高产品销量的商业策略。

内森·谢卓夫（Nathan Shedroff）在《设计反思：可持续设计策略与实践》一书中写道：“有计划废止这一术语由市场人员发明，是个第二危险的概念（第一是购物疗法）。它鼓励我们钟情于其他的产品而放弃或扔掉还完好无缺的东西，并让我们相信它已经不再有用或已经过时了。虽然这个术语最早出现在20世纪20年代后期，但它的发扬光大应归功于工业设计师”[1]。1954年，美国先锋设计师布鲁克斯·史蒂文斯（Brooks Stevens）将这一理念发挥到极致，并进行了广泛传播，他认为：设计应该灌输给购买者一种渴望，即想要拥有比实际需要更新一点的、更好一点的、更快一点的物件。这个术语从20世纪50年代起开始流行，成为商业营销的制胜法宝。尤其在美国，这种设计观念很快影响到包括汽车、家电、服装设计在内的几乎所有产品领域。[2]格伦·亚当森（Glenn Adamson）在2005年出版了*Industrial Strength Design: How Brooks Stevens Shaped Your World*一书，全面介绍了布鲁克斯·史蒂文斯的这一观点和他数量惊人的商业设计作品（图6-2）。

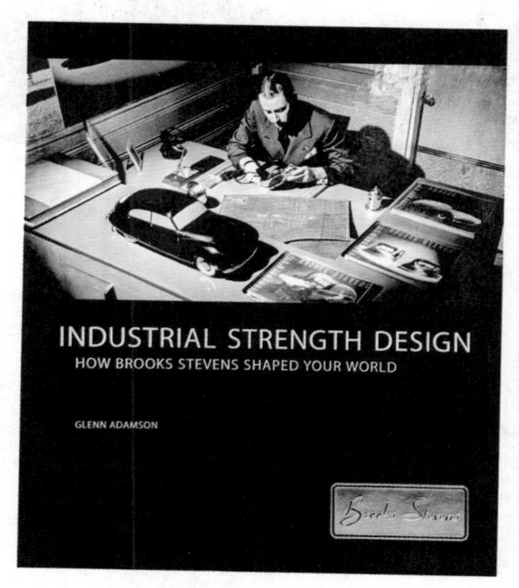

图6-2 Glenn Adamson 所著的 *Industrial Strength Design* 书籍封面
（图片来源：https://www.moesbooks.com）

1 谢卓夫.设计反思：可持续设计策略与实践[M].刘新，覃京燕，译.北京：清华大学出版社，2011:168.

2 ADAMSON G. Industrial strength design: how Brooks Stevens shaped your world[M]. Cambridge, MA: MIT Press, 2005.

“有计划废止”策略的核心是营造一种“心理废止”（psychological obsolescence）[1]，设计师通过式样的不断变化，使消费者产生一种心理上的不安全感。为了消解这种不适的感受，消费者会“自觉”地跟随流行时尚进行购物，企业以此达到促进销售的目的。乔纳森·查普曼（Jonathan Chapman）博士认为，可持续设计的困境就在于消费主义，这是根源，致使那些关于可持续设计的科学严谨的分析和举措不了了之。[2]

“有计划废止”策略对全世界消费者产生了巨大的影响力，也为企业创造了巨大的商业财富。显然，这种做法忽视了资源与环境的承载力，塑造了一种不可持续的商业模式与消费方式，并已经远远偏离了设计的“初心”——为解决实际问题、满足真正需求而提供创造性的解决方案。时至今日，这个概念依旧有着巨大的影响力，而其对社会环境造成危害相比 70 年前有过之而无不及。在这个问题上，工业设计师扮演了一个推波助澜的不光彩角色。

与之相反，在现实生活中依然有对“永恒设计”的不懈追求。葡萄牙的几位教授做了一个很有意思的研究，他们选择了 100 件被广泛认知的、至今还在生产和使用的经典产品，进行对比研究后发现，这些产品在造型、功能和方式设计上有以下共同点：几乎没有装饰、简朴、好用、优雅、轻便、工艺精良、坚实、平衡、单纯、人机关系友好、舒服、便宜（相对）、是获奖产品、流行、灵活且极简。[3] 此外，这些产品大多为传统的木质、金属或玻璃制品，并没有电子类产品。比如由丹麦设计大师 Claus Bonderup 和 Torsten Thorup 于 1968 年设计的 Semi–Pendent 吊灯，或是由贾斯珀·莫里森（Jasper Morrison）采用白蜡木、聚丙烯和木纤维复合材料于 2015 年设计的简单、舒适、坚固的，可以持续几代人使用的 Alfi 靠背椅，见图 6–3。

尽管这个研究的样本和品类有限，但结论依旧给我们很大启发。今天的世界已经紧紧绑缚在电子技术与信息网络的高速列车上，瞬息万变。但那些经典的产品依旧让我们感受到永恒的魅力。**作为创造“美好生活”的设计师，为什么不能将这种永恒与优雅的精神气质植入到未来的产品设计中呢？**

1　COOPER T. Inadequate life evidence of consumer attitudes to product obsolescence.[J] Journal of consumer policy，2004，27(4)，421-449.

2　查普曼 . 情感永续设计：产品，体验和移情作用 [M]. 卢明明，译 . 南京：东南大学出版社，2014.

3　MARTINS J，SIMÕES J，FRANQUEIRA T. Sustainable design：the durability of design classics as a stimulus to reduce the environmental impact of products[C/OL].2015[2022-03-10].https://www.plateconference.org/sustainable-design-durability-design-classics-stimulus-reduce-environmental-impact-products/.

图 6-3　Semi-Pendent 吊灯和 Alfi 靠背椅
（图片来源：https://bacchusantik.com，https://www.emeco.net）

时间会告诉我们，是否可以通过最简洁的形态来实现永恒的美学吸引力。PH 系列灯具是丹麦设计师保尔·汉宁森在 1926 年及以后设计的一系列灯具，同轴心但不同角度的金属板遮挡眩光，使得光线均匀而柔和，其设计实用、优雅、精妙，兼具了功能性与美学价值。PH 灯是为数不多的至今依旧在生产的经典设计，见图 6-4。

图 6-4　保尔·汉宁森设计的 PH 系列灯具之一
（图片来源：https://interioricons.com ）

6.3　耐久性设计

耐久性是延长产品生命周期的基石。欧洲环境署在 2015 年的报告中将产品“耐久性”定义为：指由于不再能维持其主要功能、不再具有经济上进行维修或更换磨损零件的可行性，以及不再具有进行调整、个性化定制或升级的必要性而无法继续使用之前，产品的最大潜在使用寿命。[1] 简单理解，“耐久性产品”（durable goods）就是指使用周期较长的产品，且在较长的周期后，产品在很大程度上仍然具备一定的使用价值。

耐久性产品在降低环境影响方面的优势显而易见，比如，不会因为过早被弃置而产生浪费；也（间接）减少了替换产品在生产前、生产中以及储运、销售环节中的资源消耗与碳排放等。[2] 以下几个具体策略可以保证更好地实现耐久性设计的目标，包括产品的可靠性、适应性，以及优化服务。

1. 可靠性

坚固耐用是产品可靠性最朴实的表述，其目标是在物理层面保证产品的强度和耐用性。主要体现在合理选择材料、优化结构强度、表面防腐处理等技术方面。尽量简化产品，并尽可能减少零部件数量也是保证产品可靠性的重要做法。此外，技术性能的稳定与可靠也是重要的指标，这里主要指产品的内部系统设计，以及电子元器件的设计、制造以及装配过程中的质量保证。

图 6–5 所示的“世纪灯”（The Centennial Light）是世界上最经久耐用的灯泡，它位于美国加州利弗莫尔消防局，从 1901 年开始一直亮到今天（由于停电短暂熄灭过两次）。当然，产品寿命太长会影响企业的经济效益，所以在 1924 年，一个由大型灯泡制造商组成的联盟集体决议将灯泡的最大寿命设定在 1000 小时以内。可见，某些情况下，耐久性并非一个技术问题。图 6–6 为创建于 1946 年的英国 Dualit 品牌烤面包机，不锈钢外壳、明装螺丝、操作简单。产品坚固耐用，并便于拆卸与维修，至今仍在生产。

对于可靠性的忽视曾经是中国制造的重大缺陷，为了降低成本而选择廉价而劣质的替代材料，导致产品可靠性极低，从而被大量废弃或频繁置换。这不仅极大伤害了中国制造的品牌形象，同时也耗费了大量宝贵的资源。不过，近年来中国制造的产品品质与可靠性已经得到了极大提升。

1　CASES I SAMPERE N. Making more durable and reparable products: building a rating system to inform consumers and trigger business innovation [R/OL]. 2015[2022-03-10].http://makeresourcescount.eu/wp-content/uploads/2015/07/Durability_and_reparability-report_FINAL.pdf

2　VEZZOLI C. Design for environmental sustainability: life cycle design of products[M]. 2nd ed. Berlin: Springer, 2018:124.

图 6-5 “世纪灯”
（图片来源：https://www.centennialbulb.org）

图 6-6 Dualit 烤面包机
（图片来源：https://www.dualit.com/products）

2. 适应性

无论产品的可靠性多么值得称道，但总会正常磨损或是发生意外，导致产品或部件损坏；技术、社会环境、产品定位、人的身体状态与文化意识等相关因素也总在变化，产品终究要面临淘汰。产品的适应性设计可通过“模块化”“动态尺寸”和“多功能”设计等方式，使得产品易于拆卸、拼装、调整，便于部件更换、维修与产品升级换代，从而有效延长产品的使用寿命。

“模块化”带来的优势首先体现在工作效率上。由于人工成本是决定一件产品是否被维护的主要因素，所以，独立装配的不同功能模块以及标准化的零部件，可以使产品拆装操作以及维修服务更为快速高效，从而节约人工成本。“模块化”升级主要指技术迭代频繁的电子产品，其目标是在保持产品大部分零部件不变的情况下，更换部分技术更先进的部件。这是降低环境影响的重要举措，既适应了不断变化的需求，又做到了资源消耗最小化。

当然，“模块化”设计还可以方便产品的更新与维护。赫曼米勒（Herman Miller）的 Mirra 办公椅承诺 12 年质保期，除了材料循环再生策略外，这把办公椅的所有部件能够轻松拆卸，便于更换和维修，以保证产品的品质和耐久性（图 6–7）。20 世纪 60—70 年代可以更换衣领和袖子的衬衫显然也是一种模块化设计的思路，由于这些部位最容易磨损，适时更换既可以延长衣服的生命周期，也可以为消费者节省金钱，何乐不为呢？这种风尚已经与我们今天的生活方式渐行渐远了，不过近年来，很多寻求突破的设计师似乎从这种传统的方式中找到了新的灵感，模块化服装或许会是探索可持续时尚的一种新的机会与可能性（图 6–8）。

图 6–7　赫曼米勒的 Mirra 办公椅

（图片来源：https://www.hermanmiller.com）

图 6–8　Matthew M. Williams × Nike Free TR 3 SP 采用了 Free + Vibram 的模块化设计理念，可轻松拆卸组合

（图片来源：https://nowre.com）

此外，“动态尺寸”的设计方式也非常值得推崇。尽管可调整的范围有限，但通常可以大大拓展产品的适用区间，并有效延长产品的使用寿命。典型的例子就是青少年使用的产品。据妈妈们报告，中小学生生长发育迅速，尤其是随着脚的尺寸变化，鞋子更换的频率很高，那么设计一款能够“生长”的鞋子是个好主意。美国GroFive Footwear 团队设计了一款可以“长大”的鞋 Expandals，该鞋可以拓展5 种尺码，让 2~15 岁的儿童都可以穿着（图 6–9）。Permafrost designstudio 公司设计的Stokke Steps婴童坐椅,可通过部件的调节来适应不同年龄段儿童的使用，产品因此有了更长的寿命（图 6–10）。图 6–11 是设计师 Ryan Mario Yasin 设计的可变化尺码的 Petit Pli 童装。

图 6–9　会“长大”的鞋

（图片来源：https://becauseinternational.org，https://www.elitereaders.com）

图 6–10　Stokke Steps 婴童坐椅

（图片来源：https://www.stokke.com ）

图 6-11　Petit Pli 童装
（图片来源：https://www.yankodesign.com ）

“多功能”设计就是尽量提供多种功能选择，以最大限度地满足使用者的不同需要。比如瑞士军刀，除了刀具以外还附加开瓶器、指甲刀、螺丝刀等（图 6-12），似乎总有一种功能是你即将用到的，因此它的使用寿命得以极大延长。当然，这些功能的附加一定要遵循特定场景的需求，有针对性地、适度地设计。多功能空间设计也是耐久性建筑的重要指标，比如北京著名的 798 工厂建筑，原本包豪斯式的厂房设计，可以有效适应各种不同的功能需求：展览、会议、办公、创意空间等。在高速变化的当代中国，这种适应性强的多功能空间设计，对于建筑的耐久性具有重要的意义。

图 6-12　瑞士军刀，功能集成使得一件产品可以满足不同需求，有效延长了使用寿命，提高了使用频率
（图片来源：https://www.victorinox.com ）

3. 优化服务

除了上述物质产品的优化与改善外，便利、高效的服务系统设计也是延长使用寿命的重要手段。很多情况下，复杂产品（如手机、汽车）的维修、保养、更新与升级等都需要专业人士提供帮助与支持。好的服务显然会极大提升产品的寿命和耐久性。即便是不太复杂的产品，贴心的服务也会强化人与物（品牌）之间的情感联结，达到优化产品生命周期的作用。

服务设计可以通过多种途径带来环境效益，这里重点强调的是基于延长产品使用寿命的服务。实际上，产品维护服务做得越好，本地化程度越高，可持续性回报也就越大（对环境的影响越小）。

从企业的角度看，服务优化的目标是促进产品的销量。其实服务本身也是企业重要的盈利手段，而不是仅依赖物质性产品的销售。比如企业为满足客户需求提供完整的“产品服务系统”而非单独的产品，在这种情况下，企业始终拥有产品的所有权，并为维修、保养、更新以至最终报废的全程负责。其结果是企业可以从提供“整体解决方案”的综合服务中获得利润，从而有动力设计制造更加耐久性的产品。这将是更具竞争力和可持续性的发展方向，但需要企业在观念和商业模式上的转型。有关产品服务系统设计的讨论详见第 9 章。

6.4 情感化设计

不同于前文讨论的“技术性”耐久性设计，“情感化”耐久性设计（emotionally durable design）的目标是建立产品与使用者之间的深度联结，避免过早被废弃，从而延长产品的使用寿命。这种联结关系不是技术、功能或经济层面的，而主要是心理层面的。

尽管影响产品与使用者关系的因素众多，但从社会心理层面看，一个重要特征就是产品作为一种“符号”或“象征物”而存在。通常这个“物品”象征着我们是谁，我们曾经的模样和想要成为的人。符号、象征性或许是人类最古老、最朴素的价值观之一，如在原始部族社会，吃掉一个勇敢的人意味着获得了他的能量和勇气，这是一种通过“占有”而获得的满足感。商品社会的情况类似，通过消费占有一个产品，从而获得品牌所赋予的意义和价值。

正因为如此，研究者 Schifferstein 和 Zwartkruis-Pelgrim 发现可以通过某种方式，强化人与物的情感联结，来培育用户与产品之间的依附关系。[1] 换句话说，产

1 SCHIFFERSTEIN H N J, ZWARTKRUIS-PELGRIM E P H. Consumer-product attachment: measurement and design implications[J]. International journal of design, 2008, 2(3): 1-13.

品作为一种社会化的“符号”，可以被有效设计和操纵，以达到某种特定的目的。比如刺激人们“喜新厌旧”的消费欲望——正如前文所提及的，或是相反，建立更加稳固的主客联结，达到延长产品生命周期的生态设计目标。

唐纳德·诺曼在《情感化设计》一书中提出了“人与物”关系的三个层面：直觉层、行为层和反思层。直觉层即使用者对产品的外观形象、美感以及第一印象的呈现；行为层是用户与产品之间的交互关系，在功能性、使用性和操作性等方面的体现；反思层是自我形象、个人体验与记忆相关的意义、信息与文化因素的呈现。相对来说，直觉层的感受敏锐且反馈直接，多为发生在购买阶段的“一见钟情”，但也可能随着新的刺激出现而逐渐减弱或转移；行为层的交互体验影响更深远且微妙，会一直伴随着产品的使用过程，良好的操作 / 使用体验会培养使用者的心理惯性并产生对产品的信任与依赖；而反思层的意义建构可以唤醒更深的记忆和情感联结，甚至创造出新的交互语境和故事。这些洞察对于耐久性设计具有重要意义。

显然，物品可以通过自身形象、交互过程、意义和价值建构等多种途径来建立与消费者的情感联结。而只有初始情感存在是不够的，还要不断发展和强化这种亲密关系。Ruth Mugge 在 2007 年具体提出了增强产品黏性（依附性）的四个特征。[1]

（1）**自我表现：**产品表现自我个性的能力。人的本性是热衷于通过服饰与用品来表达自我与众不同的个性。个性化定制产品，或是使用者在某种程度上参与产品的设计、制作，可以充分满足使用者的存在感和介入感，也就能有效强化人与物之间的联结。

（2）**群体归属：**产品体现群体特征的能力。人是社会性动物，与彰显个性的特质一样，人也需要表现对特定群体的依从性和归属感，也就是“从众”的本性。产品作为一种象征物正是最适合的媒介，来表现其拥有者与特定群体的价值认同和紧密联结。比如哈雷一族与皮质夹克和 Zippo 打火机的神秘连接，正是群体归属感的物化体现。

（3）**记忆：**产品留存记忆的能力。有些产品会唤起我们对某件事、某个场景或者某个人的记忆，似乎某些特别重要的信息被那些产品 / 物品记录了，并长久保存下来，而且这种记录还在持续着。对人们来说，这些产品似乎有了特别的意义和重要性，所以不会被轻易废弃。想一想，无论搬了多少次家，我们总会精心保存着的那些物品。

（4）**愉悦：**产品创造美感和愉悦的能力。与诺曼提到的情感化设计的前两个层面有关，这种感受直接而有力。产品的意义体现在拥有、展示与使用的完整体验

1　MUGGE R. Product attachment[D]. Delft，Netherlands：Delft University of Technology，2007.

过程中。产品的外观形态与美学品质，以及出色的使用性和产品质量，这些要素都是产生愉悦的基础，也是影响产品黏性的重要条件。

可以看出，如果赋予产品这些特征，使消费者产生情感上的依恋显然是可以期待的。而如何创造出魅力产品并培养这份“人与物”的情感，则特别需要设计师的同理心和智慧。以下几条具体策略可以有效帮助设计师实现目标。[1]

（1）设计独特的产品：与标准化的大众消费品不同，这是指为用户设计制造难以被复制的独特产品。比如定制版或限量版的产品就是很高明的想法；另外可以利用生产中的不确定性，甚至产品缺陷来创造独特性；数字化制造技术（如3D打印）能真正实现独一无二的设计，将为个人定制产品提供强有力的支持。独特的产品既可以彰显使用者的独特气质和个性，也可以建立特定的群体归属感。如Nike的专属定制服务，宣传语是“用奇思妙想，打造个性运动潮鞋”。为了凸显个性，以及运动、时尚、青春一族的群体象征，Nike允许顾客随意选择款式、颜色、面料进行定制搭配，甚至可以在适当的地方留下自己的签名（图6-13）。

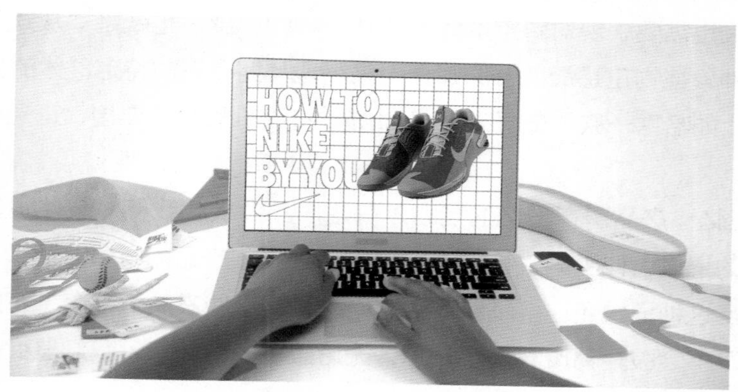

图6-13　Nike的专属定制服务

（图片来源：https://www.nike.com）

1　CESCHIN F, GAZIULUSOY I. Design for sustainability: a multi-level framework from products to socio-technical systems [M]. London: Routledge, 2020.

（2）**设计带有岁月痕迹的经典产品：**选择那些可以彰显岁月与使用痕迹的材料或表面处理工艺，特意强化那种阅历深厚的历史感，追求“反时尚”的平实、经典、永恒的风格。比如Stain的设计巧妙地将使用过程转变为创造过程，随着时间的流逝，反而产生了新的美感，持续激发用户的兴趣（图 6–14）。

图 6–14　使用得越久，杯子内的图案就会越清晰，Stain 通过这种设计使人与物建立了一种情感联系，即使用旧了，也不舍得扔，甚至认为比新的更好
（图片来源：http://www.bethanlaurawood.com）

“SIWA”是日本设计师深泽直人用传统的“和纸”做的一系列包袋设计。特殊的纸材经过处理后非常耐用，能够防水防油，承重也很好。最重要的一点是，这种纸能够记录用户的使用故事，随着使用时间的增加，面料上会出现独特的、复杂的、有美感的纹理，用户的使用过程仿佛是在包袋上作画，是“愈用愈美”的设计（图 6–15）。

图 6–15　深泽直人的 SIWA 包袋设计
（图片来源：http://naotofukasawa.com/）

（3）**设计可以留存记忆与添加故事的产品：**随着使用过程，用户可以对产品添加新的元素或叙事，从而融入个性化的体验与记忆，产品就具有了留存记忆的能

力。机器宠物是很特别的案例，它提供给人们一种出自本性的抚育后代的体验。日本 Groove X 公司于 2019 年推出了一款适合家庭，并具有情感沟通和疗愈作用的机器宠物 Lovot。它不仅外貌憨态可人，而且极为“聪慧”。通过 50 处传感器和深度学习技术，Lovot 可以识别主人，与你交流，还会嫉妒与索取，并对环境做出及时反应。它的质量被精确控制在 3 千克，与一个普通婴儿的体重相当，适合被捧起搂抱（图 6–16）。实际上，Lovot 并非唯一，此前就已经有了诸如索尼 Aibo 机器狗、丰田的 Kirobo、本田的 Asimo 等产品。未来基于 AI 智能化的机器宠物会成为人们的莫逆之交，并记录、学习人类的习惯和情感，在交互过程中逐渐生成了新的记忆和故事。软件可以升级——它会变得越来越聪明；硬件始终是家庭的一员——越来越亲密，不会轻易被逐出家门。

图 6–16　日本 Groove X 公司的机器宠物 Lovot
（图片来源：https://store.lovot.life）

（4）**设计适应需求变化的产品：**鼓励用户随着时间的推移，根据其需求的变化来调整产品。用户因此而成为体验的共同创造者，而不是产品的被动观察者和使用者。[1] 模块化设计方式和可装配式家具是这种策略的典型体现（参见图 6–10 的婴童坐椅）。乐高积木被公认为最经典、最单纯，又是最变化无穷的模块化玩具产品。第一代乐高模块 LEGO Bricks 的专利诞生于 1958 年（图 6–17）。令人惊讶的是，我们今天依旧能使用最新的乐高积木与当年的模块兼容。在适应需求方面，乐高几乎无所不能，远远超出了我们的想象。它可以是玩具，用来制作卡通动物、人物、机器战士高达、伦敦塔、摩天楼或星球大战的飞船；它也可以是教具，用来学习机械原理，搭建传动模型，甚至配合电动马达和传感器，制作可以运动的汽车和机器人；它还可以做日常用品，比如灯具、笔筒、杯垫或装饰品；它甚至可以成为真正的建筑，搭建儿童游乐的洞穴、城堡等（图 6–18）。乐高似乎有一种引发我们童心、想象力、创造力和喜悦的魔力，从而与使用者建立起深深的情感联结（图 6–19）。

1　查普曼 . 情感永续设计：产品，体验和移情作用 [M]. 卢明明，译 . 南京：东南大学出版社，2014.

图 6-17　乐高积木 LEGO Bricks
（图片来源：https://www.lego.com）

图 6-18　乐高积木搭建的“星球大战”飞船“帝国 TIE Fighter ™”模型
（图片来源：https://www.lego.com）

图 6-19　《乐高大电影》（*The Lego Movie*）是一部由玩乐高长大的父亲带着正在玩乐高的孩子一起看的电影
（图片来源：http://www.govtech.com）

（5）用户参与的产品设计、制造与维护：鼓励用户参与到产品的创意设计中，会有效提高产品的个性化程度与日后使用的满意度；用户付出精力参与到装配与制造中（或只是其中的一部分），注入情感到产品中，会显著提升对产品的依恋和好感；让用户参与自己动手的维修活动，可以延长产品的功能寿命，并通过创建个性化的产品来促进对产品的情感依附。该策略的价值还在于使用户体验到满足感与个人成就感。宜家公司与联合国儿童基金会合作，每年举办“毛绒玩具绘画比赛”，用来支持儿童教育项目。全世界的孩子们都可以投稿，最终将遴选出 6 件最佳作品，制作成 SAGOSKATT 系列的最新款毛绒玩具。这些产品真正由孩子们亲手设计，并广受市场欢迎，而最终的获利分享使得更多孩子受益，见图 6-20 和图 6-21。

图 6-20　骆驼、糖果、棕熊、地球人、茄子车和瓢虫，它们都是由年度绘画比赛的孩子设计的（图片来源：https://www.ikea.com）

图 6-21　“我画了一种美洲驼，我喜欢的动物。我告诉我的毛绒玩具永远和你在一起，让你陪伴。给美洲驼很多爱，因为它很特别。”——Christel（8 岁）（图片来源：https://www.ikea.com）

尽管有各种技术手段的介入，但总体看来，实施这些策略更需要设计师对人性的理解和把握，并将自己的真实情感投射到产品设计中。实际上，所谓“情感化设计”正是从消费者的心理因素入手，努力构建更牢固的“人与物”的情感关系，并以此来抗拒消费主义冲击下的冷漠和移情别恋。

6.5　对耐久性的反思

基于情感化的耐久性设计并非总能奏效。比如“人与物”之间的情感依附带有很强的主观性，精准的定制化设计很难适应更普遍的消费者需求，也就是说，对于某些人可能是极具魅力的产品，对于另外一些人来说可能是乏善可陈；另一方面，个性化特征或是自我形象也可能会随着时间、环境以及流行趋势的变化而变化。如何应对这种变化，对于设计师来说无疑是个挑战；此外，对于部分功能性很强的产品（比如洗衣机），情感化设计在使用寿命方面的影响力似乎微不足道。

值得注意的是，并非所有的产品都是使用寿命越长越好，耐久性也并非普适性原则，就像其他任何设计策略一样，“适度”才是最佳选择。对于一些技术发展与迭代快速的电子产品来说，耐久性设计并不合时宜。尽管模块化设计有望实现部分器件的更新或升级，但很多情况下，技术变革是革命性和系统性的，就像早期的手提电脑、移动存储器等产品，根本无法匹配新的系统环境，势必面临被淘汰的命运。对于环境影响主要集中在使用过程中的产品，比如汽车，适时地更新换代是很必要的。汽车的使用寿命大概十年，这期间技术发展迅猛，新车的节能环保性能显然更为出色。可以这么说，如果新产品在节能环保上表现更优异，那么延长老产品的使用寿命反而会加剧对环境的影响。当然，如果只更新内部机器设备，而保有经典的外观形象也是一种有意义的尝试，就像凯瑟琳奶奶一样，将甲壳虫汽车看作与自己相处了 52 年的闺蜜（图 6–22）。[1]

此外，有些临时性物品或一次性物品（如报纸、包装纸、一次性餐具等），与其延长它们的使用寿命，不如应用其他的可持续设计策略——比如数字化出版、可重复使用的包装材料，以及生物可降解材料的餐盒等。

作为一种可持续设计策略，耐久性设计不只是设计师的一厢情愿，而有赖于企业的认同与积极参与。从传统的商业视角看，大多企业并没有动力采用耐久性设计

1　《甲壳虫安妮》的故事：凯瑟琳奶奶 21 岁时购买了一部 1966 款的大众甲壳虫汽车，取名为“安妮”。这辆车已经行驶了 56 万千米，尽管依旧可以驾驶，但已风烛残年。大众北美团队进行了 11 个月的精心修复，更换了 40% 的零件，车子内外都经过精心修整，还进行了一系列现代化升级，使她旧貌换了新颜。源自大众汽车官网：http://newsroom.vw.com。

战略，因为这样做会降低产品更换频率，从而影响产品销量与商业利润。而事实上，更耐用的好产品会占据市场优势，获得相应的口碑和品牌价值；配合适当的产品服务系统设计，耐久性设计会促进企业从单纯销售产品向提供综合解决方案转型，从而获得新的竞争优势与可持续发展潜力。

图 6-22　凯瑟琳奶奶与她的闺蜜“安妮”
（图片来源：http://newsroom.vw.com）

第 7 章　减量化设计

减量化（reduce）是可持续设计策略中最关键的一步，也是最接近源头治理的一步。减量化是在整个生命周期中，通过各种设计手段，降低产品、服务和活动中材料与能源的使用量，以及减少废弃物与有害物质的排放量。减量化设计还具有社会伦理意义，是人们对消费主义的反思，以及对生活方式的自省与精神进化。

“减量化”意味着在整个生命周期内，降低产品、服务与活动中材料与能源的消耗量，同时减少有害物质的排放量。换言之，“减量化”关注如何降低“输入端”的物质与能量消耗，以及“输出端”的污染物排放。正如前文所述，“减量化”这一策略是产品生命周期设计中最关键的一步，也是最接近源头治理的一步。实际上，在应对环境问题的各种设计策略中，如果忽略了源头上的“减量”，那么耐久性设计、重复使用、升级再造、循环再造等手段都将会大打折扣、事倍功半。

换一个角度看，“减量化”还具有社会伦理意义。在经过了消费主义的洗礼后，“减量化”或将具有一种象征性，是人们对现有生活方式的自省与精神进化。拥有上百双时尚鞋子已经不再是一种物质富足的表现了，反而可能被看作一种精神贫乏。技术终将无所不能，人们在享用技术成果以及无限丰富的物质产品的同时，还需要对其保持谨慎和戒备，节制欲望或许是未来可持续生存的决定性要素。[1]

当然，“减量化”决不意味着生活品质的损失。“少即是多”，减少了不必要的材料、能源、人力和资金的消耗，降低了对环境的污染，将会带来新的繁荣、效益与福祉，无论是对国家、企业还是个人而言，都是一种更具长远价值、更有意义的回报。

从设计师的角度看，“减量化”意味着提供给人们更适用且耐久的好产品，充分满足使用者的生理与心理需求，由此减少那些由于产品不适用或不满意而导致的频繁更换与废弃，这与第6章提到的耐久性与情感化设计有异曲同工之处。实际上，这也是设计的初心与最基本的目标。尽管“减量化”涉及价值观的探讨，以及社会、经济、哲学、环境等多个维度的内容，但本章仅聚焦于如何降低环境影响的具体设计策略，即减少生产消费系统中的材料消耗、能源消耗，以及降低污染排放，并提出一些具有启发性的设计建议。

7.1 减少材料消耗

减少材料消耗意味着在整个产品生命周期的各个环节减少材料的使用量。这一

1 尤瓦尔在《人类简史》中同样提到“生态环境恶化并不代表就是资源短缺……在我们的未来，很可能会看到智人坐拥各种新原料和新能源，但同时摧毁了剩下的自然栖地，让大多数其他物种走向灭亡”。尤瓦尔·赫拉利．人类简史：从动物到上帝[M]．林俊宏，译．北京：中信出版社，2017:344.

策略的环境意义显而易见，因为人类的生产活动就是资源输入与废弃物输出的过程（尽管没有真正的废弃物），减少了物质材料的输入量，显然有益于保护日渐枯竭的自然资源；另一方面，任何材料、加工过程和人工都是有成本的，减小了产品体量和材料用量，等于同时降低了材料和加工成本，以及运输负载。从经济性考虑，这显然也是企业追求的目标。

通常情况下，减少材料消耗的设计是从产品的小型化和轻量化开始，直到逐步的去物质化设计[1]，比如利用数字技术或采取服务设计等方式，实现对物质性产品的部分替代。当然，这是一个循序渐进的转型过程，不可能一蹴而就。

技术进步对于减少材料消耗至关重要，尤其是电子技术与网络技术的迅猛发展，导致内部模块变得越来越精致小巧，甚至借助网络云平台，很多内部存储模块可以完全去除，这一切都有助于产品不断瘦身。但是，小型化、减量化本身并不是目的。设计还是要为人服务。使用性（usability）的要求也同样重要，产品体量的减小不能忽视基本的人机工学要求和人的使用习惯。比如从技术角度看，迷你优盘的体量可以小得惊人，但思考一下自己的手指，以及插拔优盘的用力方式就会知道，“小”不是目的，适用才是“好设计”的标准。

以下将针对在产品制造、产品包装、产品使用几个重要环节中的减少材料消耗策略进行探讨。

7.1.1　产品制造

针对制造环节进行减量化设计，对于降低产品的环境影响是决定性的。实际上，大多产品都存在进一步减量化设计的余地，之所以没有改变，主要因为企业缺乏改变的意识和动力，缺乏相关新材料、新工艺的知识，或担忧改变可能带来风险等。因此，政策的鼓励、市场竞争的压力，以及企业追求卓越的内驱力是促成变革的动力。当然，设计的巧妙创意，以及设计师与工程师的通力协作也是重要条件。如 MIO 设计工作室出品的 Bendant Lamp 灯具，就充分体现了“减量化”的设计原则。该灯具利用循环再生的金属材料制造；通过激光切割工艺，最大限度减少了材料的废弃；二维平面的产品形态，将产品运输中的空间占用最小化，同时也节约了包装材料。此外，用户可以通过简单的翻折，创造出自己喜欢的产品造型与光影效果（图 7–1）。

1　去物质化设计 (design for dematerialization) 是一个术语，指在设计中减少总体尺寸、重量和材料使用量，达到降低环境影响的目标。这也是循环经济设计的重要方法。后文将有更详细的介绍。

图 7-1　MIO 工作室的 Bendant Lamp 灯具
（图片来源：https://www.mioculture.com）

（1）开发小而轻的产品：显而易见，在保证功能性和使用性的前提下，尽量开发小而轻的产品，可以有效节省材料；小而轻的设计也有助于降低物流运输的费用；同时，单程中运输更多、更轻的产品也意味着减少了二氧化碳排放，还节省了更多的燃油。

（2）减少部件数量和材料种类：尽量减少产品部件的数量和材料种类不仅可以节约资源、简化制造流程，也意味着在装配和拆解时降低了难度，提高了效率；多一种材料就可能在产品回收处置时，给人工分拣带来麻烦，不利于材料的循环再造。第 4 章提到的赫曼米勒的 Celle 办公椅设计（图 4-7），利用同样材料，经由不同的形态与结构设计，满足了不同的使用功能，这就是减少材料种类的典型案例。

（3）减少复杂性：在产品制造中尽量减少电镀、印刷、烫金、模内印刷等工艺，这些复杂环节不仅会提高制造与回收的难度和成本，也增加了环境影响，尤其是电镀等工艺过程会导致重金属等有毒物质溢出并危害环境。实际上，迎合虚荣与时尚的“过度设计”是造成复杂性的主要原因，因此，通过有环境意识的创新设计完全可以避免或减少这些工艺，并可能创造出新的简约时尚。

（4）优化结构设计：合理、巧妙的结构设计对减量化目标至关重要。比如采用加强筋及折弯结构，就可以有效增加单一材料的强度，从而达到减少材料种类、节约材料使用量、减轻产品重量的目标。

（5）采用仿真系统与模拟技术：借助计算机技术，模拟并预先呈现设计和制造的过程，评估和发现其中的问题并进行优化，从而减少不必要的材料浪费与时间消耗。这类技术已经得到了日渐广泛的应用。

（6）选择合理、适用的生产工艺：合理的工艺不仅可以提高生产效率，也可以减少加工废料和下脚料，从而节约资源。如应用新型的 3D 打印增材制造技术，可以极大减少加工过程中的材料消耗，同时也减少了零部件的数量和材料的种类（图 7-2）。

图 7-2　Joris Laarman Lab 设计的 MX3D 桥，采用金属材料 3D 打印技术，具有极高的强度和独特的造型

（图片来源：https://mx3d.com）

7.1.2　产品包装

包装的基本功能是保证产品在运输和仓储过程中不受损坏，这是延长产品生命周期的重要措施；同时，包装也是体现企业品牌形象与传达商品信息的重要手段。但问题是，包装的核心功能通常被异化为商业营销的手法，比如过度的材料使用、超大的包装体量与豪华的表面装饰等。就像市场上打着文化创意旗号，进行过度包装的月饼礼盒，已经远远超出了产品保护与信息传达的基本需求，而沦为刺激购买欲望与迎合庸俗趣味的商业噱头。所以，好的包装设计不仅是技术性的改进，也是文化的改良。

（1）设计简洁、轻便的包装：在保证功能性的基础上，尽量减少材料的使用，缩小包装的体量，设计更加简洁、轻便的包装。宜家的“平板化包装”就是很好的范例；苹果手机的包装设计也曾经带动了一轮简约化的潮流，可见，产品价值与外观体量并没有直接关联。

（2）设计可以重复使用的包装：本书第 5 章提到，使用后的包装还可以重复利用。这里包括两种情况，一是作为同样用途使用，比如可以重复灌充洗衣液的包装瓶，可以重复使用的快递包装箱、啤酒箱、各类中转箱等；二是作为其他物品使用，比如旧啤酒瓶改造的花瓶（图 5–25）、罐头瓶改造的茶杯等。

（3）**将包装作为产品的一部分：**包装在完成了基本使命之后，可作为产品的一部分被继续使用，比如传统的蛋卷冰激凌、天然谷物制成的咖啡杯（见图 7–12），以及可以作为支架使用的玻璃茶几的外包装（图 5–12）。

（4）**设计便于组合码放的包装：**模块化、标准化或可以相互组合的包装，能够最大限度节约仓储与运输空间。为标新立异而设计的异形包装是很不明智的，除了消耗更多的材料外，还占据更大的储运空间，并且会影响码放的效率。

（5）**使用回收材料制造包装：**大多数包装的功能比较单一，对材料品质的要求有限（食品级包装除外），因此非常适合使用再生材料，当然，最好能够通过有效的回收平台，使包装材料可以被多次循环再生（参见第 4 章）。

（6）**设计一种机制以减少，甚至避免包装的使用：**如果产品是散装或浓缩的状态，会促使消费者重复使用包装。2014 年开业的德国 Original Unverpackt“无包装”生活超市，主要以散装方式售卖当地生产的有机食物，还售卖日用杂货、化妆品等，见图 7–3。该超市彻底摒弃了商品包装，而是引导消费者自带包装，自行按量购买。这样一来既可以降低商品售价，又极大减少了由包装带来的浪费。

图 7–3　德国无包装超市 Original Unverpackt

（图片来源：https://www.stilinberlin.de）

7.1.3　产品使用

不同产品在使用环节的材料消耗差异很大，不能一概而论。如前文所述，家具产品的材料消耗主要集中在制造阶段，而在使用环节的消耗完全可以忽略不计。而另外一些产品，如冲水马桶（水）、吸尘器（滤网）、打印机（墨水或硒鼓）等，在其漫长的生命周期中，对材料的消耗是惊人的。因此，在设计之初就应通过技术、原理、材料以及使用方式创新，尽可能减少这部分资源消耗。当然，部分企业对这种情况漠不关心甚至乐享其成，因为耗材的销售量可以带来更大的商业利润。不过，具有可持续发展眼光的企业会寻求一种商业与环境共赢的解决方案，并可能最终获得竞争优势。

另一方面，使用者的消费方式与使用习惯对于实现减量化目标同样重要。比如，减少纸质文本的打印，尽量使用数字化方式传递文件，以节省纸张与油墨；使用单面被用过的纸张做笔记；利用交换服务平台与他人分享物品；等等。

（1）创新性技术与材料的应用： 新技术、新材料的应用可以有效减少耗材的使用与维护频率。例如戴森吸尘器利用真空气旋式分离技术，革命性地去掉了吸尘袋，真正做到了使用中的零材料消耗，这项技术不仅提高了吸尘效率，也降低了产品的环境影响，同时树立了品牌形象，在市场上获得了巨大成功；此外，纳米材料涂层的创新与应用，极大增加了产品表层的强度和光洁度，减少了产品维护的频次与清洁剂的使用，也延长了产品的使用寿命。

（2）设计小型循环系统： 设计物质流的循环系统或"级联方式"[1]，以促进资源的循环利用。比如 Roca（乐家）公司的 W+W 产品，将洗手盆与冲水马桶进行整合设计，利用清洁用水进行冲厕，大大节约了宝贵的水资源（图 7–4）。相信这类设计在生活中会越来越普及。

图 7–4　洗手盆与马桶一体的 W+W 卫浴产品
（图片来源：http://www.export.roca.com）

1　级联方式是指设计好一条材料再生的路径，使材料逐级循环再生到下一个产品或部件，满足一次比一次更低的需求，直到材料无法再使用而通过焚烧获取热能，从而最大程度地减少材料浪费。详见第 4 章。

（3）**可选择的操作模式或系统：**考虑到用户在真实情景中的多样化需求，提供不同资源使用量的操作选项，避免不必要的浪费。如为冲水马桶设计不同的档位按钮，可根据不同的清洁用水量（大便或小便）选择冲水模式。

（4）**信息技术的应用：**利用传感器等信息技术手段自动识别并选择最佳模式。这是对上一条导则的智能化设计补充，只是将选择权让渡给了技术。在很多情况下，智能化技术的应用不仅方便了使用者，还可以有效节约资源。如自动检测碗碟数量与污染程度，然后控制工作温度和水量的洗碗机等。

（5）**默认设置：**设计时应该充分考虑到人性的弱点，很多时候人们不会自觉选择环保的方式，那么可以将产品的默认设置（default state）确定为最节约材料的模式。比如，将打印机默认设置为双面打印等，这对于引导使用者养成环保习惯极有帮助。

7.2 降低能源消耗

与减少材料消耗相似，降低能源消耗就是在整个产品生命周期的各个环节中，降低能源的消耗量，其重点依旧是产品制造、运输与存储和产品使用等几个环节。相对来说，减少材料消耗是具体的、清晰可见的；而降低能源消耗并没有那么直观，就像LED灯的节能效果很难察觉一样，我们只能经由电表数字的变化来判断。不过，大多数人对于汽车油耗还是很敏感的，因为加油费是实实在在的付出。

从某种程度上看，化石能源造就了人类的现代文明。目前我们在生产、生活中仍主要依赖于不可再生的化石能源，如煤炭、石油、天然气等。页岩油储量惊人，但终究也是要耗尽的；核能技术持续发展，但却争议不断。不过近年来，新型清洁能源的发展速度令人振奋，或许能够缓解人们对能源问题的担忧。按照《人类简史》作者尤瓦尔·赫拉利的说法："工业革命的核心，其实就是能源转换的革命。我们已经一再看到，我们能使用的能源其实无穷无尽。讲得更精确，唯一的限制只在于我们的无知。每隔几十年，我们就能找到新的能源来源，所以人类能用的能源总量其实在不断增加。"诸如太阳能、风能、氢能源、潮汐能、生物能等，未来将会不断涌现更多新的能源形式供人类使用，同时这些能源应该更加清洁、安全。

尽管如此，降低能源消耗依然极为重要，因为我们距离高效获得取之不尽、用之不竭的清洁能源还有一段相当长的时间。未来的技术无法解决今天的问题，我们依旧要面对现实的困境。其次，在新能源发展的初始阶段，成本通常很高昂，并非普罗大众都能够获益。因此，目前能源短缺与获取不公平的情况，依旧是人类面临的主要问题之一。

1. 产品制造

在产品制造阶段，降低能源消耗的主要手段包括选择那些在提炼、加工过程中能耗较低的材料，或通过技术革新不断降低能耗；选择更为高效、环保的制造流程，如工业化陶瓷的生产过程耗能巨大，迫切需要新材料和新技术的升级换代；对于太阳能、风能、生物能等可再生能源的利用尤为重要，应将化石能源的使用量降到最低。对于设计师来说，有必要掌握更多与材料、制造工艺与新能源相关的知识，或经常性地与工程师们深入交流，获取技术进步的最新资讯。

2. 运输与存储

货物运输与存储导致的能源消耗越来越引发关注。从运输来看，不同运输工具的耗能情况差异很大，以长途运输为例，船舶的能耗就要小于火车和汽车[1]，而飞机的能耗无疑是最高的。再看物品的储存，我们很容易理解物质化产品存储所带来的能源消耗、空间占用与管理成本，但非物质化的数据存储同样会带来巨大的成本，“数据中心”甚至被称之为“能耗巨兽”[2]，成为信息时代出现的新问题。这类问题的解决有赖于技术升级与管理水平提高。

不过，在设计阶段采取措施，对于降低储运的能耗来说同样具有价值。首先，减轻产品与包装的体量和重量，设计高储存密度的紧凑型产品，或用户组装式（DIY）的产品，这些措施都可以提高运输效率，减少能源消耗。比如，依靠榫卯结构插接组合的 NUDE 衣帽架，不仅设计简洁、实用、优雅，而且全部产品仅由 6 根棍子组成，包装仅是一个直径 10 厘米的圆形纸筒，在节约材料的同时也大大提高了运输效率，从而减少了运输过程的能耗（图 7–5）。

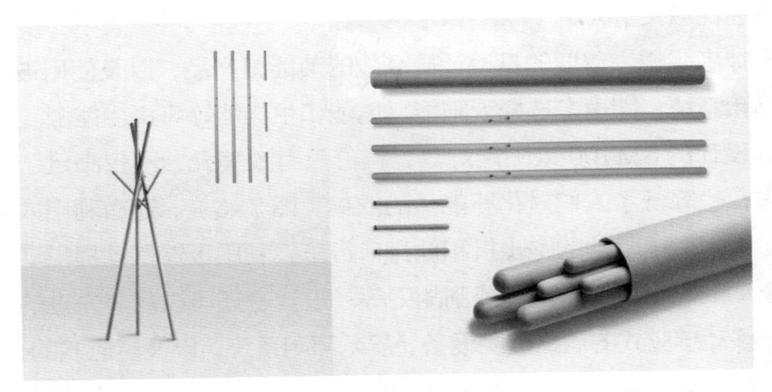

图 7–5　由 6 根棍子组成的 NUDE 衣架，沈文蛟团队设计
（图片来源：https://bddwatch.com）

1　贾顺平，彭宏勤，刘爽，等．交通运输与能源消耗相关研究综述 [J]. 交通运输系统工程与信息，2009，9(3)：6-16.

2　朱妍，姚金楠．数据中心怎成“能耗巨兽”[N]. 中国能源报，2019-07-22(1). 文中提到：“2010 年北京的数据中心总耗电量为 26.6 亿千瓦时，到了 2015 年，这个数字已增至 67 亿千瓦时，占到北京全社会用电量的 7%，去年（2018 年）已经突破 100 亿千瓦时。”

此外，设计一种服务系统，将销售链的运输服务进行拓展与贯通，充分利用物流运力，避免空驶。如某些电商企业在配送商品的过程中，针对消费者处的废旧和闲置物品进行回收服务。采用分布式系统同样有利于降低能耗，比如建构本地化的生产、消费系统，使生产端尽量靠近消费端，从而减少运输里程，这样不仅可以降低能耗，还有利于地方经济的发展。

3. 产品使用

在使用阶段降低能耗，对使用者与设计者都提出了要求。对于使用者而言，掌握更多的节能知识与养成良好的节能习惯同样重要，比如了解不同照明技术的节能效率[1]，从而更明智地选择照明产品。当然，人们的生活方式与使用习惯对能源消耗的影响最为显著，如家庭洗衣机使用的频率、一次洗衣的数量、选择的洗衣模式对能耗的影响，以及驾驶习惯对汽车油耗的影响（急加速、急刹车都会使汽车能耗增加）。

还有一个我们通常忽略的细节就是待机功耗问题，即一些家用电器常态化地插在电源上，即使处于闲置状态，却依旧在耗电。尽管每个电器的能耗微不足道，但无数个家庭中，大量电器长时间的待机功耗是惊人的。美国所有电器的待机能耗累加起来相当于 18 座电站的发电量。此外，微波炉上钟表每天的耗电量比微波炉本身消耗的还要多（大多数家庭微波炉每天使用时间低于 10 分钟）。[2] 对于中国家庭来说，家用电器的数量有二三十种，其中 24 小时长期供电的有路由器、电冰箱、空气净化器，以及内嵌型厨电，等等。据统计，如果每个家庭都及时关闭这些电器的电源，节省的电能可供应东北三省所有家庭用电。[3] 因此，养成及时关闭电源的习惯对于减少能耗意义重大。

对于设计者来说，首要的是设计更高效的节能型产品，以及使用被动式能源的建筑、产品和系统，即更多选择太阳能、风能和生物能等可再生能源。如 Inventid 公司为非洲设计的 SM100 太阳能灯具，售价只有 5 美元，不仅满足了低收入家庭的照明需求，也降低了人们对化石能源的依赖（图 7–6）。还有利用人类自身的生物能，比如人力发电驱动的跑步机和健身自行车，利用手臂摆动提供动力的腕表，发条装置驱动的收音机、手电筒或刮胡刀等。设计者还可以利用先进的智能化控制系统，设计移动感应式的道路照明设备、展示照明系统，以及感应式的公共滚梯等，减少设备空载状态，避免能源浪费；也可以设计能量回收系统，比如利用车辆压载

1　就目前而言，若用 LED 替代传统白炽灯，将节约 90% 的耗电量。LED 球泡灯的节能效果十分明显，在同等光效的情况下，其能耗已经降到的白炽灯的 1/8 和电子节能灯的 1/2。闫凯，宋庆军，王美霞，等 .LED 照明产品光效现状分析 [J]. 中国照明电器，2016(11):31-32,54.

2　谢卓夫，设计反思：可持续设计策略与实践 [M]. 刘新，覃京燕，译 . 北京：清华大学出版社，2011：127.

3　资料来源：2017 年央视公益宣传片《节约——电器待机篇》（http://gongyi.cctv.com）。

路面产生的电能为道路提供照明等；此外，设计者还应思考如何给使用者提供直观的节能提示与诱导，如设计待机能耗的显示界面，以提醒使用者主动关闭电源，降低能源消耗；设计集体使用或共享使用的产品，如共享出租车，因为产品共享与高频次使用，可以大大提高能源的利用率，从而降低能耗。

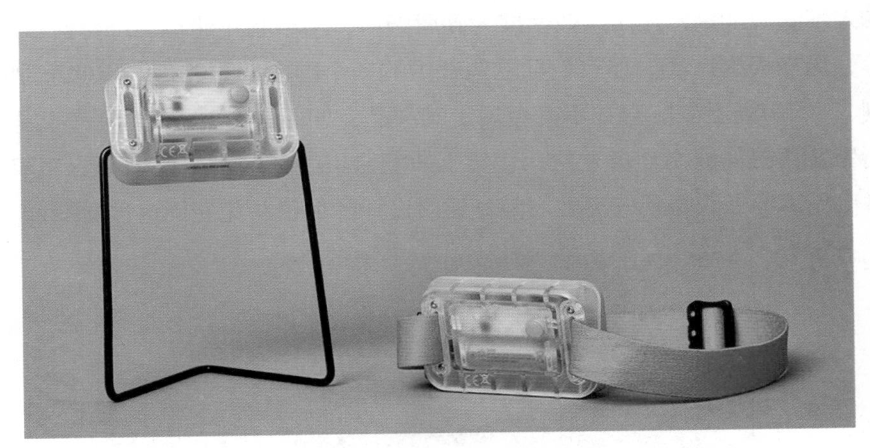

图 7-6　为离网贫困地区设计的 SM100 太阳能灯
（图片来源：https://www.designindaba.com）

7.3　无害化设计

无害化设计（design for disposal）就是最大限度地减少有毒废料、垃圾、污水和有害气体等污染物的排放，以降低环境影响以及对人和动物的伤害。无害化设计的首要策略是选择材料与能源替代方案，以及通过技术创新，不断优化清洁生产的工艺和流程[1]，力图在全生命周期中减少有毒有害物质的使用与排放；此外，还可以通过非物质化设计与本土化策略，降低运输成本与碳排放。

7.3.1　有毒有害物质

一般来说，有毒有害物质包括重金属、甲醛、含氯的清洁剂与溶剂、颗粒物、激素与类激素溶剂、二噁英等固态、液态和气态污染物。事实上，如果监管者和企业不严格把关的话，普通消费者很难甄别这些物质。举例来说，生活中常见的PVC（聚氯乙烯）就可能是一种有毒材料（图 7-7）。部分 PVC 材料在生产过程中添加了

1　如电镀工艺的污染十分严重，其预处理与生产流程中会产生大量有毒有害的废水、废气和废渣，不仅污染环境，对生物也有一定毒害性，甚至致癌。这些毒性物质很难被过滤去除，对工人的健康也存在重大隐患。因此，设计者与工程师应避免选择这类表面处理工艺。参考：邹森林．电镀废水处理的研究进展 [J]. 广东化工，2010，37(8)：142-144.

有毒增塑剂（如邻苯二甲酸酯[1]），该化学物质迁移性高，会在产品使用、废弃、处置过程中渗出，可通过食物、呼吸和皮肤进入人体，扰乱人体的内分泌系统，并具有致癌性。尽管如此，PVC 材料自从发明以来就迅速流行，因为这种热塑性聚合物富有弹性、材质透明、持久耐用，而且价格便宜，可以制作玩具、包装、电缆等产品；如果加入不同添加剂，还可以改性成为硬质塑料，用于制作建筑装饰材料、地板砖、管道等，用途极为广泛。尽管包括欧盟在内的多个国家都对邻苯二甲酸酯制品采取了限制[2]，但市场上依旧存在不符合规定的产品。如何改进 PVC 的生产工艺，以及研发新型替代材料成为当务之急。化学工业领域已经在探索一系列不含邻苯二甲酸酯的替代品。但在取得新的突破之前，建议设计师尽量避免使用这种材料。

图 7-7　有毒 PVC 材料生产的玩具

（图片来源：Google 图片）

“无害化”是一种比较朴素的说法，除了上述在化学成分上有显著的毒性外，无法被自然界降解消纳的安全材料一样具有毒害。比如我们多次提到的塑料垃圾，包括食品级的塑料废弃物，如果在自然界中大量置留的话，同样会给生态系统造成严重危害。根据联合国教科文组织（UNESCO）公布的数据，每年塑料碎片会造成超过 100 万只海鸟以及 10 万多只海洋哺乳动物的死亡。[3] 实际上，任何材料的过量

1　邻苯二甲酸酯能够使塑料变得柔软可塑，但是含有它的塑料玩具制品可能导致生殖器发育异常和精子数量下降，被认为具有生殖毒性和内分泌干扰性。它的健康风险已引起普遍警觉。目前世界各国已经开始采取措施，对添加邻苯二甲酸酯等有害增塑剂的制品进行限制。资料来源：绿色和平官方网站：https://www.greenpeace.org.cn。

2　欧盟 (EU) 在 2019 年 1 月对邻苯二甲酸酯增加了限制性规定，具体要求是 DEHP、DBP，BBP 和 DIBP 四种物质含量的浓度总和百分比不超过 0.1%。由于要使“塑化剂”发挥软化塑料的功能，其浓度通常需要高于 10%，因此这一规定通常被外界理解为一种事实上的禁用。

3　UNESCO. Facts and figures on marine pollution.[EB/OL].[2021-09-16] http://www.unesco.org/new/en/natural-sciences/ioc-oceans/focus-areas/rio-20-ocean/blueprint-for-the-future-we-want/marine-pollution/facts-and-figures-on-marine-pollution/.

使用都可能对环境或动物造成伤害，尤其是在当今大规模工业生产的背景下。中国古人讲“物无美恶，过则为灾”也是这个道理。

此外，人们通常对天然材料有一种亲近感，但实际上有些天然材料对人却是有毒有害的，如部分野生菌类、含生物碱的材料、含有黄曲霉素的食品等；部分天然石材具有放射性；天然石棉在开采和使用中会产生大量粉尘，极易被人吸入，导致肺部病变；等等。还有一种情况是，很多原本无害的天然物质，由于环境改变与处理不当同样会产生危害。比如动物（包括人类）的排泄物，在漫长的自然演进过程中，作为微生物和植物的营养来源，粪便一直是自然生态链上的重要一环，但随着人类社会发展，在日益拥挤的城市社区中，如果处理不当，粪便就会成为公共卫生的隐患，甚至造成严重的传染病流行。[1]

7.3.2　替代方案

替代方案主要指材料与能源两个方面。首先，产品都是由材料组成的，这些材料及其加工工艺决定了产品的大部分环境影响，也直接或间接地影响着我们的健康和生态系统。尽管设计师在重大环境问题上能发挥的作用极为有限，但在选择什么材料和加工工艺上还是具有一定的话语权，如果掌握了足够丰富的材料与工程知识，设计师就可能选择那些环境影响更低的材料和制造方式。但现实情况是，大部分设计师更倾心于“爆款”的创造，关注如何推出新的卖点以及酷炫的形式，而对材料的来源和产品废弃后的去向漠不关心，对制造过程的副产品和污染物缺乏兴趣。不过，随着环境问题所引发的广泛关注，以及企业寻求自身可持续发展的诉求，已经有越来越多的人开始投入新型替代方案的研究与应用。

生物可降解材料（biodegradable material）的迅速发展就是典型例证。这类材料不仅能节约宝贵的不可再生资源，降低环境影响，还可能创造出新的潮流与风尚，对于商业来说也是新的机会，让人充满期待。清华大学美术学院的研究生黄孙杰同学，尝试用蟹壳、虾壳等海鲜废弃物提取甲壳素，然后制成生物可降解材料。由于添加了不同的天然辅料，这些材料可以呈现出坚固、柔软、透明等不同的特性，并可以制成 3D 打印的基材，见图 7–8。

1　在 19 世纪，霍乱作为席卷欧洲乃至全球的“世纪病”，曾 4 次大规模爆发于英国，造成大量人员死亡，是近现代严重的公共卫生危机。英国医学研究者约翰·斯诺 (John Snow) 发现，致病源是霍乱弧菌通过人类排泄物渗透、排水管泄漏、水源污染而传播四散。于是，英国于 1859 年历时 6 年修建了完备的城市下水道系统，由此杜绝了粪便对于水源的污染与疾病传播。见：卢明，陈代杰，殷瑜 . 1854 年的伦敦霍乱与传染病学之父——约翰·斯诺 [J]. 中国抗生素杂志 ,2020,45(4):347-373.

图 7-8　甲壳素材料研发
（图片来源：黄孙杰）

利用食物加工中的废弃物制造新型可降解材料是个一举两得的好主意。很多人并不知道，咖啡豆从离开农场到在咖啡壶里被煮好，有 99.8% 的成分最终沦为废弃物（包括新鲜的果肉与煮制后的咖啡渣），只有 0.2% 被人们摄取。[1] 香港的林纪桦先生在 OOObject 项目中就大量利用食物废料进行产品设计与开发。如使用咖啡渣、核桃壳、龙虾壳、生物降解化合物和猪鬃毛制成的 Cello 浴擦（图 7–9），该类产品不仅具有良好的功能性，还可以在一定温度、湿度的土壤环境中做到 100% 降解。

图 7-9　食物废料制成的 Cello 浴擦
（图片来源：林纪桦）

在包装设计领域应用生物可降解材料的环境效益明显。当然最佳方案是避免一次性包装，但很多情况下这是很难做到的，如医疗和食品领域的包装。因此，使用生物可降解材料是明智的选择。比如意大利设计师 Emma Sicher 将果蔬废料与发酵菌结合起来，设计的一次性包装材料。她利用果蔬废料提取微生物纤维素，经过烘干处理后，形成类似纸或塑料的半透明柔性材料。使用这种材料制作的包装袋在生产过程中只需要很少的能量和资源，最终包装废弃后还能成为滋养土壤的肥料

1　鲍利 . 蓝色经济 2.0：给罗马俱乐部的最新报告 [M]. 薛林，扈喜林，译 . 上海：学林出版社，2017：81.

（图 7–10）。类似理念的设计还有利用本地废弃的块根、水果、蔬菜等原料制造的 SCOBY 包装袋，除了具有良好的性能外，还是家庭堆肥的好材料（图 7–11）。还有孩子们都熟悉的糖果包装中的糯米纸、冰淇淋外的玉米烘烤包装杯，以及天然谷物制成的咖啡杯（图 7–12），等等。这些包装既具有功能性，又避免了废弃物产生，同时还是美味食物的一部分。在第 8 章“向自然学习的设计”中将会介绍的菌丝体材料，同样是未来产品与包装材料的极具潜力的替代方案。

图 7-10　“从果皮到包装”的设计

（图片来源：https://www.dezeen.com）

图 7-11　SCOBY 生物材料包装

（图片来源：https://cleantechnica.com）

图 7-12　委内瑞拉设计师 Enrique Luis Sardi 为意大利咖啡公司 Lavazza 定制的可食用咖啡杯，由天然谷物淀粉制成

（图片来源：https://www.sardi.com）

当然，我们也不能对“材料”抱有过多幻想。因为即使材料本身是无害的，其生产过程中还是可能产生负面的环境影响，如造纸过程中可能产生水质污染；竹板材生产可能有黏合剂问题（有毒有害的添加剂）以及耗能问题；等等。对于新型的生态材料，即使对材料来源、添加剂与生产过程都严格把关，也有可能因为不恰当的使用与处置造成环境问题。如应用日益广泛的生物基材料聚乳酸树脂（PLA），尽管理论上用这种材料制成的产品能够在 75~80 天内完全分解成为水、二氧化碳和有机物，但实际情况却是需要一定温度、湿度和微生物参与等苛刻条件才能达成，而在自然条件下很难降解。[1] 此外，将大量宝贵的粮食作物（如玉米）用来制造生物塑料，无论从环境、社会与经济角度看都存在很大争议。[2] 总之，材料替代方案应该从生命周期的完整过程中进行评估，并且要拓展到产品系统的设计中。

另一方面是能源替代方案。有关能源的话题已经在前文中提及，实际上，节能与减排的讨论通常是连带一起，难以分割。可再生能源种类繁多，包括太阳能、风能、水利能源、潮汐能、氢能源、生物能，等等。随着技术进步与成本降低，这类清洁的可再生能源将会得到广泛使用，从而有效减少污染物与温室气体的排放。利用太阳能与氢动力的交通工具是清洁能源应用的典型案例。

Serpentine 是一艘太阳能驱动的游船，从 2006 年起在伦敦海德公园的湖面上运营。该游船由 Christoph Behling 设计事务所设计，27 块菱形分布的曲面太阳能板为其提供能源，并构建出船身的优美造型，简洁、通透，具有技术感，而且行驶起来极为宁静，对环境没有噪声干扰，也不排放任何污染。与传统的燃油动力相比，Serpentine 每年可以减少 4900 磅（约为 2223 千克）二氧化碳产生（图 7–13）。

但值得注意的是，这类替代性能源同样可能对环境带来负面影响。尽管可再生能源本身是清洁的，但获取能源的设备仍然会消耗资源并产生排放。比如，太阳能在使用过程中具有无可比拟的环境优势，但太阳能电池板的生产过程（如多晶硅的提纯）却会产生有毒物质排放，以及对水环境造成污染；还有电池板中的铝合金、钢材、电缆等辅助材料对资源的消耗，以及在加工过程中所造成的环境影响。电动车是国家环保战略的重要组成部分，但电动车使用的能源可能来自于传统的煤炭或石油，那么在能源生产过程中同样会消耗不可再生资源并产生污染物排放；此外，

---

1 EMADIAN S M，ONAY T T，DEMIREL B，Biodegradation of bioplastics in natural environments[J]. Waste management，2017，59：526-536.

2 PLA 和其他淀粉基塑料的生产依赖粮食作物，包括土豆、玉米、甘蔗或木薯等，可能会为当地带来诸如毁林、破坏自然物种栖息地、占用农业用地等问题。虽然塑料产业在研究使用农业废弃物（玉米秸秆、甘蔗渣等木质纤维素）或废气（二氧化碳、甲烷）作为原料，但在短期内粮食作物仍然会是主要原材料。若以温宗国教授的估算，未来五年中国的生物可降解塑料累计需求量达到 2200 万吨，若全部使用玉米淀粉生产的 PLA，意味着制造塑料的玉米需求量将达到中国 2019 年玉米总产量的约 20%，需要占用中国粮食播种面积的 7%。资料来源：绿色和平 . 破解“可降解塑料”：定义、生产、应用和处置 [R/OL].(2020-12-30) [2021-09-16]. https://www.greenpeace.org.cn/degradable-plastics-report-20201230.

图 7-13　Christoph Behling 设计的 Serpentine 太阳能游船
（图片来源：http://christophbehlingdesign.com）

电动车废弃电池的污染同样令人忧虑。风力发电虽然没有这样的问题，但体量巨大的风力发电机，会对地貌景观带来巨大的改变；叶片的气流与风轮尾轮产生的噪声会对附近居民产生影响，并对迁徙鸟类造成伤害；还有在制造、运输、安装、维护、废弃后处置过程中的巨额成本与材料消耗。

事实上，只要人类生活在地球上，完全消除环境影响就是不可能的。我们所能做的就是尽量减少无谓的消耗与浪费，并努力探索更智慧的系统解决方案。寻找替代材料与能源的宗旨应是以“功能单元”的视角，从全生命周期进行评估与选择。同时也不要被冠以天然、绿色或生态的各种概念和术语所误导，在某些情况下，如果使用塑料（如 PET、PE-HD）极大延长了产品寿命，或为更多人提供了服务，最终又易于循环再造，那么或许比某些生态材料更具有可持续性。

7.3.3　非物质化设计

前文提到，“减量化”的极致手段就是非物质化设计，即采用信息技术（也称数字化）或服务方式替代传统的物质化产品。自 20 世纪 90 年代以来，随着数字技术的发展，去物质化不再仅停留在观念上，经济发展也不再仅依赖物质化产品的生产和销售，而是转向为消费者提供有价值的信息与服务。早在 20 世纪 70 年代，美国可口可乐公司就开始采用发送配方的方式进行国际市场拓展了。时至今日，数字化已经给这个世界以及人们的生活方式带来了巨大的变化，我们不用再去购买唱片或磁带，无须订阅杂志，甚至外出不用携带钱包和银行卡。相对于早年需要邮寄并逐页翻看的纸质信笺，电子邮件、社交软件与手机极大提升了人们之间的沟通效率，我们每个人都变得“无所不在”。当然在某种程度上，数字化技术也消解了情感酝酿的时间感和仪式感，使生活变得过于匆忙。今天，数字时代的“原住民”们已经无法想象他们父母一代的生活了，他们从小就习惯了各种数字化的娱乐和交往方式，网络音乐、电子书与杂志、电子邮件、社交软件，等等。对他/她们来说，这一切如此司空寻常，就像鱼儿生活在水中一样。

可以想象，如果我们对智能化、数字化技术善加利用，将有助于达成环境可持续的目标。比如利用人工智能 AI 辅助设计，将会更为精准地满足用户需求，减少盲目试错造成的浪费，从而有效提高资源利用率；3D 打印技术不仅可以满足个性化定制的需求，还会避免生产过程中的废料产生，并可以通过数字文件传输，实现在地化、分布式制造产品，从而减少物流运输造成的碳排放。

当然，数字化并非就意味着降低了环境影响。数字化办公可以有效提升信息共享的效率，并减少打印带来的纸张和能源浪费，但事实是，数字化使得打印变得更为方便，反而造成了更大量的纸张消耗。所以，使用者的环保意识是最核心的要素。

此外，服务设计是以非物质化的方式满足用户需求的另一种重要手段。从根本上讲，消费者需要的是一种“功能”，而不一定是有形有相的、耗费资源的物质化产品。就像我们需要音乐和娱乐，而不一定要唱片或磁带；需要阅读和精神营养，而不一定是纸质书籍和杂志；需要移动出行，而不一定拥有私家车一样。服务设计（匹配上数字化技术）便可以提供这些“功能”，满足使用者的需求而非向他们推销物品，如租赁服务、共享交通等。有关产品服务系统设计的内容参见第 9 章。

7.3.4 本土化策略

尽管通过数字化与服务这样的方式可以有效减少资源消耗，但很多情况下，物质化的产品还是无法彻底避免的。因此，本土化（localization）策略就显示出独特的价值。对应本土化的理念是全球化。从 20 世纪后半叶开始，随着自由贸易与信息技术的发展，全球化浪潮曾经势不可挡。弗里德曼于 2005 年出版了《世界是平的》一书，尽管他也提到了传染病、恐怖主义等挑战，但总体上为全球化的未来赋予了一种优势互补、世界大同的乐观想象。不过，近年来全球化的理念遭遇到质疑，其拓展的步伐日益放缓，而本土化策略再一次被广泛认同与接受。**有一种流行的看法是，如果从环境友好角度看，你购买的食品产地离自家越近越好，如果是自己种的就再好不过了**。21 世纪初开始在中国流行的 CSA 农场模式，就是对传统大规模工业化的农业生产方式的一种对抗或补充，很多市民参与到了新型的自给自足的生活体验中。

本土化的魅力源自两个方面：第一，离产品源近，购买方便，且无须长途运输，相当于节省能源，降低排放量；第二，支持本地商户，肥水不流外人田。本土化的优势显而易见，不仅涉及食物生产，也包括其他产品的加工制造，以及能源供应。

使用当地的分布式能源系统，如太阳能、风能或水力发电等，可以有效降低集中式供电在能源传输过程的损耗与环境影响（有关讨论详见第11章）。

但本土化也并非无可置疑。因为环境影响要综合考量，距离远近确实可以影响产品在配送、服务和回收处置过程中的能源消耗与碳排放，但这不是唯一因素。我们应该思考的是，任何产品都适合本土化策略吗？尽管全球化存在诸多不完美之处，但在已经形成的全球产业链中，脱钩谈何容易。事实上，排除了文化因素，人们的基本需求是极为相似的，我们都需要食物、服装、玩具、家用电器等物品，但并非哪里都适合种植和生产这些物品。环境是有差异的，所谓南橘北枳正是这个道理。非洲缺水地区不适合种植稻米，北欧地区不适合种植橄榄，相对于江南地区，内蒙古、新疆等地更适宜放牧……这些环境限制因素使得有些产品在本土化生产方式下的成本和碳足迹要明显高于其他地区。此外，在某些靠近原材料产地，并且人力资源丰富的区域进行规模化生产，显然更有利于资源管理与提升生产效率。可见，没有绝对正确的解决方案，本土化策略只是对似乎不容置疑的全球化体系的去魅过程与重要补充。

7.4 对减量化设计的反思

以上探讨了有关“减量化”的设计策略，包括如何减少材料与能源消耗，降低有毒有害物质的排放，选择更好的替代性方案，以及数字化、服务化、本土化方式等。毋庸置疑，这些技术层面上的措施和建议是有意义的，但对于可持续设计来说并不充分。实际上，“减量化”是前文提到的诸多设计策略的基石，并与后文聚焦社会、经济维度的设计策略相互联动、融合，指向一个更成熟、更有责任感、更可持续的社会目标。要达成这个目标取决于政府、企业与消费者各方的共同努力。其中，除了政策的规范与导向以及技术性的手段外，企业发展模式的转型尤为重要。我们会经常批评“购物疗法”[1]，以及消费者喜新厌旧所造成的大量浪费，而这种非理性的消费欲望是商业社会刻意营造的结果，是企业驾轻就熟的营销手段。**企业借助创意精妙并极具感染力的产品广告，把商业的目标潜移默化地植入到消费者头脑中，幻化成他/她们内心的愿望。消费者在尽情购物中彰显“自我”时，实际上在成就着资本的逻辑与商家的愿望。在这种不断重复的购买与废弃中，大量宝贵资源被消耗，**

1 购物疗法（retail therapy）指为了调整情绪或精神状态而进行的购物行为。购物可以填补一个人生活中的某些情感真空。购物的冲动在某种程度上是一种生存本能。回溯到人类以狩猎和采摘为生的阶段，当人们看到他们想要的东西时就会抓住它，即使他们并不需要，因为很可能他们以后就不会再碰上了。这期间购买的物品被叫做“安慰购买品”。这种无意识的冲动性消费行为是可以通过商业设计得到有效刺激和鼓励的。

环境被污染。柳冠中先生曾谈到“时尚都是短命鬼”，虽然有些尖锐，但也切中要害。想一想你家中有多少被遗忘的服饰，以及尘封的日用品、健身器、玩具或电器？比如一时兴起购买的时尚厨房用具——榨汁机、酸奶机、破壁机、自动面条机和面包机，等等，这些产品从兴起、流行到迅速被遗忘就是例证。总之，传统的商业模式就是对人们实施“催眠术”，不断创造出更大的失望与不满足，以获取消费者的持续购买。显然，随着环境影响的加剧，这场商业盛宴已近穷途末路。而如何转变这种模式，减少对物质产品的依赖，同时还能保证企业获得可持续发展的空间，产品服务系统设计或将是转型的重要方向（参见第 9 章）。

对于消费者来说，这也是一个不断成熟与觉醒的过程。人是理性的动物，并具有长远的谋划和反思精神。随着精致、简约、高品质生活方式的流行，设计师将面临新的挑战和机遇。想一想我们还能够为大众提供些什么？除了快销品，还有哪些经久耐用的产品、服务、体验、情感、故事与梦想？

“减量化”绝不意味着贫乏或敷衍，反而应是更高品质、更高维度的发展方式与生活态度。从根本上讲，这意味对“大批量制造、大批量消费、大批量废弃”传统工业化发展模式的彻底反思和变革。仅依靠刺激物质化产品消费，寻求粗放型发展的思路是不明智的，因为资源消耗与污染物排放必然会同时发生。只有从源头上减量，从发展模式上转型，才有望接近可持续社会的理想。

第 8 章　向自然学习的设计

自然界经过 38 亿年的演化，将地球塑造成今天的样子。这个过程经历了无数次的“设计”、修正、选择与删除（淘汰）。尽管人类还无法领会大自然的本质，但对自然造化的基本法则和运作逻辑依旧能够管窥一二，比如“适应”“效率”与“相互依存”。无疑，如果要学习可持续设计的话，自然才是我们最好的老师。从材料、形态、结构、原理和系统上对自然的模仿与学习，正是设计师在此理念下的探索与实践。

“万物来自万物；万物由万物所造；万物转化为万物，因为在元素中存在的一切也都是由这些元素组成的。”[1]——莱昂纳多·达·芬奇，《大西洋古抄本》（*Codex Atlanticus*）

自然界经过了38亿年的演化，将地球塑造成今天的样子。这个过程经历了无数次的设计、修正、选择与淘汰。面对环境差异与时空变换等各种极限挑战，大自然给出了精妙绝伦的解决方案。这项宏伟的工程亘古至今从未停止，就在你翻开这页纸的一刻还在进行中。尽管人类还无法领会完整的设计意图，但对自然造化的基本法则和运作逻辑依旧能够管窥一二，比如“适应”“效率”与“相互依存”。[2]大自然比我们任何人都清楚，什么设计是最靠谱、最适用和最持久的。[3] **无疑，如果要学习可持续设计的话，自然才是我们最好的老师。**

显而易见，地球是一个封闭的系统，除了陨石撞击以外，现阶段很难将新物质引入这个系统，或是将系统中的某些东西带走。[4]所以科学家、环保人士都经常强调，这些有限的资源是如此珍贵，对人类的生存与发展具有重要的价值。实际上，自然界中没有任何东西是被“浪费”掉的，但反观我们的人造世界，恰恰违背了这个自然法则，才造成了日益严重的生态灾难与环境危机。进入21世纪以来，科学与技术的不断发展，使得人类有机会更进一步窥探自然中的奥秘，学习其中的生命智慧。大自然向我们展示出如何利用最少的资源，经过简单且巧妙的设计或组合，实现先进、复杂的系统与结构，从而形成相互依赖的关系和具有反馈机制的闭环网络系统。基于这种领悟，大量以自然为启发的设计研究与创新实践不断涌现，并吸引了越来越多的研究者、设计师、工程师和企业家的兴趣与关注。因为在大自然的运作模式中，我们有望找到化解危机的答案以及通向可持续未来的路径。

本章不涉及人类文化与宗教意义上自然崇拜与模仿活动，只是从可持续设计的角度，概述人类向自然学习的历程，并介绍与“仿生设计”相关的各种概念、方法，以及有代表性的设计案例。

---

1 摘自阿肖克·科斯来(Ashok Khosla)为《蓝色经济2.0》（冈特·鲍利，2017）一书所写的序。

2 MYERS W. Bio design-nature · science · creativity [M]. London: Thames & Hudson Ltd, 2018: 10-125.

3 BENYUS J M. Biomimicry: innovation inspired by nature [M]. New York: William Morrow & Co, 1997.

4 KAPSALI V. Biomimetics for designers-applying nature's processes & materials in the real world[M]. London: Thames & Hudson Ltd, 2016: 8-217.

8.1　设计中的自然史

人类寻求自然、和谐与美的内在形式可以追溯到古罗马时期的《建筑十书》[1]，书中不但总结了人体的比例及规律，还首次把人体比例应用到建筑丈量中。诗人歌德（Johann Wolfgang von Goethe）也被自然深深地吸引着，在《植物变形记》（*The Metamorphosis of Plants*）中，他描述了植物在不同时期呈现的不同形态，尝试总结植物生长变化的本质规律，并提出“一切形态皆类似，彼此各个不相同”[2]的观点（图 8–1）。

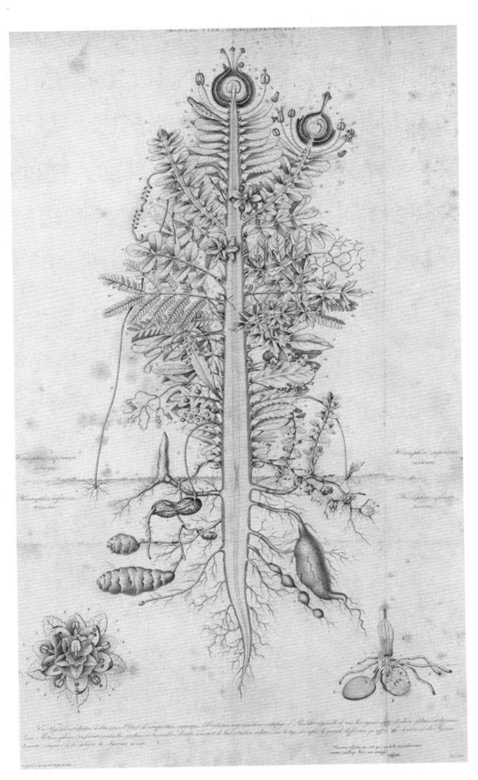

图 8–1　植物原型：歌德请植物学家皮埃尔 · 让 · 特平（Pierre Jean Turpin）绘制了想象中的综合植物

（图片来源：https://de.wikipedia.org/wiki/Urpflanze）

1　《建筑十书》（*De Architectura*）由马尔库斯 · 维特鲁威 · 波利奥 (Marcus Vitruvius Pollio) 写于公元前 1 世纪末，他在书中为建筑设计了三个主要标准：持久、实用、美观 (firmitas，utilitas，venustas)，维特鲁威认为建筑是对自然的模仿，正如鸟和蜜蜂筑巢，人类也用自然材料造建筑物保护自己，为了建筑美观，先后发明了多立克柱式、爱奥尼柱式和科林斯柱式，并且一定要依照最美的人体比例设计和建造。

2　德语原文：Alle Gestalten sind ähnlich，und keine gleichet der andern.(V.5) *Die Metamorphose der Pflanzen*.HA，Bd.1，S.199.（歌德在科学论文《植物变形记》中为植物确立了一个具有普遍意义的形态——叶子，他认为一切植物形态都是叶子器官的变形产物。）虽然植物的形态各异，但实际上它们都有一个类似的形态，即原初形态（德语：Urgestalt），而被描述的对象则是原初植物（德语：Urpflanze）。参考文献：曾悦 . 歌德的自然哲学思想——以论文《植物变形记》与诗歌《植物变形记》为例 [D]. 北京：北京大学，2015.

人们对自然的观察和模仿在19世纪末到达了高峰，新艺术运动（Art Nouveau）就是典型代表。设计师们沉浸在自然花草提炼出的流畅线型与花纹图案中，并将其应用在建筑、家具、产品、首饰、服装、书籍装帧等设计中。追根溯源，新艺术运动的多位艺术家都受到德国自然学家和生物学先驱恩斯特·海克尔（Ernst Haeckel）工作的启发。[1] 这位科学家也是一位哲学家和艺术家，他在19世纪末出版的《自然界的艺术形态》一书中，细致地描述了数千种新物种，并包含了100幅各式生物的手绘图片（图8–2），对20世纪早期的绘画、建筑和设计有极大的影响。[2] 此后不久，在1917年，苏格兰生物学家达西·汤普森（D’Arcy W. Thompson）发表了一本划时代的著作《生长与形态》（*On Growth and Form*）。书中探索了物理规则对于生物外形的影响，并发展出一种研究生物进化和成长的新方法。比如，为什么一条鱼会依据其生长环境“构建”自身的形态？是为了应对水的压力，还是为了能在捕食者面前逃离，或是为了节约能量。[3] 其实，物种形态是自然选择的结果，不仅是形式与功能的完美结合，也呈现出几何学的规律与法则，[4] 如软体动物的等角螺线、斐波那契数列（黄金分割数列）以及泰森多边形等（图8–3）。

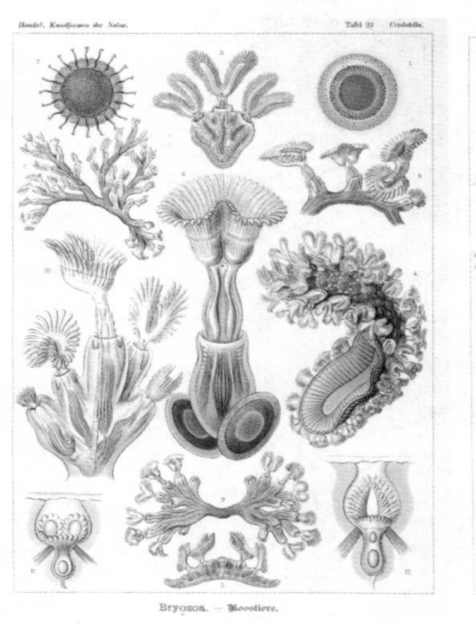

图8–2　恩斯特·海克尔绘制的插图

1　全名为恩斯特·海因里希·菲利普·奥古斯特·海克尔 (Ernst Heinrich Philipp August Haeckel)，德国生物学家、哲学家、艺术家，在19世纪末出版《自然界的艺术形态》（*Kunstformen der Natur*）插画图鉴，新艺术运动的多位艺术家都受到此书的影响。

2　MYERS W. Bio design-nature · science · creativity [M]. London：Thames & Hudson Ltd,2018.

3　《生长与形态》一书使用数学语言和物理学视角来解释生物外形的成因，作者认为“引力”对生物的外形产生了决定性的影响；但如不考虑物理上力对生物形态的影响，生物则选择“理想几何学”的最优形态来解决自身形态学的问题。这时生物形态则成为数学问题，生物形态会在保持原本功能的同时选择最集约、最有效的外形。参考文献：富尼耶．当自然赋予科技灵感 [M]. 潘文柱，译．南昌：江西人民出版社，2017：7-16.

4　分形理论 (fractal theory) 的数学基础是分形几何学，即由分形几何衍生出分形信息、分形设计、分形艺术等应用。

图 8-3　符合斐波那契数列生长规律的宝塔花菜、鹦鹉螺

（图片来源：百度百科）

20 世纪早期，在弗兰克・劳埃德・赖特（Frank Lloyd Wright）、阿尔瓦・阿尔托（Alvar Aalto）和路德维希・密斯・凡德罗（Ludwig Mies van der Rohe）等建筑大师的作品中，对从自然中获得灵感和启发保有一致的兴趣。他们专注于室内与室外空间的整合设计、自然材料的使用和结构的表达，将建筑视为更大整体的组成部分，服务于环境的营造。“二战”之后的日本也出现了较大规模效仿自然的想法，丹下健三等多位设计师认为，城市和建筑不应是静止的，应该像生物新陈代谢那样，是一个动态生长的过程[1]，如引进对时间的思考，并明确各个要素的周期。黑川纪章设计的中银胶囊大厦是“新陈代谢派”建筑最为知名的代表作，如图 8-4 所示，该建筑共包含了 140 块预铸建筑模块，每一个独立单元都可以被更换。[2]

图 8-4　日本“新陈代谢派”建筑最为知名的代表作中银胶囊大厦

（图片来源：https://sabukaru.online）

1　“新陈代谢派”是建筑界中的流派，出现于 20 世纪 60 年代的日本。新陈代谢派认为从宇宙到生命，都有新陈代谢过程，人们的任务是促进这种新陈代谢的实现。他们发表了“新陈代谢 1960 宣言”。他们强调事物的生长、变化与衰亡，极力主张采用新的技术来解决问题，反对过去那种把城市和建筑看成固定地、自然地进化的观点。认为城市和建筑不是静止的，它像生物新陈代谢那样是一个动态过程。应该在城市和建筑中引进时间的因素，明确各个要素的周期。

2　黑川纪章是丹下健三的学生，在设计思想上受其影响很深，他所设计的中银胶囊大厦是“新陈代谢派”建筑最为知名的代表作。该建筑总计由 140 个胶囊堆叠在一起，以不同的角度绕着中心核旋转，总共有 14 层楼高。每一个单元仅靠四枚高张力螺钉安装在混凝土中心核结构上，这使得单元可以被替换。每一个胶囊尺寸为 4 米 ×2.5 米，可以给一个人提供足够舒适居住的空间。

在 20 世纪 60 年代的环境运动和 70 年代的能源危机之后，人们对于人工建筑与工业产品所造成的环境影响有了更深刻的认识，催生了诸多以适应自然、保护环境为宗旨的理论。20 世纪 60 年代“仿生学”开始作为一门学科诞生，随着技术的发展与应用领域的拓展，先后出现了不同流派，逐渐形成了一系列模仿自然的设计理念。1974 年，生物学家巴里·康芒纳（Barry Commoner）在《封闭的循环》一书中，第一次将自然、人与技术联系起来，从生态学维度分析环境危机的根源，揭示了技术发展对自然生态圈的粗暴干预，并提出了著名的“生态学四法则”[1]，他也因此被称为现代环保运动的“创始之父”。[2]

起源于 20 世纪 70 年代的“朴门永续”（permaculture）是一整套的生活设计体系，由澳洲生态学家比尔·莫里森（Bill Mollison）和戴维·洪葛兰（David Holgren）提出，可以说它是一个支持地球生态可持续发展的系统[3]。permaculture[4] 一词结合了永久持续的（permanent）、农耕（agriculture）和文化（culture）这三个词的含义，朴门永续的理念最早用于农业方面，与传统农业种植不同的是，朴门永续是从系统论的角度出发，在关注农业技术的同时，更注重去分析系统内部各元素的特性与潜在关联，将技术、建筑、动植物等因素组合成一个可自行演替的能量循环系统，致力于为所有生命生长提供永续的环境。[5] 如今，朴门理念的应用范围不断扩大，主要分为朴门农业、朴门设计和朴门文化三个方面。朴门设计可以理解为一种基于朴门理念的设计系统和设计方法，致力于通过与自然合作而不是对抗的方式满足人们生活所需。

在产业设计方面，美国通用汽车公司的罗伯特·福罗什（Robert Frosch）和尼古拉斯·加洛普罗斯（Nicholas Gallopoulos）1989 年在《科学美国人》（*Scientific American*）上提出了“工业生态学”的概念。其核心观点是，工业过程可以仿效生态系统进行设计，其中每一种废弃物都成为另一个过程的原材料。本书多次提及的“生命周期分析”也是其重要的分析方法。工业生态学的循环系统观点对后世影响深远。

1997 年，珍妮·班娜斯（Janine Benyus）出版了《生物模仿：受自然启发的创新》（*Biomimicry: Innovation Inspired by Nature*），该书强调人类从自

1 生态四法则：每一种事物都与别的事物相关（互为联系的生态系统）；一切事物都必然要有其去向（自然中不存在废物）；自然界所懂的是最好的（自然规律是根本）；没有免费的午餐（获取与付出密切关联）。见：康芒纳 . 封闭的循环——自然、人与技术 [M]. 侯文蕙，译 . 长春：吉林人民出版社，1997.

2 KRIER. J E. The political economy of Barry Commoner[J]. Enviromental law，1990，20：11-33.

3 参考朴门永续的网络课程：https://www.discoverpermaculture.com/permaculture-masterclass-video。

4 permaculture 是合成词，有人译成“永续耕作”或“永续文化”，中国台湾学者常译成“朴门永续”。

5 胡文雪，朱润云，周建稳，等 .“近”自然与“敬”自然——朴门永续发展理念在云南大墨雨村的乡村建设实践与讨论 [J]. 云南农业大学学报（社会科学版），2019，13（3）：88-93.

然中学习，而非从自然界中提取，所提出的生物模仿理论和方法对可持续的设计创新具有重要启发和促进作用。基于相似的理念，建筑师威廉·麦克唐纳（William McDonough）和化学家迈克尔·布朗嘉特（Michael Braungart）在 2002 年出版《从摇篮到摇篮》一书中，从樱桃树的生长模式谈起，阐释了世间万物并非是单向的、孤立的、从生到死的线性过程，而是互为滋养、相互依存的共生状态，从而为人类的建筑和工业领域，提出一种可能的“循环经济”发展之路。

上述历史中的观点、事件和人物都试图提醒我们，自然不是仅仅为人类提供资源而存在的，而应成为我们学习的楷模。发现并揭示自然生态系统的法则与规律，可能启发我们去创造更可持续的新世界。实际上，人类文明的演进始终是向自然学习的过程，在未来，有赖于数字化、智能化技术的发展，向自然学习的深度和广度都将会得到极大拓展。

8.2　学习自然的设计策略

古往今来，人类从自然中获取设计灵感的例子不胜枚举，比如鲁班受锯齿草的启发发明了锯子；鸟类的流线型体态和羽翼形状启发了飞机与机翼的设计；牛蒡植物种子上烦人的钩子结构启发了尼龙搭扣的发明；荷花叶面的凸起结构启发了疏水材料的发展；壁虎脚的微观结构启发安德烈·海姆（Andre Geim）教授团队发明了干胶带。还有印度梅加拉亚邦（Meghalaya）山区盛行的“树桥”[1]，它不仅会随时间推移自行生长，而且还越长越强壮，最终与自然融为一体（图 8–5）。莱昂纳多·达·芬奇（Leonardo da Vinci）的飞行器也深受飞鸟形态的启发（图 8–6）。[2] 其实，在设计师的工具箱中，模仿自然或从自然类比中获得启发并不是一种新的方法，人类一直试图发现自然界中的规律和法则，并从中寻求创造性灵感的来源。

1　也被称为活生生的桥 (living bridge)，足够的强度和耐久性，最小程度地打扰自然，仿佛一切都没有改变。“树桥”不仅会随时间推移自行生长，还越长越结实，就连建筑师都惊叹为工程奇观。

2　《大西洋古抄本》(*Codice Atlantico*) 是莱昂纳多·达·芬奇诸多手稿集册中最大的一部，共 12 卷，1119 张，时间分布为 1478—1519 年，包含的类别非常广泛，有飞行、武器、植物学，等等。达·芬奇认为鸟是一架按数学原理工作的机器，人有能力仿制这种机器的全部运动。达·芬奇对鸟类飞行作了精细的研究，并绘制了一种由飞行员自己提供动力的飞行器，称为“扑翼飞机”（见图 8–6）。

图 8-5　印度梅加拉亚邦的树桥
（图片来源：https://en.wikipedia.org/wiki/Living_root_bridge）

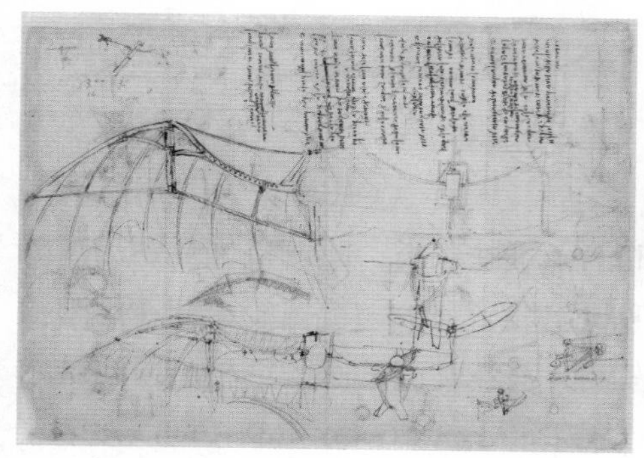

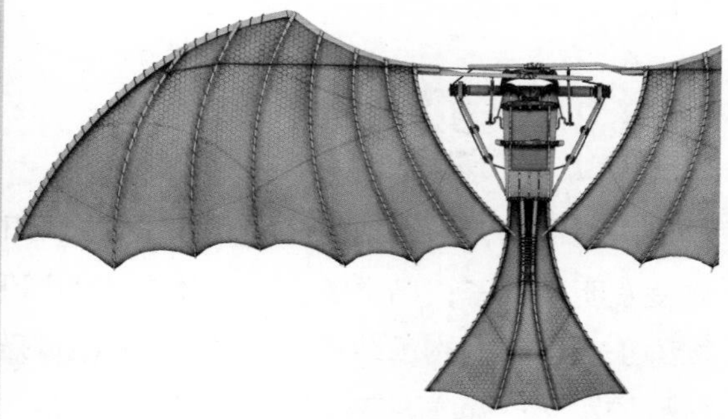

图 8-6　莱昂纳多·达·芬奇飞行器手稿与复制模型[1]

向自然学习将是解决 21 世纪问题的源泉之一，这种设计方法是多学科交叉的，连接着科学、技术与设计。[2] 在过去的几十年中，科学和技术的飞跃式发展使生命科学和设计之间的合作变得更容易、更实惠，也同时催生出了一系列与仿生设计相关的设计理念。向自然学习对设计师的思维方式和设计方法有着深刻的影响，同时也产生了一系列鼓舞人心的研究成果和设计作品。

8.2.1　仿生学与仿生设计

仿生学一词耳熟能详，简单的理解就是"复制自然或从自然界中获得好想法"[3]。作为一个学科，**仿生学**（**bionics**[4]）诞生于 20 世纪 60 年代，由杰克·斯蒂尔（Jack

1　HAWCOCK D. Leonardo Da Vinci: extraordinary machines[M].New York: Dover Publications, 2019.

2　CONRAD F, LOFTHOUSE V, ESCOBAR-TELLO C. Design based on nature-a literature investigation[C]//Proceedings of the 18th international conference on engineering and product design education. Aalborg, Denmazk: Institation of Engineering Designers, 2016: 8-13.

3　同 2.

4　bionics 由 biology 和 technics 两个词组合而成。

Ellwood Steel）在第一次世界仿生学大会上正式提出，是研究生物系统的结构、性状、原理、行为以及相互作用，从而为工程技术提供新的设计思路、工作原理和系统构成的技术科学。同时也是一门生命科学、物质科学、数学与力学、信息科学、工程技术以及系统科学等学科的交叉学科。[1] 仿生学研究的内容包括力学仿生、分子仿生、信息与控制仿生、能量仿生等。从广义上讲，一切模仿自然界动物、植物、矿物与自然现象并进行设计创造的行为，都可以称为“仿生设计”（bionics design）。当然，仿生设计从仿生学中吸纳了大量的养分，并将其方法、技术、精神应用到了设计领域，这也使得仿生设计有了系统的研究思路与坚实的学科支持。

8.2.2　生体模仿学

略早于仿生学，美国生物医学工程学家奥托・赫伯特・施密特（Otto Herbert Schmitt）于 1958 年就提出了**生体模仿学**[2]（**biomimetics**）的概念，即研究生物的结构、功能、材料以及生物学机制和过程，通过模仿自然，用人工方式合成类似的产品。[3] 随着观念与技术的发展，生体模仿学的研究内容越来越丰富，目前涉及三个方面。其一是功能形态学（functional morphology），主要研究生物形态、结构与其功能之间的关系，即在保持功能本质的前提下，利用人造材料来代替生物材料。这方面成功的例子大多与流体力学领域有关，比如模仿飞鸟翅膀断面的形态来设计飞行器的羽翼等。其二是模仿生物的信号和信息处理机制，涉及生物计算机、受生物启发的机器人和仿生传感器设计。其三也是最新的研究领域，即纳米仿生、分子自组织和纳米技术，比如研究鲨鱼皮的微观鳞状结构，并发现其具有抗菌效果的表面机理，从而加以设计应用等。[4]

8.2.3　生物模仿

生物模仿（**biomimicry**）是美国自然科学作家珍妮・班娜斯（Janine Benyus）于 1997 年提出的。即通过学习和效仿自然的形态、过程和生态系统，以寻求自然的可持续设计解决方案。她认为，自然界就是一个庞大的“设计实验室”，经过 38 亿年的演化，历经沧海桑田，成就了一个完美的生态系统。毫无疑问，人类应该将

1　路甬祥 . 仿生学的意义与发展 [J]. 科学中国人，2004（4）：22-24.

2　生体模仿学和生物模仿（biomimicry）这两个术语的辞源来自古希腊语 **βίος** 和 **μίμησις**，**βίος**（bios）是生命的意思，**μίμησις**（imitation）是模仿、仿造的意思。由于两个词的辞源相同，某一些情况下人们对这两个词有不同程度的混用。但生物模仿的提出明确了模仿自然的目的是寻求更可持续的解决方案。

3　HELFMAN C Y，REICH Y. Biomimetic design method for innovation and sustainability [M]. Switzerland：Springer International Publishing，2016：6-17.

4　同 3.

大自然视为榜样、导师和评判者。[1]“我们的人类世界越像自然界一样运转，就越有可能持久。”[2]生物模仿是一种观察和评价的新方法，它应用生态标准来判断人类创新的“合理性”，强调人类不只是从自然世界索取什么，而是应向自然学习什么。[3]因此，生物模仿的使命就是“理解与模仿自然生命的解决方案，以解决当代的挑战”。[4]

“向自然提问”（AskNature）并非一个隐喻，而是生物模仿研究所（Biomimicry Institute）在 2008 年推出的开源数据库。[5]该数据库是生物模仿设计的重要组成部分。其按功能罗列出各种生物体的生物学原理，为科学家、工程师与设计师提供了宝贵的研究资源和科学支持。

基于这一数据库，生物模仿设计可以从两个角度着手，即从生物学到设计（解决方案驱动设计），或从设计到生物学（问题驱动设计）。[6]

第一种方式是从生物学研究开始，即先找到某种生物解决方案，再用相似的方法来解决现实中的问题。例如，人们发现荷叶具有出淤泥而不染的自清洁特性（称为莲花效应[7]），这是因为荷叶表面有一层茸毛和一些微小的蜡质颗粒，使水滴无法黏附在叶子上，并在滚落时带走叶子表面的灰尘。利用这一生物学原理（解决方案），人类发明了抗污性能出色的疏水性织物，并应用在各类服装和面料设计中，见图 8–7。

图 8–7　莲花效应和抗污 T 恤衫

（图片来源：https://www.ivsky.com，https://www.wadongxi.com）

另一种方式是从设计问题和挑战开始，然后寻找潜在的生物解决方案。例如，

1　班娜斯 . 人类的出路——探寻生物模拟的奥妙 [M]. 张璺菲，译 . 台北：胡桃木出版，2003:26.

2　DE PAUW I, KANDACHAR P, KARANA E, et al. Nature inspired design: strategies towards sustainability[J]. International journal of sustainable engineering, 2015,8 (1): 5-13.

3　岑海堂，陈五一 . 仿生学概念及其演变 [J]. 机械设计，2007(7):1-2,66.

4　HELFMAN C Y, REICH Y. Biomimetic design method for innovation and sustainability [M]. Switzerland: Springer International Publishing, 2016: 6-17.

5　“向自然提问”（AskNature）网址为：https://asknature.org。

6　同 4.

7　莲花效应是指莲叶表面具有超疏水性以及自洁（self-cleaning）的特性。

日本在设计新干线列车时，由于车速很快，在隧道行驶时声波会被压缩，每当列车驶离隧道时，就会产生一个响亮的音爆[1]，打扰周围的居民。在设计师重新开始车头设计时，决定向自然寻找答案。他们发现，翠鸟从空中潜入水中时，几乎没有溅起任何水花，其原因在于，翠鸟的喙和体态有着优越的流体力学特性。根据这一原理重新设计的列车，比之前的更安静、速度更快，且更节能，见图 8–8。

图 8–8　翠鸟鸟嘴与新干线列车头
（图片来源：https://animalencyclopedia.info）

如果我们足够敏锐，便会发现大自然几乎给出了所有问题的解决方案。AskNature 数据库汇集了大量实用性的生物学知识，可以有效帮助设计师发现蕴含在自然界中的奥秘和智慧，并将其转化为现实世界的解决方案。

从仿生学到生体模仿学再到生物模仿，可以理解为人类对自然模仿与学习不断深化的过程，从简单的形式模仿到强调研究的跨学科、集成性，再到重视其研究的创新性和生态友好性，体现了该领域的发展方向和人们认识上的飞跃。相对来说，“仿生学”与“生体模仿学”更偏重技术解决方案，多应用于技术复杂性高的工业领域；而“生物模仿”则明确提出，学习自然的目的就是寻求更具创新性的可持续解决方案，其应用多见于技术复杂性较低的领域。[2]

8.2.4　自然启发设计

荷兰代尔夫特理工大学“自然启发设计”团队在“生物模仿”和“从摇篮到摇篮”的理论基础上，提出了“自然启发设计”（nature inspired design，NID）策略。2010 年，他们在“ERSCP-EMSU- 知识合作与为可持续创新而学习”的会

1　音爆，是一种物理现象，是在空气中运动的物体速度突破音障时，产生冲击波而伴生的巨大响声。音爆能量巨大，听起来像爆炸一样。

2　IOUGUINA A，DAWSON J W，HALLGRIMSSON B，et al. Biologically informed disciplines：a comparative analysis of bionics，biomimetics，biomimicry，and bio-inspiration among others[J]. International journal of design & nature and ecodynamics，2014，9(3)：197-205.

议上发表名为《自然启发的设计：可持续发展策略》（*Nature Inspired Design: Strategies Towards Sustainability*）的论文，指出受自然启发的设计策略是以“向自然学习”为理论基础的，将自然视为可持续发展范式的设计策略。他们于2015年出版了《自然启发的设计手册》（*Nature Inspired Design Handbook*）一书，提供了一套以自然为来源的、跨领域协作设计的原则和工具。在这本设计手册中提到：设计解决方案应该具有更加积极的影响，而非仅仅是被动的降低生态影响和经济成本。简单说，设计的目标应该应是一种增值。[1] NID手册中提出了6条重要的设计原则[2]：

（1）废弃物等于原料（waste equals food）；

（2）使用可再生能源（use renewable energy）；

（3）介入并响应当地情况（be locally attuned and responsive）；

（4）在不断变化的条件下适应与发展（adapt and evolve to changing conditions）；

（5）将发展融入增长中（integrate development with growth）；

（6）高效利用资源（be resource efficient）。

下面以橡树的生命系统为例来解读NID原则（见图8–9）。橡树的生命周期很长，可以活到300年，也有活到2000年的，但极为罕见。作为森林的一部分，当橡树落叶、死亡或是腐烂时，会为周边的生物与真菌提供养分，所以它的废弃物是其他生物的养分和食物（**原则1**）。在橡树的一生中，它将阳光转化为糖分，把二氧化碳转化为氧气，并长成坚固的木材。显然，橡树所使用的都是可再生能源（**原则2**）。由于森林的规模和条件不同，物种必须找到适应当地环境的生存之道；同时，所有的物种之间都要相互依存、共同繁盛。橡树通过菌类、昆虫、飞鸟和其他动物将自身能量（尤其是糖分）层层传递出来，并受益于这个生物系统反哺给自己的养分（**原则3**）。为了存活，橡树必须适应当地的条件与环境。橡树有着各种各样的形态，且分布在森林的不同区域，无论是暴风、严寒还是疾病，总会有一部分橡树可以幸存下来，进而也保持了整个森林应对外部变化的弹性（**原则4**）。在橡树的整个生命系统中可以看到一个典型的结构：自下而上的蜂窝状结构单元[3]、模块化和有序的层次化，这是一种对环境作出响应的简单规则，是由微型单元构成的，这些单元会根据成长速度和规模，自组织成更大型的结构。因此，橡树将发展与增长融为一体（**原则5**）。最后，一旦橡树能够充分利用这些原则，它就可以通过提高资源利用

1 TEMPELMAN E, VAN DER GRINTEN B, MUL E-J, et al. Nature inspired design: a practical guide towards positive impact products[R/OL]. The Netherlands: TU Delft, Boekengilde, Enschede, 2015. [2020-03-15]. http://www.natureinspireddesign.nl/handbook.html.

2 NID原则，2015年由代尔夫特理工大学“自然启发设计”团队在*Nature Inspired Design Handbook*中提出。

3 橡树内部充斥着许多蜂窝状结构，蜂窝的内部饱含空气，所以橡木的弹性很好。

率来战胜其他树木（**原则 6**）。这些原则对基于自然启发的设计提供了重要指导，也促成了大量设计实验项目的产生。

图 8-9　橡树中的 NID 原则（参考《自然启发设计手册》中图片自绘）

8.2.5　生物设计

生物设计（bio-design 或 bio-inspired-design）是生物学与设计的合体，通常会将活的生物体作为一种要素结合到物体或结构中，是非常具有前瞻性和探索性的设计理念，也是较为激进的设计方法。[1] 生物设计将生物学和生物技术原理融入设计实践，并尝试在产品中使用鲜活的自然物。迈尔斯（Myers）在 2012 年出版的《生物设计：自然、科学、创新》（*Bio-Design: Nature · Science · Creativity*）一书中提到“我的目标之一就是设计一种全新的生命形式”。生物设计探讨新的可能性和潜在的解决方案，但很多设计是具有实验性或反思性的，充满了科幻（fiction）的意味，部分作品更类似艺术实验和哲学思考，给人强烈的内心冲击和启发。2019 年，伦敦中央圣马丁艺术与设计学院设立了“生物设计”的硕士生方向[2]，不仅强调多学科交叉的研究背景，还希望开创新的设计主题，如重新定义能源、水、空气、废弃物与材料的用途，以此推动循环经济与可持续发展。

1　CONRAD F, LOFTHOUSE V, ESCOBAR-TELLO C. Design based on nature-a literature investigation[C]. Denmark: International conference on engineering and product design education, September 2016: 8-13.

2　参考网址：https://www.arts.ac.uk/subjects/textiles-and-materials/postgraduate/ma-biodesign-csm.

设计师艾米·康登（Amy Congdon）创建的“生物工作室”（Biological Atelier）旨在探讨在未来生物技术的影响下，纺织品设计会有什么革命性转变（图 8-10）。设计师运用了数码刺绣和立体打印技术，将细胞印制到纺织品上，创造了有生命的材料形态。其推测是，未来的服饰不再是“制造”的，而是培育的，这些新的奢侈面料可能是由细胞塑造而成的。项目中，设计师并非只是在创造某件作品，而是在向时尚界提出问题：如果我们可以培育一种合乎伦理、没有受害者的象牙，或是一种跨物种的皮毛，世界会变成什么样子？什么样的“杂交”纺织原材料可以应用在现实中？一个由新奇、悦目和变化驱动的产业，如何适应资源日益枯竭的未来？

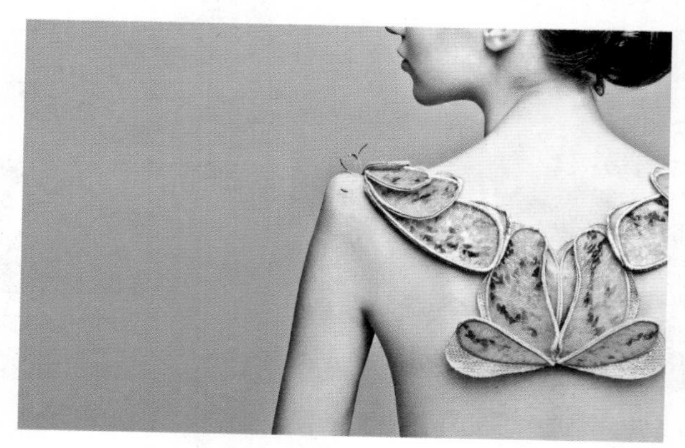

图 8-10　艾米·康登的“生物工作室”设计
（图片来源：https:// www.amycongdon.com）

尽管这些理念所产生的背景、学科范畴、研究重点有所差异，但总体上，上述理念具有三个共性：其一，都试图从自然中获取灵感与启发来解决人类社会的问题（或仅仅提出问题）；其二，研究内容与方法都涉及跨学科领域，呈现科学、技术与设计的密切联系；其三，各理念提出的设计原则中存在着一定的交叉性和共性。其设计方法的核心内容都不同程度地受到“生态四法则”的影响：几乎每种策略都在提倡使用再生能源、废弃物即原料、个体与系统相互依存或闭环的循环关系等。学习自然的各种设计理念如田园牧歌一般美好，但错综复杂的生态关系使得构建一个自然的循环系统并非易事。虽困难重重，但向自然学习的方法及工具包依旧在建构与进化中，未来还需要更多的研究者和实践者投身其中、添砖加瓦。

8.3　向自然学习的设计案例

虽然向自然学习的理论方法还有待完善，但各种设计实践在世界范围内日益盛行，使我们能够更直观、更清晰地理解向自然学习设计的不同视角以及丰富多彩的可能性。显而易见的是，学习自然的设计不仅是模仿自然事物的外观、色彩、图样，更是从材料、形态、结构、原理和系统上领悟自然的奥妙。本节收集了大量向自然学习的设计案例，并对其进行了分类整理，期望为该领域的设计研究与实践提供更多的启发（图 8–11）。第一，从材料的角度向自然学习，其中包括学习自然物质的循环和材料的生物特性；第二，学习或模仿自然物的形态；第三，从微观或宏观的层面学习自然的结构；第四，在原理层面向自然学习，包括自然物的运行机制，领悟自然事物从萌生、适应、竞争、合作、繁育到衰亡的动态生命历程，以及最具

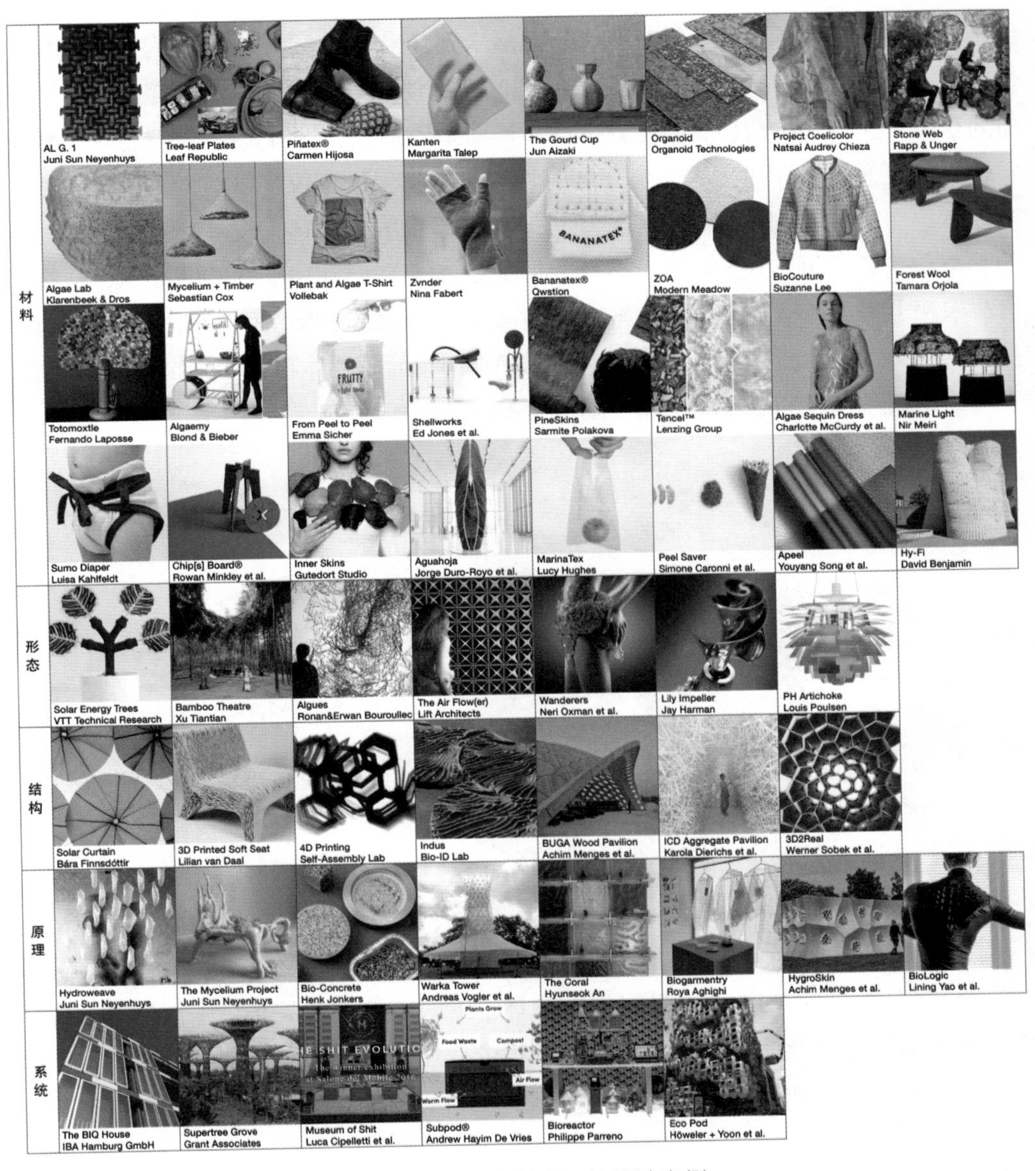

图 8–11　向自然学习的设计案例

生态效率的生命智慧；第五，在系统的层面向自然学习，是上述材料、形态、结构和原理特征的融合与相互作用。

8.3.1 材料

- **可以吃、可以用、可以穿、可以住的菌丝体**

近几年，世界各地几乎同时掀起了菌丝体（mycelium）材料的设计应用研究。菌丝体是指真菌的线状体，即为真菌提供营养的部分，就像蘑菇的“根须”。它是一种与培养基质（碎木屑、稻草、麦麸、谷物等）共生所形成的管状细丝多孔结构，受菌种和培养环境的影响，其长度可从几微米到几米不等。[1] 菌丝体作为菌菇植物性营养部分，可以像黏合剂一样黏附于基质间，即便是死后也可以保持完整性，刚好扮演了天然黏合剂的角色，并由此形成一种新型生物复合材料。这种材料具有坚固、质轻、加工方便、无毒无害、可降解的特点。菌类生物不仅可以成为人类的食物，菌丝体也可能成为制造包装、家具、房子甚至是衣服的材料。设计师们基于对菌丝的观察与研究，将其天然特性引入人造物系统中，在保证功能性的前提下，从物质材料根源上提出可持续的解决方案。比如宜家家居已经开始用菌丝体材料制作包装，其抗冲击和压缩性能完全可以媲美聚苯乙烯塑料；而菌丝体材料的生物可降解性能，使其成为塑料包装的潜在替代者（图 8–12）。

图 8–12 Ecovative 公司生产的名为 EcoCradle®Mushroom ™的包装材料
（图片来源：https://matadornetwork.com, https://www.greenmatters.com）

英国设计师 Sebastian Cox 和 Ninela Ivanova 使用菌丝体材料设计制作了一系列家居产品，如凳子和灯具，并将作品命名为“菌丝＋木料”（Mycelium + Timber），见图 8–13。这两种材料在森林中就有着密切的关系，千百年来，森林中树木的根系被菌丝体紧紧包裹，树木间也依靠这个庞大的菌丝网络，传递着不为人知的秘密信息。如何将这种关系和特点加以利用？设计师将废弃的木料或木屑放

1 ISLAM M R, TUDRYN G, BUCINELL R, et al. Morphology and mechanics of fungal mycelium [J]. Research Support, 2017, 7(1): 13-70.

入单独的模具中，再加入一种名为木蹄层孔菌（Fomes fomentarius）的真菌；之后，菌丝在碎木料中疯狂生长，最终依照模具长成设计师想要的样子。

图 8-13　“菌丝 + 木料”（Mycelium + Timber）家居产品

（图片来源：http://www.sebastiancox.co.uk/lab）

菌丝体材料的应用不仅局限于室内的家居产品，还向室外的建筑材料拓展。2014 年，设计师大卫·本杰明（David Benjamin）与 Ecovative Design 公司合作，用玉米秸秆和菌丝体制成 10000 块砖，建造了 Hy-Fi 蘑菇塔展馆，并在纽约现代艺术博物馆（Museum of Modern Art）展出，见图 8-14。这个建筑的革命性不在于它的外观形式，而在于生物质材料在建筑领域中的大胆尝试，预示了这种材料商业化的应用前景与潜在价值。

图 8-14　“Hy-Fi”蘑菇砖塔

（左侧两幅图片来源：https://architizer.com；右侧图片作者拍摄）

2016 年，荷兰设计师 Aniela Hoitink 利用蘑菇根部切片材料设计制作了一件衣服。她经过一年半的研究，在培养皿里对蘑菇真菌进行了反复试验，研制出一种耐用、有效、可降解的新型材料，并最终制作了一件连衣裙，见图 8-15。这是一种不添加其他纤维，仅使用菌丝材料就可以保持完美造型的材料制备方法。由于每个菌丝圆片都是一个独立单元，设计师可以通过改变这些单元的排布，变换服装的图案，也可以通过增加或减少这些单元来调整服装的尺寸，以适应穿衣者的意愿。当然，这种材料具有生物降解特性，意味着在服装的生命周期结束后，它可以变为土地的滋养而不是垃圾。

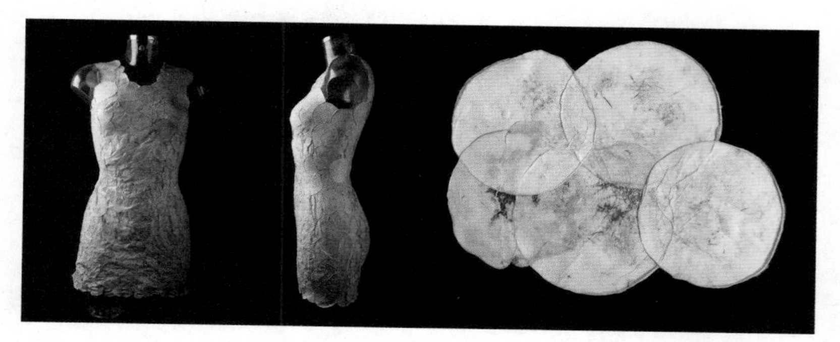

图 8-15 “真菌面料裙”（MycoTEX）
（图片来源：https://neffa.nl/portfolio/mycotex/）

- **纤维素时装**

目前纺织品的原材料绝大部分依赖于传统植物材料或石化产品，不仅耗费资源，还会造成环境污染。作为时尚可持续设计领域的代表性人物，英国设计师苏珊娜·李（Suzanne Lee）提出了一个利用自然产物来创造时尚的全新观点。她所主导的“生物时装”（BioCouture）设计项目[1]，使用细菌、真菌等微生物培养出的纤维素，通过直接“生长”出的材料来制作衣服，见图 8-16。

图 8-16 “生物时装”（BioCouture）
（图片来源：https://www.dezeen.com）

1 该项目被《时代》杂志评为“2010 年 50 项最佳发明”。

苏珊娜·李使用红茶菌的配方[1]，将特殊培养的细菌和酵母添加到含糖的茶溶液中。糖是配方中不可或缺的成分，它促进生物质的发酵，是细菌获得能量的来源。经过 2~3 周，液体表面产生的细丝状纤维素彼此黏附，最终形成一层大约 1.5 厘米厚的“膜”。这层“膜”经过干燥和展平处理，可以像传统的纺织品一样，使用切割和缝纫的方式进行加工。这种材料很容易用天然着色剂染色，而且质地与人造皮革相仿。当然，这种材料寿终正寝后与蔬菜废料一样，可以进行堆肥处理。不过，在材料的防水性能以及生物降解的控制方面（使产品不会意外腐烂），团队还在继续研究。

使用微生物产生的纤维素来制造时尚产品，既不浪费资源，还可以高效利用食品和饮料行业的废物流作为养分和原料（如食品处理工厂的废弃糖水），并最终自然降解、回归自然，这是典型的循环经济设计范本。当然，并不是说纤维素材料将会取代棉花、皮革或其他纺织材料，生态材料的真正应用还有漫长的路要走。我们不一定能看到这些服装的流行，但能够想象的是，在未来的某一天或许可以通过微生物生长的方式，得到一件产品，比如一盏台灯、一把椅子，甚至一所房子。

- **实验室培育出的 ZOA 皮革**

据估计，全球用于服装、鞋类、奢侈皮包、家具制造的皮革业务价值约为 1000 亿美元。[2] 皮革的独特质感、审美魅力和文化象征使其成为时尚产业中的重要材料，但也由此导致每年数十亿动物的丧生。[3] 这种获取皮革的方式不仅残酷，而且低效，同时产生巨大的环境影响。[4]Modern Meadow 是一家总部位于纽约的公司，他们在实验室里培养出了一种新型的生物质人造皮革，并为这种由胶原纤维[5]制成的皮革取名为 ZOA，见图 8–17。技术人员使用 DNA 编辑工具，制造出能够产生特殊胶原蛋白酵母菌的细胞，经过优化并生产出所需的胶原蛋白，再经提纯，胶原蛋白就可按配方制造出 ZOA 材料。这种新型皮革的核心成分是胶原蛋白，它具有酷似皮革的质地、柔韧性和耐久性。这种验室培养的皮革不会杀戮动物，也没有鞣制过程带来的各种污染。Modern Meadow 的工程师还能改变 ZOA 皮革的各种属性，比

1　这是一种细菌、酵母和其他微生物的共生混合物，它们在发酵过程中会产生纤维素。

2　United Nations Industrial Development Organization(UNIDO). Future Trends in the World Leather and Leather Products Industry and Trade [R/OL]. Vienna: 2010. [2021-09-28].https://leatherpanel.org/sites/default/files/publications-attachments/future_trends_in_the_world_leather_and_leather_products_industry_and_trade.pdf.

3　Food and Agriculture Organization of the United Nations. World statistical compendium for raw hides and skins, leather and leather footwear 1999—2015[R/OL]. 2016[2021-05-10]. https://www.fao.org/3/i5599e/i5599e.pdf.

4　皮革加工需经过浸水、脱脂、脱毛、浸灰、脱灰、软化、浸酸、鞣制、中和、复鞣、染色、加脂等手段，工序繁多，且过程中所使用的化工材料也极为繁杂，对环境影响大。

5　胶原纤维是真皮中的主要成分，占真皮全部纤维质量的 95%~98%。

如让它变得更有弹力、更坚硬或更耐用，还可为其添加各种颜色。

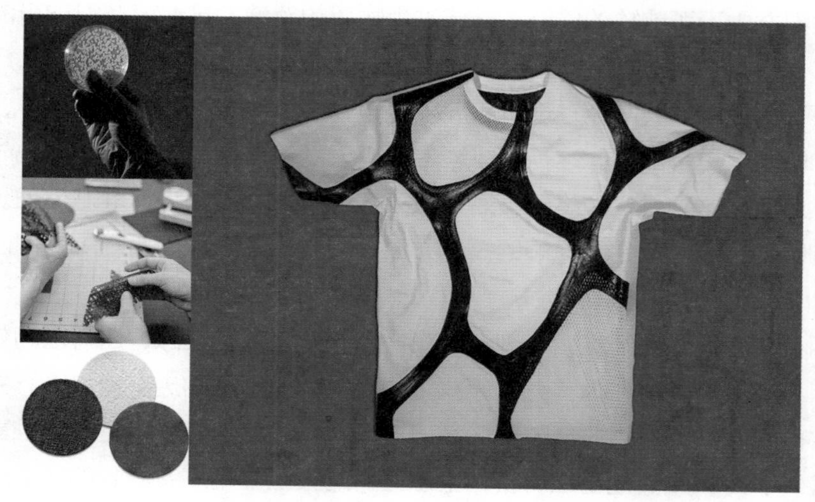

图 8-17　ZOA 生物质人造革
（图片来源：http://www.modernmeadow.com）

8.3.2　形态

- **“树枝”单元**

自古以来，自然形态给了我们无穷的遐想与启发。产品设计师 Ronan & Erwan Bouroulle 模仿树枝和海藻的形态设计了一款家居隔断，见图 8-18，通过重复添加和连接“树枝”单元，可组成具备延伸功能的家居软隔断。它就像植物生长一样，可以向不同的方向扩张、延伸、弯曲；也可以通过重复、叠加，来改变疏密以调节光线的强度。这种在规则中创造出自然美感的设计，不仅具有在任意空间内自如变化的功能性，其形态语言所营造的随性氛围也唤起了使用者内心的情感共鸣。

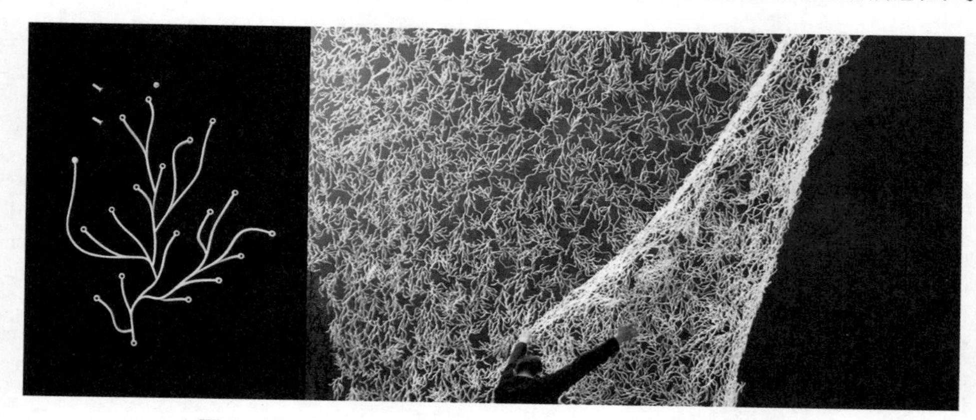

图 8-18　Ronan & Erwan Bouroulle 设计的家居隔断
（图片来源：http://www.bouroullec.com）

- **“马蹄莲”搅拌叶轮**

澳大利亚自然学家、科学家杰伊·哈曼（Jay Harman）自 20 世纪 90 年代以来一直痴迷于自然中螺旋形态的研究。他注意到，水流和其他液体的流动与我们看到的贝壳、花朵或兽角的形态极为相似，都呈现出三维的对数螺旋线形态。大自然运用螺旋线这种独特的方式传送能源，以减少阻力和摩擦力，进而大大降低消耗，提升效率。在经过大量实验后，杰伊·哈曼根据马蹄莲的形状发明了一款水流搅拌叶轮，见图 8–19，用于搅动饮用水的蓄水池，避免形成死水而分层变质。这款搅拌器非常小巧，高度不超过 6 英寸，但可以搅拌数百万加仑的水，所消耗的能量相当于 3 个 100 瓦的灯泡。[1] 它的应用使自来水中减少了高达 80% 的残留消毒剂，同时减少了 90% 的能耗。[2]

图 8–19　杰伊·哈曼根据马蹄莲的三维螺旋形态所设计的水流搅拌叶轮

（图片来源：https://www.paxwater.com）

8.3.3　结构

- **3D 打印的软椅**

荷兰设计师 Lilian van Daal 模仿植物细胞的结构，通过 3D 打印创造出一把独特的椅子，如图 8–20 所示。设计师对不同植物细胞的结构方式进行研究，在不使

1　6 英寸约为 15 厘米，1 加仑约为 3.8 升，一个 100 瓦的灯泡一小时耗电 0.1 度。

2　杰伊·哈曼 . 创新启示：大自然激发的灵感与创意 [M]. 王佩，郭燕杰，译 . 北京：中信出版社，2015: 25-47.

用软垫或填充物的情况下，通过改变结构的疏密度，来保证椅子的弹性和舒适度。由于巧妙的结构设计与 3D 打印工艺，使得椅子的原料只有一种，而且超轻，因此在制造环节可以最大限度地节约材料、避免浪费，运输环节减少了排放与污染，同时也有利于产品的回收与循环再造。

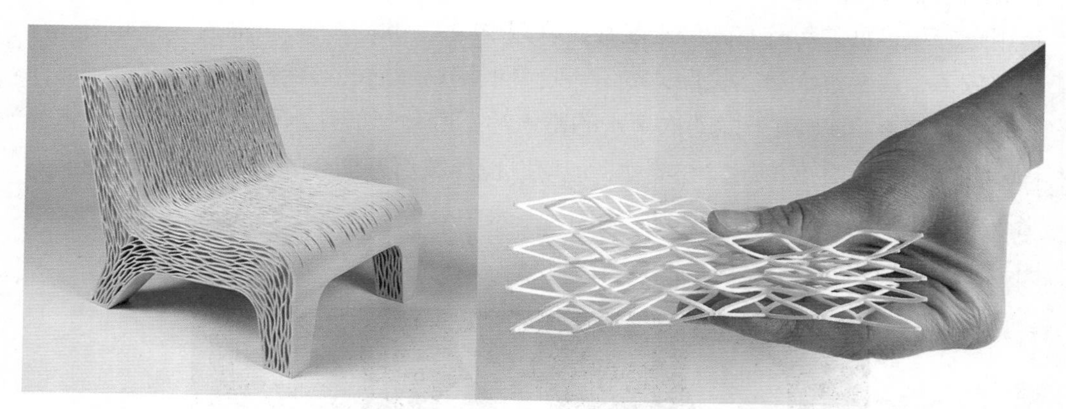

图 8-20　荷兰设计师 Lilian van Daal 的 3D 打印软椅设计
（图片来源：http://www.lilianvandaal.com）

- **昆虫外骨骼无人机抗坠毁设计**

清华大学美术学院研究生康鹏飞应用昆虫外骨骼的结构，设计了一款抗坠毁的概念无人机。康鹏飞对鞘翅目昆虫外骨骼进行了深入的观察、研究与试验，发现这种壳体结构可以有效增加抗压和抗冲击能力，进而归纳、总结其形态规律与力学结构特征，最终将其应用于无人机主体结构设计中，使飞行器纵向撞击和垂直撞击的耐坠毁性能都得到极大提升（图 8-21）。[1]

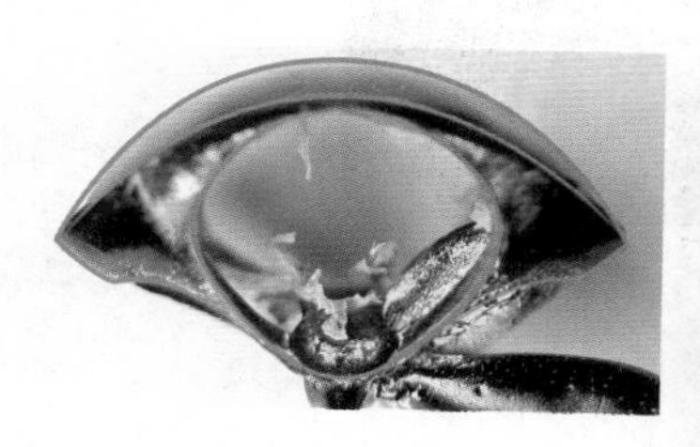

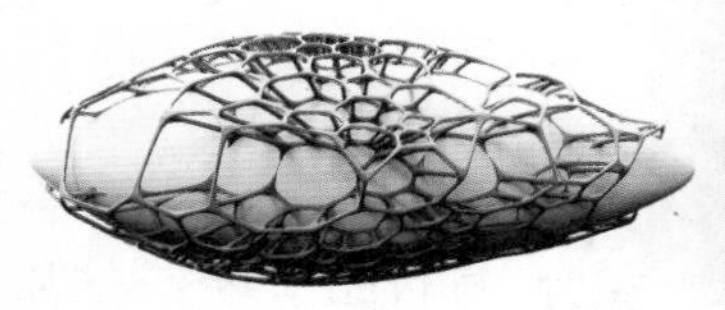

图 8-21　昆虫外骨骼研究及无人机抗坠毁设计
（图片来源：康鹏飞）

1　邱松 . 设计形态学研究与应用 [M]. 北京：中国建筑工业出版社，2019：10-18.

8.3.4 原理

- **对气候敏感的亭子**

自然界的运作过程和原理同样带给我们启发。德国斯图加特大学的阿奇姆·蒙格斯（Achim Menges）教授，根据云杉球果的功能特点，创造出一种可响应气候变化的建筑表皮，并建造了一个小型展馆，名为“对气候敏感的亭子”（Hygroskin: Meteorosensitive Pavilion），见图 8–22。它就像一座“活的建筑”，这里每个单元都能根据当时的气候条件自动改变形态，将展馆空间变成一个动态结构，不断调整单元的开放度和孔隙度，进而调节透光性和视觉渗透性。[1]

云杉属于松科植物，是一种圆锥形的树。云杉球果可以根据湿度变化产生变形，在干燥时打开，在潮湿时关闭。在各种生物系统中，对环境的响应能力实际上已根深蒂固存在于材料本身了。采用相同的原理，这种建筑表皮利用了材料（胶合板复合材料）本身的湿度敏感特点，来响应天气变化而自动张开或闭合，既不需要提供操作能量，也不需要任何机械或电子控制。与通常认为的高科技装置截然不同，该建筑遵从了自然界最高明的“无技术策略”，将材料、形式与功能完美合一。

图 8–22 对气候敏感的亭子

（图片来源：https://icd.uni-stuttgart.de/?p=9869）

1 KAPSALI V. Biomimetics for designers: applying nature's processes & materials in the real world[M]. London: Thames & Hudson Ltd, 2016:214-219.

- **能进行光合作用的服装**

来自加拿大的伊朗裔设计师Roya Aghighi设计了一种能进行光合作用的服装，命名为“Biogarmentry”（生物服装）。设计师与英属哥伦比亚大学（UBC）合作，将一种名为莱茵衣藻[1]（chlamydomonas reinhardtii）的活性单细胞绿藻与纳米聚合物混纺成一体，经多次实验，成功创造出第一块能进行光合作用的纺织品，也就是说，这种面料可将二氧化碳转化为氧气。这种含有藻类可进行光合作用的纺织面料，随着时间的推移，其图案也会变化，这种变化恰恰是藻类活性与生命力的体现（图8-23）。不仅如此，该面料还可完全生物降解，在废弃后用于堆肥。但事情并非如此简单，这种服装对穿着者有着较高的要求，他们需要像照顾家中植物一样，细心关照这件衣服，这也建立了用户与服装之间的亲密关系。穿着者需要定期穿上它并暴露在阳光下，进而激活光合作用，同时需要每周喷水一次。可见，这种服装被照顾的好坏将成为关键因素，也会直接决定该服装的寿命。生物服装将植物光合作用的原理，转化为一种新型材料的属性，从而使服装也拥有了植物一般的生命特性，不仅具有一定功能性创新，同时也降低了服装的环境影响，进而建构了一种新型的人、物关系，为可持续的时尚设计开辟了新的可能性。

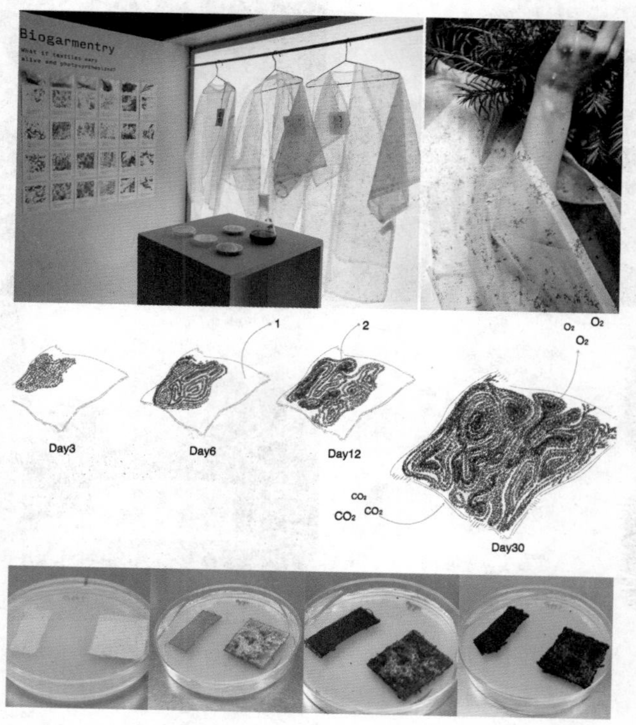

图8-23　生物服装，随时间的推移面料中藻类的生长与繁殖会改变面料颜色
（图片来源：https://www.royaaghighi.com/biogarmentry.html）

1　衣藻属是原始的单细胞绿色植物，已被记录的有500多种，莱茵衣藻是其中的一种。

8.3.5　系统

- **擎天树丛**

自然界的生态系统由一系列复杂、微妙的关系构成，人类目前只能在某种程度上进行局部模仿。新加坡的滨海湾花园是一个庞大的建筑与景观群落，其中的擎天树丛（Supertree Grove）是由 Grant Associates 工作室设计完成的，见图 8–24，其设计理念充分体现了"自然系统中互相依存与合作的关系"。擎天树丛共由 18 个 25~50 米高的树形结构的擎天大树组成，每棵擎天大树都包括 4 个主要部分：钢筋混凝土基座、树干、种植板和树冠。树干上种有不同的植物，如热带攀缘植物、附生植物和蕨类植物等。擎天树丛的设计将树的外形和功能相结合，不仅可支持植物在上面生长，还能模仿真实树木的生态功能。在设计阶段每颗擎天树都被赋予了不同的功能，进而使整个树丛形成一片"仿真森林"。如顶部"树冠"安装了光伏电池，可吸收太阳能，供夜间照明；有的"树冠"与植物冷室系统相连，作为排气口；有的"树冠"则为进气口。整个擎天树丛系统拉动了空气的流动，使地面产生微风（图 8–25）。夏日里擎天大树的"树冠"不仅可以为人们遮阴、通风，还可以起到调节地面气候的作用。设计师希望创造出一个奇妙的世界，像真正的自然森林一样的生态系统，将能量和资源的消耗最小化。

图 8–24　擎天树丛
（图片来源：https://grant-associates.uk.com）

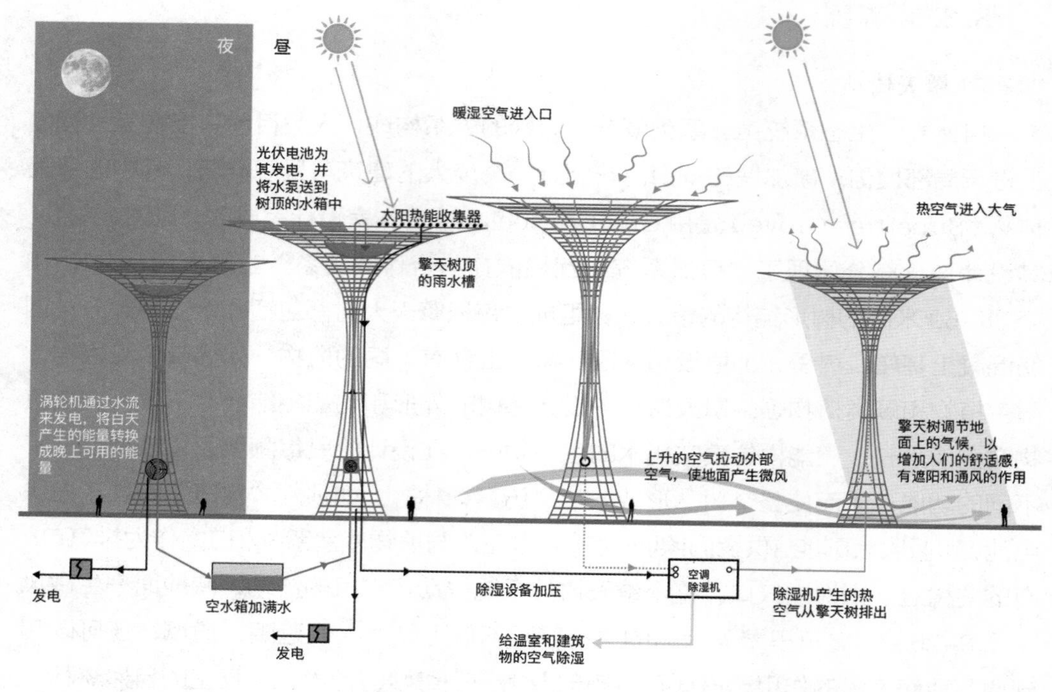

图 8-25　擎天树丛运作方式

（根据 Grant Associates 工作室原图绘制）

8.4　隐秘知识的启发

向自然学习的各类设计实践展现出无限潜力，为人类未来发展带来了新的启发。从可持续设计的视角出发，上述实践不仅具有重要的价值，还提供了新的设计思路。如生物可降解材料的研发与应用，可以减少不可再生资源的消耗，减少废弃物（尤其是塑料垃圾）的产生，从而降低人类活动对生态环境的负面影响，同时也可能诱发出新的时尚与商业机会；效仿或借鉴自然形态，构成适应性强、灵活度高的设计单元，不仅可以有效降低产品制造、运输与安装成本，还能一定程度提升效率、降低能耗，并为身处数字时代的人类带来自然的美感与情感的抚慰；学习自然的结构，创造更坚固、耐用、轻便、高效的产品，在满足功能性目标的前提下，可以减少材料的使用，进而降低制造与回收成本，甚至能创造出独特的产品价值和美学体验；学习大自然的运作机制与原理，领悟自然事物从萌生、适应、竞争、合作、繁育到衰亡的动态生命历程，以及最具生态效率的生命智慧，从而创造出自适应、自调节、自赋能的“新自然物”；从系统层面向自然学习，关注不同自然事物之间的联结和依存关系，不仅看到树木，更着眼于整体的森林，是上述材料、形态、结构与原理等要素的融合。自然系统是完美的闭环系统，也是从摇篮到摇篮（C2C）理念与循环经济模式的典范。在系统层面的设计中，更多关注物质流、能量流与信息流在系统要素之间的匹配与平衡，尽量做到自给自足，并可为系统中其他环节提供滋养。系统层面的设计是向自然学习的最高境界，也是最具挑战性的部分。

尽管效仿自然是一种古老而有效的创新方法，但声称模仿自然产生的创新就一定是可持续的，这具有误导性。[1,2] 由于上述大多设计实践还处于试验或原型测试阶段，真正实现市场化的产品屈指可数，因而还缺乏针对具体产品环保性、经济性和使用性等方面的综合评估；此外，学习自然的各种策略与方法，大多是激发设计灵感的概念生成器，无法对设计结果给予准确的测量和评估。例如，“城市应该像生态系统一样运作”，这一想法源于自然灵感并得到广泛认同，但如何对这个生态服务系统的可持续性进行评判呢？尽管可以借助如LCA生命周期评估等方法与工具，对系统的生态效益进行评估，但由于系统复杂、相关参数众多（尤其是社会、文化因素的介入），因此从操作层面上看，准确的可持续性评估很难实施。

此外，向自然学习是一种策略与方法，也是一门交叉学科。设计学科在该领域中起到了纽带和连接的作用，同时也受交叉学科的合作方式与合作深度的制约。比如，在缺乏生物学训练的情况下，设计师难以找到与设计问题相关的生物学解决方案。[3] 尽管存在相关的数据库，但理解其中的原理和机制并非易事。不过，随着生命机制与生物控制领域研究的深入，以及知识的普及与技术的渗透，设计界将有望接触到更多关键信息，并可能激发出更广泛的兴趣与创造力。

正如本书开篇所述，没有纯粹的可持续解决方案，设计的使命就是洞察问题，并有勇气和智慧去探索新的可能性。这种探索势必存在失败与偏颇，但并不影响探索本身的价值。向自然学习的策略为设计师敞开了一扇大门，深入其中就会发现，自然知识的疆域浩瀚无边，远远超越了我们的认知范围和能力，这是一个漫长的不断探寻宝藏的过程。即使在我们目力所及的范围内，自然的馈赠也并非唾手可得，很多情况下，自然的启发是很隐晦的，需要敏锐的知觉、智慧的头脑、勤奋的双手去洞察和探索。设想一下，如果人类未来的各种创新（包括技术的、经济的和社会的），都有意识地学习自然的运作机制和法则，并主动建立与自然的内在连接，那么我们就有理由期待一个更可持续的未来。

1 VOLSTAD N L, BOKS C. On the use of biomimicry as a useful tool for the industrial designer [J]. Sustainable development, 2012, 20(3):189-199.

2 CESCHIN F, GAZIULUSOY I. Design for sustainability: a multi-level framework from products to socio-technical systems [M]. London: Routledge, 2020.

3 BUCK N T. The art of imitating life: the potential contribution of biomimicry in shaping the future of our cities [J]. Environment and planning B: urban analytics and city science, 2017, 44(1): 120-140.

第 9 章　产品服务系统设计

产品服务系统（product-service system，PSS）设计是新形势下的一种创新策略，即从单纯地设计、销售“物质化产品”转向提供包含“产品与服务”的系统解决方案。好的产品服务系统设计，不仅可以有效降低资源消耗，减少企业的成本投入，而且可以获得新的利润增长点，同时更好地响应消费者的需求。

本书第 2 章曾提到，仅仅依靠物质产品的设计变革不可能全面解决环境问题。其原因在于，企业推动绿色设计与生态设计的内生动力不足，还可能产生有意或无意的“漂绿”行为。此外，即使企业专注于设计、制造绿色、生态的产品，但若不改变“大批量生产、大批量消费、大批量废弃”的经济发展和消费模式，也同样会造成严重的环境影响（只是或早或晚的问题）。而产品服务系统设计，由于其在商业模式与消费模式上的创新，比如供应商之间的协调机制、产品租赁与共享的使用模式变革等，会形成对生产消费结构的系统性重塑，进而可以有效降低经济发展带来的环境影响，对于推动可持续社会转型具有巨大潜力。

9.1 源起与定义

9.1.1 服务设计与产品服务系统设计

自 20 世纪中期以来，世界经济结构发生了深刻变革，长期占据主导地位的制造业，在西方国家国民经济中的比例日渐减少，作用日渐削弱，而各类新兴的、门类繁多的服务部门蓬勃发展。美国著名经济学家富克斯（Victor R. Fuchs）在 1968 年出版了《服务经济学》一书，首次提出了“服务经济”的概念。在这一时期，现代社会逐步转向后现代社会，信息技术和互联网的发展导致大众的消费方式开始变化，围绕着物质发展的工业社会逐渐向“非物质化”方向发展，工业社会开始走向服务经济之路。

20 世纪 80 年代，G. 林恩·肖斯塔克（G. Lynn Shostack）首次从营销学与管理学层面提出了设计服务（design a service）的理念。[1] 在设计学领域，服务设计（service design）概念的正式提出，可以追溯到 1991 年比尔·霍林斯（Bill Hollins）*Total Design* 一书的出版。同样在 1991 年，科隆国际设计学院（KISD）的米歇尔·艾尔霍夫（Michael Erlhoff）与伯吉特·玛格（Birgit Mager）开始将服务设计引入设计教育，并致力于相关的教学实践和研究。[2]

1 SHOSTACK G L. How to design a service[J]. European journal of marketing, 1982, 16(1): 49-63.

2 辛向阳，曹建中 . 定位服务设计 [J]. 包装工程，2018，39（18）：43-49.

进入20世纪90年代，随着绿色环保理念的普及以及舆论的压力，企业与设计师开始尝试将环境设计要求整合到产品开发过程中。不过，设计界逐渐意识到，在不改变传统生产消费系统架构的情况下，仅靠产品生命周期设计的优化策略无法从根本上降低环境影响。随着这种认识的深化，设计界的注意力从关注产品本身的环境效率，扩展到具有生态效益的系统创新上。与此同时，设计研究领域也开始探索"非物质设计"理念，以及新的设计规则和手段。1993年，丹麦召开了"精神高于物质——有限物质时代下的非物质设计"（Mind over Matter: Immaterial Design in the Age of Material Limits）国际工业设计学术会议，设计的边界从传统工业产品拓展至数字化、信息、服务等新领域。马克·第亚尼（Marco Diani）在《非物质化社会——后工业世界的设计、文化与技术》一书中认为，技术的变革与随之而来的社会变革、文化变革反映了"从一个基于制造物质产品的社会，逐渐转移到一个基于生产服务或非物质产品的社会"。[1] 在这样的大背景下，并结合之前提出的"服务设计"概念，产品服务系统（product-service system，PSS）设计作为一种非物质化的创新策略被提出。[2,3]

21世纪以来，产品服务系统理念与方法得到了广泛传播，并超越了学术研究领域应用到企业的模式转型中。面对市场萎缩与竞争加剧，传统制造业开始将服务视为实现利润增长的新途径，并意识到产品与服务相结合，可以获得比单独销售"产品"或"服务"更高的利润。这种意识从根本上改变了产品与服务割离的观点，随着"产品服务化"与"服务产品化"两种趋势的交融、发展，产品服务系统设计日益普及、深化，并孕育出具有广泛影响力的项目和产业。

9.1.2　产品服务系统的定义

联合国环境规划署（UNEP）将产品服务系统定义为一种创新战略的结果，**是从单纯的以设计、销售"物质化产品"转向提供综合的"产品与服务系统"，以更好地满足人们的特殊需求**。[4] 因具备兼顾经济发展与环境效益"共赢"的特性，PSS被看作可持续转型中极具潜力的概念，是追求更高系统生态效率的模式，并具有创造生态效益的潜力。其关键思想是，**企业提供的是产品的功能或结果，用户可以不**

1　第亚尼. 非物质社会：后工业世界的设计、文化与技术 [M]. 滕守尧，译. 成都：四川人民出版社，1998.

2　VEZZOLI C. System design for sustainability: theory, methods and tools for a sustainable "satisfaction-system" design[M]. Rimini, Italy: Maggioli Editore, 2010.

3　VEZZOLI C, KOHTALA C, SRINIVASAN A, et al. Product-service system design for sustainability [M]. Sheffield, UK: Greenleaf Publishing, 2014.

4　UNEP. Product-service systems and sustainability: opportunities for sustainable solutions [M/OL]. United Nations Environment Program, 2002. [2022-03-10]. https://wedocs.unep.org/handle/20.500.11822/8123.

拥有物质形态的产品，而享有相应的功能和价值。

自产品服务系统概念被提出以来，不同学者根据不同的优先级，对其进行了多种诠释。20 世纪 90 年代，产品服务系统只被看作商业的补充，是由产品、服务、平台和维护设备组成的系统，目的是更好地满足使用者需求，以提高企业竞争力。到 21 世纪初，产品服务系统已经被看作一种企业战略，从聚焦实体产品的销售转移到满足特定客户需求的具有综合能力的产品和服务。[1] 表 9–1 是近年来先后出现的不同的产品服务系统定义。

表 9–1　产品服务系统定义 [2]

作者	年份	定义
歌德库 (Goedkoop)，范・哈伦 (van Halen)，里乐 (te Riele)，洛蒙 (Rommens)	1999	产品服务系统（或产品和服务的组合）由一套适销的产品和服务构成，二者共同协作以满足顾客的某种需求。该系统是一种创新的商业模式，也利于环境保护
蒙特 (Mont)	2002	产品服务系统由产品、服务、系统网络和基础设施构成，该系统致力于不断保持竞争力，在满足顾客需求的同时，使其环境影响远远小于传统的商业模式
联合国环境规划署：曼齐尼 (Manzini)，维佐里 (Vezzoli)	2002	产品服务系统是战略创新的成果，其创新之处在于：将战略重心从单纯的设计、销售“物质化产品”转向提供综合的“产品与服务系统”，更好地满足人们的特殊需求
布兰斯道特 (Brandstotter)	2003	产品服务系统是指有形产品和无形服务的组合，通过将二者结合来满足客户的特定需求。此外，产品服务系统也有利于实现可持续发展目标
欧盟，欧洲议会，范・哈伦 (Van Halen) 等	2005	产品服务系统是战略创新的成果，主要指产品和服务系统的设计和推广，通过这种组合来满足消费者的特定需求
贝恩斯 (Baines) 等	2007	产品服务系统不仅提供产品，还提供有价值的服务。该系统改变了过去以消耗大量资源为代价的经济发展模式，减少了经济活动对环境的负面影响
联合国环境规划署：蒂什纳 (Tischner)，维佐里 (Vezzoli)	2009	与仅销售产品相比，产品和服务（与基础设施）组成的系统，能够更高效地满足消费者的诉求和需要，并为企业和消费者提供更多的价值。产品服务系统可以促使创造价值与消耗物质和能源脱钩，从而显著降低传统产品系统在其生命周期中的环境影响

1　MANZINI E，VEZZOLI C. A strategic design approach to develop sustainable product service systems: examples taken from the “environmentally friendly innovation” Italian prize[J]. Journal of cleaner production，2003，11(8)：851-857.

2　VEZZOLI C，KOHTALA C，SRINIVASAN A，et al. Product-service system design for sustainability[M]. Sheffield，UK：Greenleaf Publishing，2014：30.

综上所述，产品服务系统基本可以描述为：**由产品和服务组成的，由一个或多个社会经济参与者提供的，旨在满足特定客户需求的集成系统**。“系统”一词既指交付给客户的“产品与服务系统”，也指生产或提供产品与服务组合的“参与者系统”。因此，产品服务系统是一种特定的价值主张，强调通过“交付功能”而不是销售产品或服务来满足客户。

一般来讲，产品服务系统包含了五个关键要素。[1-3] ①**产品：**系统中的有形人工制品（如汽车、洗衣机、电表等）；②**服务：**包括产品生命周期内的各类服务（如销售、租赁、共享、维护、升级、收回等）；③**协作者（参与者）网络：**系统内所有社会经济参与者及其之间的关系（如生产者、服务提供者、能源提供商、管理者与用户等）；④**政策与合约：**商业合作者之间，及其与消费者之间制定的关于产品使用、租赁及回收等的收费策略、管理规范和行为标准；⑤**基础设施：**现有的公共和私人设施系统（如道路、通信线路、废弃物收集系统等）。由此可见，设计一个产品服务系统意味着要同时设计上述诸多要素，以及要素之间的关系，因此，设计者必须从产品设计思维（product design thinking）转变为“系统设计思维”（system design thinking）。

9.2　产品服务系统的特性

9.2.1　从“生命周期”到“生态效益”

在传统的生产消费系统中，物质化产品的推陈出新是企业竞争与发展的核心手段。前文不断强调，仅仅依赖于这种物质消耗型的发展方式，无论对企业还是社会整体而言都是不可持续的。因为生产商和供应商不可能真正关心用户在使用过程中的能源消耗，也不会对废弃产品造成的环境影响以及导致的资源浪费感兴趣。在某些时候，生产商甚至更愿意销售生命周期较短的产品。尽管很多企业开展了生命周期优化设计（如应用各种绿色与生态设计策略），努力寻求资源消耗和环境影响的最小化，但由于企业追求自身经济利益最大化的目标，导致整体系统的生态效益无法实现。简单来说，虽然产品能效越来越高，但随着使用量的增加，反而带来了能

1　MONT O. Clarifying the concept of product-service system[J]. Journal of cleaner production, 2002, 10(3): 237-245.

2　MÜLLER P, STARK R. Detecting and structuring requirements for the development of product-service systems[J]. Symposium “Design for X” Neukirchen, 09-10 Oct., 2008.

3　CESCHIN F, GAZIULUSOY I. Evolution of design for sustainability: from product design to design for system innovations and transitions [J]. Design studies, 2016, 47: 118-163.

源消耗的总体增长。第 2 章中提到的汽车能效提高与行驶里程增加的对比数据也是同样道理。

以洗衣为例，洗衣过程中涉及洗衣机（产品）、洗涤剂（材料）、维修（服务）和电力（能源消耗）等多个关联环节。如果从单一产品视角看，减少资源消耗与降低环境影响的策略可以依靠独立的模块，如生产、销售、运输和回收等利益相关者来完成，产品生命周期设计仅仅给产品环节，如洗衣机或洗涤剂生产企业进行自身层面的优化提供了可能性。而洗衣服务则作为一种系统解决方案，用户基于“每次使用付费”（pay per use）模式，不需要购买洗衣机就能享有使用洗衣机、机器维护和升级等服务，获得比购买产品更完整的服务机会和需求满足。企业、消费者和环境三者的利益需求同时得到满足，通过不同利益相关人之间的重构、平衡和共赢，产生一种基于生态效益的系统创新，并总体降低对生态环境的负面影响。

可持续的产品服务系统设计，通过建立以不同参与者的互动与协作为基础的生产消费系统，具有最大限度减少产品生命周期中环境影响的可能性；利益相关人之间的这种互动，能够促成整个系统在满足特定需求时对资源的优化，实现生态效益的提升。这种创新不仅是产品层面，也包括不同利益相关人之间关系的创新，以形成新的社会经济合作网络。

产品服务系统设计的目标是通过整合产品和服务来更好地满足用户需求，是基于整个系统的资源整合优化，不再着眼于单个环节的资源优化。合理高效的系统化设计除了能帮助企业有效获取经济价值之外，也能够有效地减少产品购买量而降低资源消耗，提高资源利用率[1]，因而能促进整个系统生态效益的实现。

9.2.2 基于功能经济的系统创新

产品服务系统的本质就是用服务替代产品（尽管替代的程度不同），强调关注用户的最终需求，而不是去兜售某类产品。在这种模式下，产品的使用价值能够被充分挖掘，从而达成资源高效利用的目标。而用户的需求被另一种可触达的模式所替代，成为一种全新的基于价值获得和服务提供的系统性创新。

在构建生产消费系统时，当用户的需求不再只是产品本身，而是一种功能，如“干净的衣服”“舒适的温度”“方便的出行”或“适度的照明”时，洗衣机、空调、汽车与灯具本身就不是唯一的目标了，而系统内的其他要素及其供给方式和配置方式则成为关注的焦点。有学者认为，产品服务系统属于功能经济的范畴，其核心是通过提供系统功能而不是功能产品来满足消费者的需求。在功能经济中，

1 余乐，李彬彬 . 可持续视角下的产品服务设计研究 [J]. 包装工程，2011，32(20)：73-76.

生产商和供应商是按交付服务的满意度而不是按销售的产品单位收费。因此，功能经济系统同样可以通过减少和优化材料及能源消耗量来促进经济增长。从这个视角上讲，满足人的需求与促进经济发展，完全可以与资源消耗与环境污染实现脱钩。

9.3　产品服务系统的分类

企业提供单纯的产品（如销售汽车）或单纯的服务（如公交车服务）都有很长的历史可寻，产品与服务的组合也并非新鲜事物（如汽车的售后质保服务）。但近年来，由于目标与价值导向不同，产品与服务的组合形式日渐丰富，因此，类型的划分有助于对产品服务系统特征与可持续潜力的深入理解。联合国环境规划署（UNEP）2002 年的报告中从促进生态效益的视角，将可持续的产品服务系统划分为三种模式：产品导向（为延长产品生命周期提供附加值的服务）、使用导向（为用户提供支持使用的服务平台）以及结果导向（为用户提供最终效果的服务）。这三种类型的产品服务系统介于单纯实体产品与单纯服务体验之间，呈现出从有形价值（产品）向无形价值（服务）过渡的几种不同状态与模式，塔克（Tukker）和蒂什纳（Tischner）等学者给出了相应的分类模型，如图 9-1 所示。

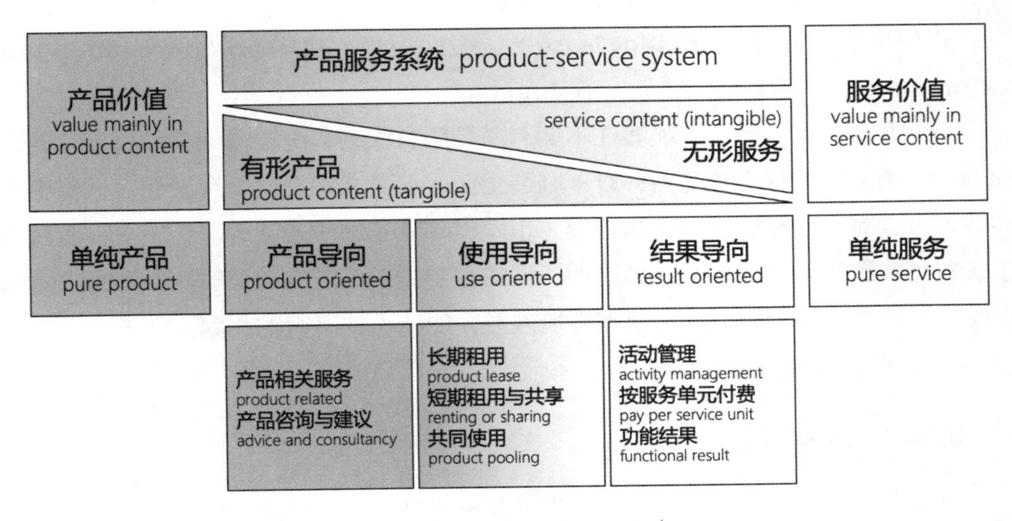

图 9-1　产品服务系统分类[1]

1　TUKKER A，TISCHNER U. New business for old Europe：product-services development，competitiveness and sustainability [M]. Sheffield，UK：Greenleaf Publishing，2006.

9.3.1 产品导向

产品导向（product oriented）的PSS是为用户提供附加服务，以确保产品在整个生命周期内的性能。如维修、更换部件、升级、置换、回收，以及各类产品售后服务。产品依旧是核心，服务是对产品价值的完善（一种增值）。主要形式包括产品使用相关服务（product related service）、咨询与顾问服务（advice and consultancy）。

这是最为经典的产品服务方式，目的是更好地实现产品的功能，在提高使用效率的同时，降低用户在学习使用方法和使用过程中，以及回收产品时的负担和责任，从而强化用户对品牌的信任感和忠诚度；对于企业来说，由于拓展了传统产品供应方的经营范围，可能推动其不断寻求对环境有益，且更具商业竞争力的解决方案，即经济利益可以不仅通过产品销量创造，也可以借助更完善、周到的服务，以增加产品的黏性和品牌的价值。

9.3.2 使用导向

使用导向（use oriented）的PSS是为用户提供一个服务平台（产品、工具、机会或能力），以满足人们的某种需求和愿望。这里产品与服务兼而有之，产品被服务有效地整合在其中。用户可以使用但无须拥有产品，只是根据双方约定，支付特定时间段或使用消耗的费用，如汽车租赁、共享单车、自助洗衣房等。主要使用形式包括长期租赁（product lease）、短期租用/共享（product renting or sharing）、共同使用（product pooling）。

这种方式对用户而言，能够在不拥有产品所有权的情况下得到功能满足，而无须为产品的维护保养耗费精力；对于制造企业或运营方等价值所有者而言，租用和共享等方式减少了物质产品的销售量（也同时降低了物质资源的消耗量），而获得了长期且持续的服务收益，并且这种新型的客户关系可能推动公司为保证经济效益不断进行产品服务创新，最终获得环境效益，例如设计高效的、耐久性的、可重复使用和可回收的产品。

9.3.3 结果导向

结果导向（result oriented）的PSS是一种实现客户满意度的集成解决方案，可以解释为价值提供方（公司/供应商/利益相关者集团等）提供定制的综合解决方案（作为购买和使用产品的替代品）以满足客户的特殊需求，如提供高效的公交出行、清洁服务外包、为建筑提供合适的温度与照明服务等，主要形式包括服务单元计费（pay per service unit）、活动管理（activity management）服务和功能结果（functional result）服务。

在这种组合中，服务成为核心，客户无须购买相关产品，也不用担心维护、保养，甚至无须自己使用与操作产品，仅根据最终是否满意而支付相应费用，便能享受到最佳的服务；生产者保持产品的所有权，通常由第三方运营企业负责提供特定的“最终结果”（如洗衣服务），而不是出售、出租、共享产品（如洗衣机）。换句话说，客户和生产商 / 供应商 / 运营商就结果与费用达成一致，不涉及预先确定使用什么产品。在这种模式下，客户只需关注最终结果的满意度；企业拥有产品的所有权，必然会尽可能地提高资源利用率和生产力，以获得经济利益与竞争优势，例如设计制造更耐久、可重复使用和可回收的产品，这样一来也同时产生了环境效益。[1]

9.4　产品服务系统的设计案例

产品服务系统设计策略已经融入多个行业，并产生了众多优秀的应用案例。以下将根据产品导向、使用导向与结果导向三种类型，选择适合的案例进行介绍分析，以便读者更深入理解产品服务系统设计所具有的可持续性价值。

- **华为的升级服务（产品导向）**

华为公司在 2021 年 6 月的鸿蒙新操作系统发布会上，针对老用户推出了一项内存升级和软件升级服务。这是一次不同于通过不断推出新款产品促进销售的反向淘汰计划。老款手机用户只需在规定时间内到售后服务中心，花几百元人民币对自己的旧手机进行内存扩容、低价更换电池，甚至置换个性化后盖等硬件升级，同时还可获得免费清洗、贴膜等贴心服务。这样的服务可以满足用户存储更多图片、视频和数据的需求，使旧手机重获新生，也避免了更换新手机的经济成本；同时为特定老款机型分批升级至最新的鸿蒙操作系统，获得与新款手机一样的操作体验（图 9–2）。[2] 相关服务推出后获得老用户的积极响应和好评，提升了用户体验的同时，也巩固了市场占有率。这是典型的“产品导向”的软硬件升级服务。

1　VEZZOLI C. System design for sustainability：theory，methods and tools for a sustainable “satisfaction-system” design[M]. Rimini，Italy：Maggioli Editore，2007.

2　华为官网：https://consumer.huawei.com/cn/support/。

图 9-2　华为软硬件升级售后服务

- **共享单车（使用导向）**

随着共享经济的兴起和发展，共享单车作为一种解决交通出行“最后一公里”的绿色出行方式和新型共享经济代表，其分时租赁模式早已为大众所普遍接受。共享单车为用户提供了经济、便捷的短途出行解决方案，即使用者无须拥有车辆，只要在有需要的时候，在适当的地点，通过手机上的信息管理平台匹配单车、开启车锁，从而获得单车使用权（图 9–3）。使用结束后，用户可以在就近划定的区域停放单车，并自动支付使用时间段内的费用。这是典型的“使用导向”的产品服务系统，如果设计合理、管理规范、运行有序，该系统不仅可以节约物质资源，倡导绿色交通，降低环境影响，也能充分满足人们短途出行的需求，同时可以为企业获得商业利益。

图 9-3　2014 年创立的 ofo 共享单车

（图片来源：https://www.sina.com.cn）

共享单车在中国市场目前经历了 4 个发展阶段。[1] 2007—2010 年为第一阶段，

1　ZHANG L, ZHANG J, DUAN Z, et al. Sustainable bike-sharing systems: characteristics and commonalities across cases in urban China[J]. Journal of cleaner production, 2015, 97: 124-133.

国外兴起的公共单车模式开始引进国内，由政府主导分城市管理，多为有桩单车；2010—2014 年为第二阶段，专门经营单车市场的企业开始出现，但公共单车仍以有桩单车为主；2014—2018 年为第三阶段，随着移动互联网的快速发展，以 ofo 与摩拜为首的互联网共享单车应运而生，更加便捷的无桩单车开始取代有桩单车；2019 年后为第四阶段，支付宝、美团、滴滴等互联网品牌纷纷介入出行领域，早期共享单车企业则选择转型或被大型互联网公司收购，市场上也出现了普通单车与电单车等多种形式的共享交通工具，极大满足了消费者多元化的出行需求。

在过去近十年的发展过程中，以互联网与移动支付为技术支持的共享单车经历了资本追捧、爆发式增长、问题频发与舆论谴责，以及转型重组的过程。早期曾先后出现众多品牌角逐市场，虽然为用户提供了便利，但也因为资本驱使下的无序竞争，导致特定区域内超量投放，严重缺乏系统管理以及产品维护、更新和后期处置，加上使用者对规则的不熟悉，以及对公共产品的不在意，最终导致了产品被大规模废弃，形成“单车坟场”，以及拥堵道路、影响交通秩序等乱象。随着政府加大管理力度，以及企业的转型重组，部分品牌开始投入到产品全生命周期的环保行动中，在设计、采购、生产、投放、运营、报废的所有环节贯彻 3R 原则。同时，新一代共享单车也强化了停车电子化管理，优化了收费模式等，重新激发了居民使用共享单车的热情。

- **蔚来汽车 BaaS 服务计划（使用导向）**

中国的蔚来汽车于 2020 年正式推出 BaaS（battery as a service）电池租用服务。该商业模式以电池租用为核心，打造了一种充电、换电及电池按需租赁、动力升级的产品服务体系，结合蔚来汽车的线下服务网络系统，实现用户按需充换电与灵活升级的需求（图 9–4）。

图 9–4　蔚来电池换电站

（图片来源：https://www.nio.cn）

实际上，这一概念设计早已存在，但蔚来汽车在真实的生活场景中将其付诸实现了。BaaS 服务敏锐地捕捉到消费者在购买新能源电动车时的心理状态，针对电池成本高昂、续航焦虑，以及电池性能下降与折旧快等痛点，采用购车和租赁电池相结合的销售策略。即消费者不用一次性购买电池，只是租借使用，电池的所有权依旧归属蔚来汽车。BaaS 用户仅需按月支付电池租金即可，从而大大节省了购车的初始花费，并可在使用过程中随时升级至 100 千瓦时或更大容量的电池包，实现更长续航里程，满足长途出行需求。[1]BaaS 策略有效降低了购车门槛，又为今后升级预留了空间。“按需”购买、租赁并灵活“升级”构成蔚来的能源服务体系。

电池是新能源汽车的核心部件，不仅成本高，维护不善的话还会给车辆带来隐患，废弃后处置不当也会对环境产生巨大影响。蔚来汽车的 BaaS 服务，能够实现车、电分离，即实现裸车销售。消费者以更低的价格购买到新能源汽车，而无须担心电池衰减、升级与汽车保值等问题；企业获得了更高的产品销量与更长久的经济回报，并强化了品牌形象，以及用户忠诚度（形成用户 + 社区的独特竞争优势）；此外，企业拥有电池的所有权，并负责电池全生命周期的维护与处置，因此有充分的理由和动力来保证产品更具耐久性、更方便维护和保养，以及材料循环再生、部件重复使用、减少消耗与污染排放的诸多绿色环保措施，并有望实现产品在企业内部的闭环循环，从而最大限度地降低环境影响。综上所述，蔚来汽车的 BaaS 是典型的“使用导向”的产品服务系统设计，具有巨大的可持续性潜力，未来发展值得关注和期待。

- **尼日利亚的太阳能家用系统（结果导向）**

联合国可持续发展目标（SDG）的第 7 项就是确保人人获得负担得起的、可靠和可持续的现代能源。作为非洲人口最多的国家，尼日利亚用电需求与日俱增，但由于该国电网等相关电力基础设施匮乏，且可用于升级更新的财政拨款十分有限，供电瓶颈一直难有突破。如今，小规模、分布式的可再生能源正在成为当地优选的电力解决方案。尽管从环境角度看是可持续的，但可再生能源的电力设备并非普通家庭可以负担得起。因此，应用产品服务系统的设计策略，可以得到最聪明的解决方案，即将购置设备的费用转化为购买电力服务的费用，并可选择分摊到更长的时间期限内，有效帮助当地居民解决了实际问题。

2020 年 12 月，尼日利亚国民光伏扶助计划“太阳能家用系统”（solar home system，SHS）正式实施（图 9–5），预计将有约 2500 万人口从中受益。该计划将率先为全国电力服务欠缺或无法连接电网的“无电人口”安装 500 万套太阳能家庭系统和小型电网，受益人根据 3 年的发电量，自由选择每周付费或每月付费，3 年后可以获得这一发电系统的所有权。这是一种“结果导向”的 PSS 设计，用户只

1 蔚来官网：https://www.nio.cn。

需根据使用情况支付费用，便可以享受电力服务。SHS 计划还涉及光伏组件的制造和组装，包括帮助当地私营太阳能企业获得低成本融资，进而以更低的价格提供服务。在项目启动之初，世界银行为 SHS 计划提供了 20% 的资金。中国部分光伏板制造商也参与其中，为其提供设备支持。

图 9-5　尼日利亚 SHS 系统安装与维护
（图片来源：https://repp.energy/project/pas-solar-nigeria）

- **飞利浦的照明即服务（结果导向）**

飞利浦照明在 2018 年更名为昕诺飞（Signify），实现了从销售产品（灯具）到提供照明服务的模式转型。实际上，飞利浦照明在 2011 年就推出了“只为光付费”（pay per lux）的创新服务，并联合 Cofely 能源服务公司在荷兰史基浦（Schiphol）机场进行了应用，见图 9-6。这是全球第一个基于循环经济“端到端”（end to end）模式的产品服务系统设计项目，被称为“照明即服务”（light as a service，LaaS）。这意味着，机场仅仅为使用的灯光而付费，灯具等设备的所有权仍属于昕诺飞，因此这是一种典型的“结果导向”的产品服务系统设计。该项目采用类似产品合同托管的模式，在整个生命周期内，企业承担设计、安装、维护和管理照明的所有责任，并负责合同期内的绩效，确保系统能提供稳定和持久的性能。客户只是将照明作为一项商品（服务）购买，而不是预先投资新的硬件。

在该方案中，由于产品的所有权与运营维护权仍属于服务提供方，这就意味着最大限度保持产品价值是非常重要的。因此企业专门设计了智能 LED 灯具和智能控制系统。灯具采用模块化、可拆卸的方式设计，便于及时维护、升级和维修，以达到持久使用的目的。当使用寿命结束时，昕诺飞会对其进行再利用、翻新或循环再生。智能控制部分则根据 Schiphol 机场的实际需求、环境已有的光照条件和人员位置等情况，对每个灯具的运行状态实施精准控制，以提高能源效率。与传统照明相比，该方案具有更好的光学性能，且能耗减少了 50%，灯具寿命延长了 75%，在节约了经济成本的同时，也极大降低了环境影响。通过高度定制化服务以及持续

图 9-6　使用飞利浦照明服务的阿姆斯特丹史基浦机场 2 号候机厅
（图片来源：https://www.signify.com/global/lighting-services）

收集数据优化，LaaS 在减少客户工作量的同时也为用户提供了更好的照明体验，并以此与客户建立了长期的信任关系。

9.5　可持续性、阻力与趋势

综上所述，如果经过适当的设计，产品服务系统在促进社会经济可持续发展上具有巨大的潜力和发展空间。从环境角度看，PSS 可以有效激励产品制造商与服务供应商，在完整的生命周期中减少材料与能源的消耗。尽管每个 PSS 项目情况各异，但总体而言，制造商有意愿设计更耐久、更节能的产品，并且使这些产品更易于维修、再制造与再利用。从这个意义上说，PSS 设计与前面章节讨论的诸多设计策略之间有着明显的联系。

从社会维度看，与传统的销售物质化产品的方式相比，由于 PSS 更侧重于使用环境，因此，能够引发更多当地（而不是全球）利益相关者的积极参与，从而增加就业，并促进当地经济的发展。[1] 此外，一些 PSS 采用分期支付服务的方式，不需要购买产品，因此使得低收入群体更容易获得这些服务。

1　UNEP. Product-service systems and sustainability: opportunities for sustainable solutions [M/OL]. United Nations Environment Program, 2002.[2022-03-10].https://wedocs.unep.org/handle/20.500.11822/8123.

从经济维度看，PSS 创新可以带来一系列经济和竞争优势。对于公司而言，PSS 可以获得新的市场机会，提高竞争力，与客户建立更长久、更牢固的关系，同时为潜在的竞争者设置进入该领域的壁垒。[1]

不过，产品服务系统同样存在一定的局限性和问题。比如可能带来的“反弹效应”（rebound effects），以及可能增加的维修、运输、处置和回收成本等。例如，随着共享经济的兴起，那些被大众共享的公共物品，由于粗放型的高频次使用而经常遭到耗损与毁坏，甚至人为破坏，从而增加了产品维修与更换的成本，以及资源的浪费。另一方面，产品服务系统离不开对网络、数据、物流等基础设施的投入和依赖，这在一定程度上也增加了交通运输的强度，而可能产生额外的碳排放与交通问题，等等。

实施产品服务系统策略的主要障碍来自企业与用户两方面。对于习惯了销售实体产品的企业来说，不仅要改变组织架构、业务模式，更要转换经营理念；还要认识到产品服务系统策略不是短时获利的项目，需要知识、技能和人才的储备，以发挥创新模式的长期价值和边际效应。对消费者来说，则需要一种新的消费态度与理念，即从“购买并拥有”产品到“使用而不拥有”产品的文化转变。

归根结底，产品服务系统设计不仅是产品与服务的简单组合，而且是商业模式与消费模式的创新，也是提供产品与服务全过程的系统重塑，其目标是实现商业价值、人的需求与环境效益的兼得共赢。产品服务系统代表了一种去物质化的发展趋势，使获得经济利益与负面环境影响实现脱钩成为一种可能，是朝向可持续发展的最有前景的设计方法之一。

1　CESCHIN F，GAZIULUSOY İ. Design for sustainability：a multi-level framework from products to social technical system[M]. London：Routledge，2020：81.

第 10 章　社会创新设计

社会创新设计（design for social innovation）将人作为核心议题，是为人—与人—由人的演进过程。相对于较为宽泛的“社会设计”，“社会创新设计”有明确的价值取向，即通过自下而上的方式，促进个人对社会的参与及合作，导致行为的改变，最终实现社会组织机制的重塑，培育社会资本，实现社会和谐与可持续发展。

可持续问题的本质是人与自然的关系问题，但这种关系并非抽象的，不同人、不同群体、不同社会的观念、文化、处境与视角，将直接影响到作为整体的人类与自然的关系。人类内部如果缺乏共识，将不可避免地走向“公地悲剧”，最终人类共有的栖息地将不可避免地沦为牺牲品。这就是社会可持续的意义所在。

10.1 社会可持续

要探讨社会可持续，首先要理解什么是“社会”。作为社会学最基础的概念，社会（society）一词出现于 14 世纪，最早形容某个具有共同特征的群体，之后涂尔干（Durkheim）将之定义为一个自成一体的独立实体，会对特定疆域内的个体产生广泛而深远的影响。在当代世界物质和人员飞速流动的背景下，这一以民族国家为基础的定义也受到了巨大的挑战。[1] 本章中采用的“社会”定义是：长期进行人际互动的一群人，这群人共享物理空间或社会疆域，往往由共同的政治制度和文化传统所决定。[2]

相对于经济和环境可持续而言，社会可持续是一个较少被讨论的主题，也缺乏一个公认的定义。在《我们共同的未来》报告中，可持续发展的社会维度主要集中在健康和收入均等；1992 年《里约环境发展宣言》中增加了有尊严的生活，代内、代际以及国际公正，以及本地参与的可持续发展等内容。从当下的研究来看，有关社会可持续性的讨论主要有两种不同角度，一种角度是强调社会发展，并采用一些指标进行衡量，如联合国提出的“人类发展指数”（HDI），选取人均 GDP、国民平均受教育年限、人均寿命这三个指标作为社会发展最具代表性的参数。同时，高质量的社会发展还应以更高的生态效率来实现，即以较低的生态足迹，实现更高品质的社会发展，最终实现可持续发展的目标。另一种角度则更强调社会凝聚力、社会和谐与社会资本，但这些议题在西方社会科学中也仍有很多争议，自身尚未发展出明确的定义，也难以进行评估和测量。

在我国的政策与学术领域中，也很少使用“社会可持续”的术语，但“社会发展”

1　吉登斯，萨顿．社会学基本概念 [M]. 王修晓，译．北京：北京大学出版社，2019:29。

2　见维基百科的“社会”词条（https://en.wikipedia.org/wiki/Society）。

与"民生建设"的概念始终是国家政策的重要内容。如在党的十九大报告中，有关社会发展的总结涉及脱贫攻坚、中西部教育发展、收入均衡、社会保障、医疗卫生、保障性住房、社会治理、社会安全等。[1]可见，包含了提升人民福祉、保证各方面机会均等的社会公正是我国社会发展的重要目标。

以社会可持续为目标的设计，相对于以环境可持续为目标的设计出现的时间更晚。一方面，社会问题往往在经济发展受挫时才会显现，但除了政府之外，似乎很难找到明确的责任主体；另一方面，社会问题的复杂程度远远超过特定的产品、空间、服务等。受责任感驱使的设计师，在不满足于以商业利润为目标的设计实践时，开始进入社会领域的设计。以社会问题为对象的设计，经历了从表达观点到直接干预；从具体的物的解决方案，到复杂的系统性解决方案；从单一设计学科的介入，到协同多个学科并全程保持开放式的社会参与。以社会组织结构创新为目标的设计实践正在成为设计领域中越来越重要的部分。

然而，社会组织结构的创新涉及复杂社会系统的再造，而设计师对这一复杂系统的认知仍有待深入。以此为目标的社会创新设计，其内涵尚在探索和讨论之中，方法和方法论也远未成熟。但从获得较多关注的各种案例中，还是可以归纳出其探讨的核心议题，以及当下设计实践者在专业能力范围内所能达到的目标。

10.2　社会设计：为人民的设计

在设计介入社会议题的初期，设计师往往从能够直观认知的问题出发，就具体的问题，提出具体的、由设计师主导的解决方案，如针对贫困群体的基本生存需求，尝试提供可负担的（affordable）产品与服务。对于一些有着明确的社会感知度，但在当下却没有直截了当的解决方式的问题，则通过设计或艺术行动，表达设计师的态度，获得更大社会影响，以此倒逼问题的解决。这两类设计实践，尽管形式截然不同，但具有内在的相似性：一是由设计师主导；二是采用相对传统的设计方法来实现。

10.2.1　为金字塔底层的设计

谈到社会设计（social design 或 design for society），往往会追溯至帕帕奈克，但实际上，帕帕奈克本人并未直接提出这一术语。1991 年，Nigel Whitely 在其著

1　习近平 . 决胜全面建成小康社会，夺取新时代中国特色社会主义伟大胜利——在中国共产党第十九次全国代表大会上的报告 [R/OL].(2017-10-27)[2021-09-16]. http://www.gov.cn/zhuanti/2017-10-27/content_5234876.htm.

作《为社会设计》中才明确提出这一概念。尽管 Nigel Whitely 也承认这一简单的书名容易导致误解和争议，但他认为有必要质疑消费主义导向的设计是否应该成为设计的全部，消费主义设计有益于还是有害于社会的整体。以此为出发点，他认为有必要继续讨论“社会”这一基础概念：社会是否等于全部个人的组合？[1] 从这一问题出发，他认为绿色设计、为弱势群体的设计、符合消费伦理的设计、女性主义设计等，都属于为了社会的设计。

无论是帕帕奈克还是 Whitely，除了对环境问题的关注这一共同点之外，两人均认为，“为弱势群体的设计”即“为金字塔底层的设计”（design for the bottom of pyramid）是具有社会意义，并且能体现社会责任的设计。这一观点需放在“自由主义”与“新自由主义”所塑造的价值观背景下来理解。从价值观的角度来看，自由主义倡导的是个人主义的价值观，个人自由具有最高的价值。这种价值观在英美新自由主义背景下，与社会达尔文主义紧密结合，其结果是大众对社会分层的坦然接受。而包括帕帕奈克在内的一些知识分子、设计师本能地从人道主义的角度来面对这一问题时，“为金字塔底层的设计”就成为一个新的议题。

“为金字塔底层的设计”往往关注普通人最基本的生存需求，如食物、水、能源、卫生、交通等。按马斯洛的需求层次理论，这些是人类赖以生存的基本条件，与传统主流设计服务于“有购买力的”中产阶级或上层阶级的设计对象截然不同，因而具有鲜明的价值取向。近年来，包括德国红点奖、IF 设计奖、日本 G-Mark 等重要的国际性设计大奖，也都将“社会设计”或“社会责任感设计”纳入评价标准之中。

- **LifeStraw 净水器**

非洲地区至今尚未大规模建立起饮用水基础设施，据世界卫生组织统计，直至 2015 年，全球尚有 8.55 亿人缺乏干净的饮用水，这些人大部分位于非洲。LifeStraw 是一种便携式的净水器，由 Vestergaard Frandsen 公司开发，可过滤 99.9999% 的水生细菌，定价 25 美元，单人可以使用一年，过滤 750 升水，中途不需要替换配件（图 10–1）。产品由厂家销售给非洲本地的非政府组织（NGO），NGO 通过募捐筹集资金，补贴购买者，最终用户只需要 10 美元就能购买。目前，该公司为路德世界救济会提供了 6 万台净水器，为刚果民主共和国的 482 个诊所提供净水器，为尼日尔的 5000 位居民提供净水等。据统计，该系列产品通过人道主义回馈计划使得 200 万儿童受益。

1 WHITELY N. Design for society [M]. London: Reaktion Books, 1993.

图 10-1　LifeStraw 手持式净水器

（图片来源：https://vestergaard.com）

10.2.2　社会影响力设计

社会影响力设计（design for social impact）在英文文献中有多种定义，并与"社会设计""社会创新设计"等概念经常混用。本章中对社会影响力设计的定义是：针对某一特定社会问题，用特定的设计作品，如装置或设计行动，对问题表达态度，以获得更广泛的社会舆论对该社会问题的关注，并最终推动问题的解决。从这一术语来看，"影响力"是这类设计行为和设计项目的主要目标，因此，社会传播是其中重要的手段，通过当下无所不在的媒体的充分介入，通过有视觉冲击力和参与性的装置，吸引民众的关注和参与，以表达设计师的观点，并在普通民众中获得支持与共识。

社会影响力设计与当下新兴的众多设计流派有着密切的关系，如批判设计（critical design）、思辨设计（speculative design）、设计行动主义（design activism），等等。其相似之处在于，这类主题都属于社会性议题，如环境污染、社会区隔、移民、技术对人类的异化、性别等；设计的目标都在于表达设计师对此类议题的观点，而非提出解决的方案；设计的成果往往以装置的形式呈现，而非可供批量化制造的产品或服务；设计的衡量标准往往是传播度和关注度。与"为金字塔底层的设计"相比，社会影响力设计更关注观念的表达，而"为金字塔底层的设计"往往会给出某个问题的具体解决方案，无论方案本身能否真正解决问题。

- **边境跷跷板**

美墨边境的移民问题对美国社会有着长期而复杂的影响。加州大学伯克利分校建筑学教授罗纳德·雷尔（Ronald Rael）和圣何塞州立大学设计副教授弗吉尼亚·圣弗拉特洛（Virginia San Fratello）共同完成了名为"边境跷跷板"的设计装置。

在美国总统特朗普推动在美墨边境竖立边境墙之后，两位设计师在位于墨西哥华雷斯城阿纳普拉区的边境墙上安装了三个粉色的跷跷板，希望以一种“非常坦诚而不失幽默”的方式来谈论边界问题。来自边境两侧的儿童和成年人纷纷参与其中，尽管它们只存在了 20 分钟就被警察拆除，然而人们玩耍跷跷板的视频还是在网上疯传（图 10–2）。

“粉色跷跷板”赢得了伦敦设计博物馆 2020 比兹利年度最佳设计奖。伦敦设计博物馆的首席执行官和馆长蒂姆 · 马洛（Tim Marlow）评价道：“摇摇晃晃的墙鼓励了人类建立联系的新方式。它是一部富有创造性的作品，并将一直扮演提醒者的角色，它提醒我们：人类可以怎样超越那些分裂我们的力量。”[1]

图 10–2　美墨边境的跷跷板
（图片来源：https://hifructose.com，https:// www.dezeen.com）

10.2.3　社会设计的局限性

无论是解决问题导向的设计，还是提出问题、激起社会关注的设计，都是围绕一个具体的议题，提出某个解决方案，或通过“设计之物”（designed object）来表达设计师的态度。在当下消费主义的大语境中，这类体现设计价值的独立思考，以及带有社会责任感的设计实践是难能可贵的。

然而，越来越多的研究者和实践者也意识到，复杂的社会问题，无论是贫富分化、养老，还是移民问题，都远远超出了设计单个学科的能力。设计的介入，不管是引起话题，发起社会对话，还是直接提供产品或服务，对问题的真正解决都是有限的。社会问题的根源在于社会本身，设计方案如果缺乏本地资源与人的介入，往往在原型建立之后就快速夭折。而以社会影响力为目标的设计，往往很难从呼吁转化为行

1　Pink seesaws at US-Mexico wall win design award[EB/OL]. (2020-01-19) [2021-09-11]. https://www.bbc.com/news/world-us-canada-55718478.

动，在设计的短暂狂欢之后，真正的问题却依然如故，甚至会带来普通民众对设计学科能力的质疑。

设计实践能够经历现实问题的考验，是对“社会设计”的核心挑战。面对这一挑战，设计师除了要具备“系统观”与更多人文学科的知识外，还应该意识到，复杂问题需要多学科的协作，以及不同利益相关人的共建。在协作与共建的过程中，如何发挥设计者的专业优势，并改变精英主义的态度与工作方式，将是未来设计学科发展的重要议题。

10.3　社会参与式设计：与人民的设计

在面对非市场化的问题时，设计师无论是提出解决方案，还是表达鲜明的态度，在设计过程当中都吸收了全新的理念与方法，其中与使用者的互动与协作成为设计创新的重要环节。参与式设计（participatory design）并非社会创新设计的独有方法，但是缺乏社会参与，必定无法实现社会创新设计的目标。

10.3.1　设计民主化的兴起

设计作为一种“造物”活动，从手工艺时期就在积累“可教授”的工作方法，如最基础的材料与色彩研究，与工程师合作的结构与形态研究等。这些设计方法在包豪斯时代得到了系统的梳理与提升，成为现代设计的基础内容。

“二战”后，西方现代工业飞速发展，无论是企业内部的设计部门，还是服务于多个委托方的独立设计师或设计公司，都对设计方法不断推陈出新。如亨利·德雷福斯（Henry Dreyfuss）被视为人机工程学的奠基者，他关注的是产品之于用户的使用舒适度，因而大量研究普通人的基本物理尺寸，在大量个性化数据的基础上，抽象出规律与标准作为产品设计的依据。而大型消费品企业纷纷建立用户研究部门，以有偿的方式招募用户参与测试和研究，并大量借鉴心理学、社会学的实验与调研方法，通过面对面的访谈、观察、用户打分，甚至心电、眼动、脑电波等生理指数的测试，来评价和推测用户的兴趣点与兴奋点。基于这些数据，设计师会有的放矢地开发出具有独特卖点的产品。

这一整套设计研究方法在制造业中取得了巨大的成功。但是，一旦设计师介入社会议题，这些方法则很难被全盘采用。一是以解决社会问题为目标的设计，往往是以服务、空间、系统的形式提出，而物质化产品并非主要的解决方案，因此，以个体为基础的产品设计方法很难适用。二是此类设计的最终使用者更为多元化，利益相关人也更加复杂。例如，使用公共空间的“用户”可能是老人、儿童、游客，也可能是一个家庭或成群的年轻人，他们的利益诉求、行为模式有着极大的差异，甚至互相冲突。而上述实验室式的调研方法往往会剥离具体情境，因此难以还原真实需求，捕捉到真正的设计机会。三是社会性的设计，如各类公共物品、设施和服务等，具有天然的垄断性，由政府经过长期规划、编制预算才得以实施。因此，一旦实施之后，使用者往往没有选择的余地，出现问题之后修改调整的难度也很大，因此设计前期研究也更具挑战性。

由用户直接参与设计过程，甚至提出设计概念的参与式创新，出现于 20 世纪 70 年代北欧的信息系统领域，之后在建筑学及规划学等领域得到大范围的运用。[1] 进入 21 世纪后，在围绕社会性议题的设计实践中，设计师们对传统的设计理念与方法进行了大量创新，尤其在信息与交互技术日趋成熟并普及的当下，参与式设计成为最受关注的设计创新方法之一。

10.3.2 社区设计

在参与式设计的实践领域中，社区成为最受关注的对象。与社会一样，社区也是社会学中源远流长并不断变化的核心概念。在社区的概念中包含两个最基础的要素：一是共享一个特定的物理空间，不过，这个要素在网络大规模普及之后受到了挑战，一些虚拟社区可以完全不依赖物理空间而形成；二是具有相似的价值认同，并且有人际互动。与社会相比，社区的尺度规模更小，更容易理解和进入。作为更庞大和抽象的社会构成单元，社区设计的方法与过程具有一定的可复制性。

在设计研究领域，经常被提及的有社区设计（community design），也有“基于社区的设计”（community-based design）。相对来说，前者更侧重社区的物理层面，即在一个特定的区域之内，对社区的设施、空间、服务等进行设计；后者更侧重社区的精神层面，即以一群价值观相似、高度互动的人为基础，提供综合性的解决方案。不论是侧重于哪个层面，在设计调研与方案提出的过程中，居民的大量参与都是不可或缺的重要环节。也唯有如此，在方案设计完成并实施之后，才可能获得居民的长期支持。

社区设计在欧洲与日本都有大量的实践。近年来，随着我国城市化进程从增量发展进入存量更新的阶段，以改善老城区居民生活质量为目标的社区设计实践也呈现出欣欣向荣之势。以社区公共空间、社区花园等为载体，大量参与式设计项目得以实施，同时，这种方法也得到了本土化改造，并正在逐步形成具有中国特色的设计方法论。

1 钟芳，刘新．为人民、与人民、由人民的设计：社会创新设计的路径、挑战与机遇 [J]. 装饰，2018（5）：40-45.

- **米兰 Cenni 集合住宅**

2006 年，米兰理工大学开设了“协作式住宅设计”的硕士课程，其目标是培养学生帮助居民自发组织、自主设计、自我建设住宅小区的能力。以集合住宅为研究课题的博士生 Giordana Ferri 在毕业之后，成立了社会住宅基金会（Fondazione Housing Sociale），在 2012—2015 年间，发起并落成了欧洲最大的社会住宅项目“米兰 Cenni 集合住宅”小区。从设计介入这个项目的完整过程，可以管窥社会创新设计的基本理念与方法。

首先，社会住宅的定义与常规住宅有明显的不同。常规的商品房和公租房售价中包含了住宅本身以及相应的物业服务，物业服务往往包括安全防卫、公共卫生、垃圾处理、房屋维修等，其服务质量与费用直接相关。但在社会住宅项目中，这些物业服务将根据居民的需求进行开发，并由居民自主运营管理。在这一过程当中，社区居民的积极参与和高频互动将形成紧密的社区人际关系。高质量的居住空间，个性化的社区服务，良好的社区关系，是社会住宅独特的产品内涵。尤其最后一点，是无法通过任何市场购买行为获得的。空间、服务、社区关系作为社会住宅的三个层面，都经过了完整的需求定义与产品开发过程。

社会住宅项目的第一步是金融规划。在米兰 Cenni 集合住宅项目中，首先成立了一个投资委员会，负责评估项目的成本收益，为购买者发放低息贷款等。之后就开始了用户征集、产品开发、项目建设的完整过程。

第一个阶段是机制建立，即成员的征集与选择。社会住宅基金会（以下简称“基金会”）发布了一个网络平台，征集对社会住宅有需求并有意愿参与完整的设计与建设过程的居民。项目希望最后形成一个混合而非同质化社区，优先选择那些急需住房且中低收入的家庭，因此定价相对较低。相应的要求则是认同社区理念，愿意参与社区生活。最终的居民构成非常多样化，包括多代合居家庭、核心家庭、单身年轻人、承担社会义务家庭（收养孤儿或临时接待困难人士）、老人、外国人，等等。之后，居民们组建了一个“经理人小组”，其职能包括但又大大超出了常规物业管理的范围。协助居民自发组织活动、运营社区服务，强化社区居民之间的人际互动，推动住宅小区变成具有相似价值观和稳定的社会网络的真正的“社区”[1]，是这个小组的最终使命。

第二个阶段是居住空间（硬件）的产品开发。在常规住宅项目中，开发商已经对居住空间和户外景观进行了设计，消费者只是根据需求进行选择。而社会住宅采用的则是“自下而上”的自定义设计过程。设计师将多种多样的需求进行整理和类

1　Altreconomia Fondazione Housing Sociale. Il gestione sociale: amministrare gli immobili e gestire la communita nei progetti di housing sociale[M]. Milano: Altreconomia, 2011.

型化合并之后，提出了大、中、小三种房型，可兼容十种不同的家庭结构和功能需求。这个过程经历了长期的参与式设计，通过相应的决策机制，居民能够最终决定产品形态，包括建筑材料的选择。

第三个阶段是社区服务（软件）的产品开发。这是社会住宅中最具特色和社会价值的部分。在一系列的参与式设计工作坊中，设计师使用需求卡片、场景板等设计工具，激发居民提出需求，并直接在建筑设计中提前布局。最终，Cenni 集合住宅小区一共推出了十余种社区服务，如家庭托儿所（概念来自 EMUDE 项目案例）、社区菜园、儿童画室、共享厨房、烹饪课堂、社区图书馆、时间银行，等等。

经过几年的设计、建造与运营，Cenni 集合住宅项目形成了完整的方法论，其极具创新力的工作流程、工具与方法得到了实践的验证（图 10–3），并在新的项目中不断迭代。

图 10–3　协作式服务卡片在参与式工作坊中的运用[1]

10.4　社会创新设计：由人民的设计

10.4.1　社会创新的背景

社会创新（social innovation）的概念早在 20 世纪 60 年代就由英国开放大学的创始人迈克尔·杨等提出，但直到 21 世纪初期才进入公众视野，并成为重要议题。在西方社会学研究领域，通常将政府、商业和社会称为第一部门、第二部门和第三

1　BARDELLI G, FERRI G, PAVESI A S. Starting up communities: un design-kit per l' abitare collaborativ [M]. Milano-Torino: Fondazione Housing Sociale, 2016.

部门。社会创新在此语境之下，与作为第三部门的“公民社会”直接关联，是除了传统的政府部门创新及商业创新之外的、由社会力量发起的创新。

社会创新兴起的原因要回溯到 20 世纪 80 年代的里根 - 撒切尔新自由主义改革。70 年代之后，西方发达国家经济增速下降，能源危机爆发，陷入高通胀、高失业的“滞涨”泥潭。撒切尔和里根在英美相继推出新自由主义改革，主要做法是减税、去管制、大幅缩减社会福利、构建小政府等。新自由主义改革带来了美国长达 30 多年的经济高增长，但是到 21 世纪初期，尤其是 2008 年金融危机之后，欧美国家的社会问题显现，公共物品（public goods）的供给严重不足，社会矛盾有愈演愈烈之势。

另一方面，没有全盘采纳新自由主义的西欧国家也进入了相似的困境。西欧大陆国家在“二战”后大都采用了福利制度，通过高税收、高福利的形式来保障较高的国民生活水平和相对较低的贫富分化指数。但金融危机的到来使得很多国家，尤其是南欧国家陷入国家债务危机，用于支持社会福利制度的税收来源大幅减少，公共支出不得不急剧压缩。与此同时，老龄化和移民潮又带来了全新的社会挑战，社会矛盾加剧。

欧美国家开始意识到，现有的方法难以应对不断加深的社会问题，社会创新因此被欧美国家视为“第三条道路”，即在大政府和全能市场之外的另一种途径。在此背景下，英国文化协会（British Council）、杨氏基金会（Young Foundation）等机构推动了大量社会创新项目；美国奥巴马政府也于 2009 年在白宫设立了社会创新办公室。

10.4.2　社会创新

社会创新最常被引用的定义是：以新的方法来解决新出现的问题[1]。这个定义必须联系到上述背景才能更好地理解，即在传统的公共福利和市场化模式之外的新的解决方案。以养老为例，主流情况下有家庭自主养老、公立养老院和商业服务这三种模式。但这三种模式都有各自的缺陷，中低收入的家庭有可能缺乏支付能力，因此难以负担全职照料和相对高收费的商业服务；而公立养老院则需要更多的政府财政投入以及长期的规划，否则就无法接收更多的老人，难以满足社会需求。而欧洲老龄化程度不断加剧，一些地方政府和居民提出了新的社区服务模式，将政府机构、社区与居民共同纳入其中，一种新的面向养老服务的社会创新模式由此产生。

家有学生：意大利是全球老龄化程度最严重的国家之一，在其最大的城市米兰，

1　MULGAN G，TUCKER S，ALI R，SANDERS B [M]. Social innovation：what it is，why it matters and how it can be accelerated. London：The Basing stoke Press，2007.

伴随着老龄化的一个现象是，独居家庭的比例不断上升。与此同时，米兰房价高昂，高校无法向众多学生提供平价宿舍，大量学生甚至不得不住在周边城市，每天通勤上学。一个民间机构 Megliomilano（更好的米兰）发起了这个合居项目：家里有空房间的老人提供住宿的空间，愿意与老人合居的大学生在配对成功后，可以以市场价一半的房租入住，其条件是对老人进行日常的基本照料和陪伴（图 10–4）。机构会聘请心理学家对老人和学生进行面试，走访老人家庭，并安排老人和学生面对面交流。此项目从 2004 年发起到 2014 年间，共达成 650 多个协议，10 年期间仅 8 例失败。[1]

图 10–4　意大利《晚邮报》报道“家有学生”项目：加起来 100 岁的 Gina 和 Sofia 共同对抗新冠疫情中的孤独

（图片来源：https://www.meglio.milano.it/prendi-in-casa/）

在这个案例当中，政府、社会与市民都投入了相应的资源，共同分担了成本。如政府对老人补贴了养老金；社会机构承担了包括评估、配对在内的具体工作，并对老人和学生提供日常的支持与指导；老人提供了闲置的住房；年轻学生提供了时间与精力，最终实现了政府和个人（老人与学生）多赢的解决方案。但这个方案高度依赖于老人与学生之间的互相信任与相互协作。同时，这与意大利较为浓重的家庭传统，以及多代同居的家庭模式有着直接的关系，而在个人主义更普遍的其他地区，则较难复制这个模式。

在政府与市场之外的新的解决方案，最依赖的是社会自身的组织能力，即“社会资本”（social capital）。社会资本也是社会学理论中极具争议的概念，较为广

1　改写自：曼奇尼．设计，在人人设计的时代：社会创新设计导论 [M]. 钟芳，马谨，译．北京：电子工业出版社，2016.

泛采用的定义是：社会网络中的个体共同认可的价值，并且通过社会网络彼此互惠。[1]共有的价值观、社会网络、人际信任、互惠、协作是社会资本的基本内核。近三十年来，社会资本也是社会学中的热门研究领域，布尔迪厄、帕特南、福山等均出版了重要的研究著作。很多学者认为，社会资本的高低会直接影响政府的效能，最终影响社会经济的发展水平。[2]我们讨论的社会创新，其起点往往是人与人之间的联系，通过长期的互动建立信任与协作，塑造共同价值观。在此基础之上，以社会资本替代传统的商业资本和政府投入，有可能催生出大量的社会组织与经济模式的创新。

10.4.3　社会创新设计方法论

社会创新设计就是在这一理念指导之下的设计实践。2004 年，米兰理工大学曼奇尼教授团队承担了欧盟委员会“寻求可持续解决方案的新兴用户需求”（emerging users demands for sustainable solutions，EMUDE）研究项目，其主要工作是收集欧盟范围内的社会创新真实案例。2007 年，案例集 *Creative Communities* 正式出版，其中包括了住、食、通勤、工作、学习、社交 6 个主题的 59 个案例。[3]在近 20 年后的今天，一些实践仍然是非常具有创新性的，但也有部分案例已经成为大众普遍接受的生活方式，如拼车、共享自行车、沙发客、有机农业、团购，等等。

上述案例的收集与整理，对于社会创新设计来说是极富启发性的工作，通过对这些案例的跟踪、理解与分析，可以寻找相似的规律和实施路径，进而可以自觉地进行设计干预。2009 年，曼奇尼教授发起了“社会创新与可持续设计网络”（DESIS），目前有全球五大洲的 52 所设计院校参与其中，包括中国的 6 所院校。在这个网络中，全球各地的设计机构遵循共同的原则，收集整理当地的设计案例，并进行交流与分享，在推动在地化社会创新设计实践的同时，也为其他国家和地区提供可借鉴的知识与经验。

由于社会背景与介入的领域不同，社会创新设计的方法多种多样，总结其中的规律，可以找到一些最为基本的方法。

一是围绕特定主题，构建人与人的社会联系，并推动人际互动。作为社会创新的基础，社会资本并非天然就存在，尤其在“个人主义”被视为现代化的基本特征之后，原子化的个体无法形成社会结构。[4]因此，在设计介入社会问题时，往往将建

1　BOURDIEU P. The forms of capital[M]//RICHARDSON J G. Handbook of theory and research for the sociology of education. New York：Greenwood Press，1986：241-258.

2　帕特南 . 使民主运转起来：现代意大利的公民传统 [M]. 王列，赖海榕，译 . 北京：中国人民大学出版社，2015.

3　MERONI A. Creative communities：people inventing sustainable ways of living [M]. Milano：Edizioni POLI.design，2007.

4　帕特南 . 独自打保龄：美国社区的衰落与复兴 [M]. 刘波，等译 . 北京：中国政法大学出版社，2018.

立良性的人际互动作为第一个目标。如通过设计社区活动空间、社区花园、社区图书室等，吸引普通人进入特定情境，进而通过物理的与虚拟的触点（图像、设施、场所、网络平台等）设计，激发人际互动。

二是创造并描绘愿景，激发普通人的参与。相较于常规的行为方式，人们往往对"创新"缺乏想象力和行动力。在这种情况下，建立场景（scenario building）并进行广泛深入的传达（包括视觉、听觉等方式），是激发创意和行动的有效方法。场景的概念往往来自于既往的真实案例，通过常规的设计手法，如剪切、拼贴、扮演等方式，将其与当下的空间、环境、人物相结合，将抽象的描述转化为具像化和在地化的情境，从而激发人们的参与意识与行动力。

三是将使用者本身作为解决方案的一部分，即提供社会化的解决方案。在缺乏商业资本和政府财政投入的情况下，任何创新概念的实施与长期运行都不得不依托普通人的意愿和能力，这是社会创新项目得以持续的基础。普通人意愿与能力的发掘，依赖设计师对项目参与者和利益相关人的深刻洞察；普通人的长期参与，则依赖于社会组织结构的再造，这绝非设计师可以把控的，需要与社区工作人员、各类非正式群体的协同合作，以及对各类政策的理解，才能有助于这一目标的实现。

10.4.4 社会创新设计的挑战

在社会创新设计的过程当中，设计师的角色与以往截然不同。

首先，设计师不再是创意的主体，而是以普通人的主张和创意为核心，然后进行提炼、整合与规模化复制，这对于受过专业训练的设计师而言，无论是在观念上还是方法上，都需要极大的转型与更新。

其次，社会创新设计的过程更为复杂。为了实现目标，从问题提出直至项目落成与运营，都是一个开放式的、多方合作的过程，设计师要从始至终融入其中，其难度远远超过了设计验收与方案冻结的传统工作方式。而合作的对象，除了传统意义上的使用者之外，还有大量有着不同诉求的利益相关人。理解这些不同的诉求，帮助不同的群体与个人进行协商、妥协并最终达成共识，这种能力更接近于社会工作者，而无法在当下的设计教育中获得。

最后，社会创新设计对设计师的问题意识、社会认知与社会组织能力都提出了更高的要求。与传统的受委托的命题式设计不同，社会创新中的问题有赖于设计师的洞察力，而这种能力的培养超出了传统设计教育的范畴，需要设计师主动学习跨学科的知识，尤其对社会问题有更深入的理解。在此基础之上，解决方案的提出也有赖于设计师对社会资本的发掘能力，以及良好的社会协作能力。

10.5　结论与反思

与环境可持续设计相比，社会创新设计更受到所处的社会背景的直接影响。从理论上看，社会创新所依据的社会学缘起于西方，尽管流派纷纭，但其深层次的语境是不变的。近年来，中国本土的社会学理论也在不断壮大，正在构建符合中国现实、历史与文化的理论架构，如社会与国家、市场之间的关系的全新认知。因此，进行社会创新设计的研究与实践，需要深刻理解不同背景下的社会组织与社会文化的相同点与差异性，并努力探索更具本土特征的设计方法与理论。

社会创新设计将人置于设计的核心议题，是为人、与人、由人的演进过程，设计在思考设计的对象、方法与目标的同时，也在逐步揭示设计如何参与并解决社会问题的路径。相对于较为宽泛的“社会设计”，“社会创新设计”有明确的价值取向，即通过自下而上的方式，促进人的自觉与合作，导致行为的改变，最终实现社会组织机制的重塑。如果说，以产品为中心，减少产品生命周期各环节的环境影响是环境可持续设计的目标；那么，思考并重构人与人的关系，通过人的主动性来解决现实问题、满足真实需求，实现社会和谐共荣则是社会可持续设计的目标。

但社会创新设计在实践过程中所面临的巨大挑战是高度依赖“社会资本”这一基础。而“社会资本”的发育、培养不仅仅是设计问题，更是本质性的社会问题。因此，只有与社会学、公共管理等不同学科进行深度协作，才有可能摸索出适应本地社会文化背景的方法论。作为实践性学科，设计从现实中来，还要回到现实中去，不断的尝试与探索才是社会创新的唯一路径。

第 11 章　分布式经济

分布式经济（distributed economy）是一种新兴的、极具可持续性潜力的经济模式。它通过建立以本地化、去中心化、开放的小规模生产单元为核心的生产消费系统，来应对当下与未来面临的诸多复杂问题。设计师通过深刻理解这一理论的潜力与局限，可以积极介入其中，推动社会经济的可持续转型。

分布式经济是一种新兴的经济模式，它通过建立一个以本地化、去中心化、开放的小规模生产单元为核心的系统，来应对当下与未来面临的诸多问题。本章将深入探讨分布式概念的历史源流以及分布式经济的基本概念、特征类型，并通过一系列设计案例来阐释分布式经济在可持续发展与生态文明建设中可能具有的巨大潜力。

11.1 分布式系统的历史源流

究其源头，分布式的概念最初由美国兰德公司在 1964 年提出，应用于美国军方开发的一种分布式通信网络当中，目的是使部队以更为快速、高效、灵活的方式对大规模的攻击（无论线上还是线下）作出响应。兰德公司试图通过建立一个“去中心化的、使网络内所有节点平等共享信息”的系统——分布式系统（distributed system），来取代原有的中心化系统，见图 11-1。

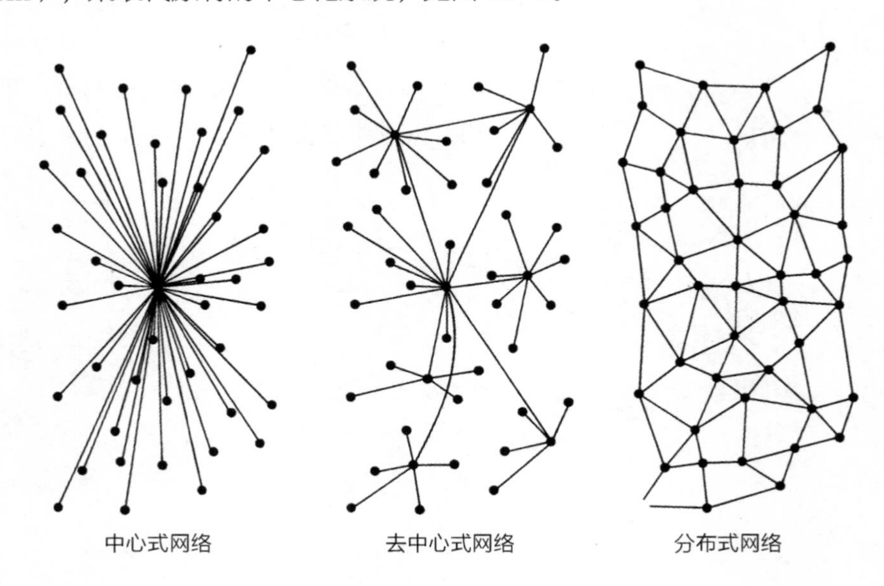

图 11-1 中心式、去中心式与分布式网络[1]

1 BARAN P. On distributed communications: I. Introduction to distributed communications network[R]. Santa Monica, CA: RAND Corporation, 1964.

随着互联网技术的进一步发展，分布式计算（distributed computing）的概念应运而生，并被广泛应用在自然科学研究中。科研工作者把需要计算的工程数据分区成小块，由多台计算机分别运算，再将结果统一合并，得出最终数据结论。目前常见的分布式计算项目，通常利用世界各地上千万志愿者计算机的闲置能力，通过互联网进行数据传输。例如：分析蛋白质的内部结构和相关药物成分的 Folding@home 项目；模拟百年以来全球气象变化并预测未来趋势，以应对灾变性天气的 Climateprediction.net 项目等（图 11–2）。

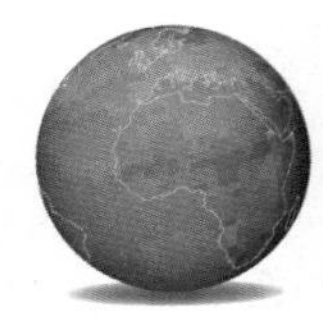

图 11–2　基于分布式计算的 Folding@Home 项目与 Climateprediction 项目
（图片来源：维基百科）

此外，科研机构也会将一些工作开发成游戏中的任务。2018 年，科学家 Devin P. Sullivan 等人在大型多人在线游戏《星战前夜》（*EVE Online*）中，使用人类蛋白质图谱（HPA）中公开的细胞图谱数据，将图像分类任务集成到了一个名为“探索计划”（Project Discovery）的游戏模块中，要求玩家根据提供的教程对人体细胞中的蛋白质染色图谱进行鉴定、分类。一年内 322 006 名玩家参与提供了近 3300 万个亚细胞的分类，其中包括大量原图谱中并未记录的新类别，该任务的成果已经上传到相关网站上供全球的科学家免费使用。

上述案例中，项目的贡献者大多不是专业的研究人员，而是出于兴趣或为了完成游戏中的任务才参与到这些大型的协作活动当中。这种独特的分布式模式体现出了开放、自发、高效、群体智慧以及平等互动等基本特征。随即，这些特征也出现在了其他社会及经济领域。

著名游戏开发公司 Valve 成立于 1996 年，发行了包括游戏 Dota2、HalfLife 以及数字游戏发行平台 Steam 在内的多款产品，在全球拥有超过 2000 万用户。而 Valve 公司最为独特的是其完全扁平化、分布式的管理模式，Valve 公司并不采用传统的自上而下的机制进行管理，而是由员工以自发的形式成立不同的项目小组，依靠内部网络或跨组会议的方式发布当前任务并进行组员招聘，员工则根据项目受欢迎的程度以及自身需求、兴趣天赋等因素来决定是否要加入某个团队，高度的自由在员工与团队之间建立了一种动态的平衡（图 11–3）。虽然 Valve 的员工们没有所谓固定的职责范围和限制，但是对自己的工作有明确的认知，并会在和同事、组员的沟通中高效地制定自己工作职责。同时 Valve 的团队都是在自愿的基础上建立的，每个成员确保参与其中的工作并管理好自己。

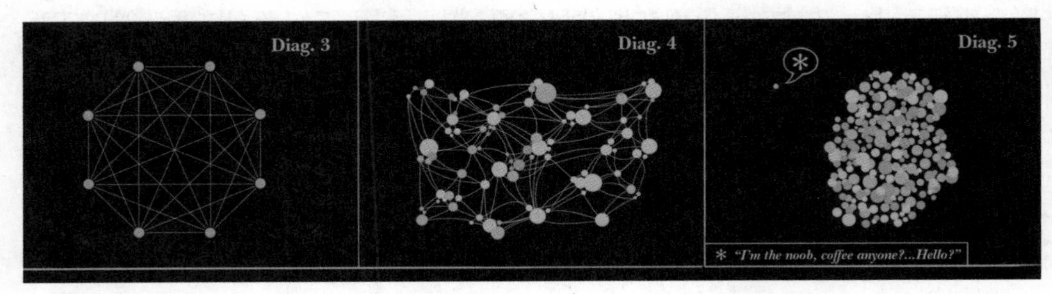

图 11-3　由 Valve 员工自己绘制的公司架构图
（图片来源：Valve 员工手册）

Lund 大学的 Allan Johansson 等人提出，现代工业生产追求“效率与产量”的思维模式造就了中心化、大尺度的生产单元，这些生产单元被少数强大的商业机构所把持，从而导致了不可再生资源的大规模消耗及废物的产生；同时由于交通成本下降带来的原材料及产品的长距离运输，隐藏了生产过程中的社会和环境成本；一定程度上扭曲、破坏了当地的文化，限制了地区经济的多样性发展。在此基础上，Johansson 等人在 2005 年提出了一种基于欧洲语境的、小规模的、动态的自组织商业模式，称之为分布式经济（distributed economies，DE），并希望借此概念引导工业体系向更为可持续的方向发展。[1]

11.2　分布式经济的概念、特征与类型

11.2.1　概念

分布式经济并不是一个凭空出现的乌托邦式构架。从总体趋势上看，人类社会的经济模式是从分散式到中心式，再从去中心式到分布式的系统演化过程（图 11–4）。早期分散式（如作坊）的生产模式虽然在一定程度上满足了个性需求，但却是低效且脆弱的；中心式的生产模式（如大型工厂）是人类社会发展与协同合作的巨大成果，其批量化的生产特征虽然高效，但是在很大程度上抹杀了个性的存在，同时系统维持的成本巨大，纠错能力与适应性都随着时代的发展显现出严重缺陷；去中心化是对中心式系统的反思和对新模式的探索；分布式系统的出现，试图在本地化的语境下，满足个性需求的同时，为当地经济注入新的活力，重建一个兼顾环境影响、生产效率、社会弹性、个体需求的系统。

1　JOHANSSON A，KISCH P，MIRATA M. Distributed economies-a new engine for innovation[J]. Journal of cleaner production，2005，13(10-11)：971-979.

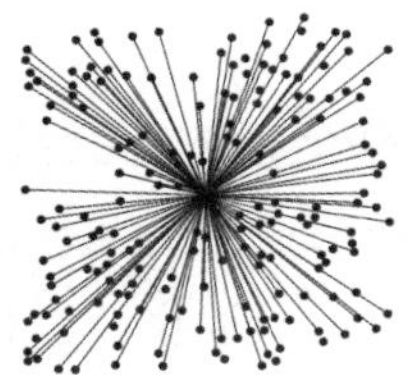

图 11-4　四种系统模型

（图片来源：参考脚注 1 中文献绘制）

未来的工业体系将“脱离新古典经济学驱动下的，与社会、经济、环境不可持续性密切相关的大尺度、中心化生产单元，向分布式经济转型”。在 Johansson 看来，分布式经济在未来将可能成为一种全新的社会经济结构，更好地支持本地化的小规模企业发展。之后，国际工业环境经济研究院（IIIEE）[2] 和可持续设计国际学习网络项目 LeNSin[3] 也对分布式经济给出了更为完整的定义。

表 11-1　分布式经济的定义

作者	年份	定义
Allan Johansson，Peter Kisch，Murat Mirata	2005	协作、互联的单元以小规模的、灵活的方式组织在一起，有选择地将各自的生产力在地区内进行共享
IIIEE	2009	分布式经济是对现有社会经济结构的优化，通过本地化的小型企业引领一个更具可持续潜力的社会和经济形态
LeNSin	2016	分布式经济可被定义为一个小规模的生产单元，本身即是（或非常接近）使用端，其用户即是生产者，其用户可以是个体、小型企业或社区。当众多小规模的生产单元互联并共享各种资源（物质、知识、能源等）时，便形成了一个本地的分布式经济网络，甚至可以同其他的类似的分布式经济网络连接。通过适当的设计，这样的网络将具备推动当地社会平等和社会凝聚力的潜力

1　MASSIMO M. A framework for understanding the possible intersections of design with open，P2P，diffuse，distributed and decentralized systems[J]. Journal of design culture，2016(1-2)：44-71.

2　国际工业环境经济研究院（International Institute for Industrial Environmental Economics，IIIEE）是瑞典隆德大学（Lund University）下属的研究机构，专注于可持续消费与生产、可持续产品服务系统以及可持续能源与建筑发展等领域的研究。

3　LeNSin (the International Learning Network of networks on Sustainability) 由欧盟委员会（ERASMUS+ 高等教育能力建设项目）于 2016 年设立并资助，并于 2020 年结项；LeNsin 项目在原 LeNS 项目（2007—2010）的基础上，吸纳了全球 36 所大学作为主合作方参与，其主题为“可持续的产品服务系统设计与分布式经济”。参见 http://www.lens-international.org。

11.2.2 特征

分布式经济作为建立在分布式系统（一种全新的社会技术系统[1]）之上的经济模式，理解它的关键在于理解系统中节点以及节点间的关系。在分布式经济中，节点就是一个小尺度的生产单元，它可以是个体、当地企业、机构或组织。在理想的模式中，所有节点可以公平地获得资源（自然资源与社会资源）、信息和知识，并且可以共享给网络内的其他节点。简言之，分布式经济旨在激发与促进本地小规模、去中心化、灵活生产单元的活力与发展，从而带动整体社会经济的发展（图 11–5）。

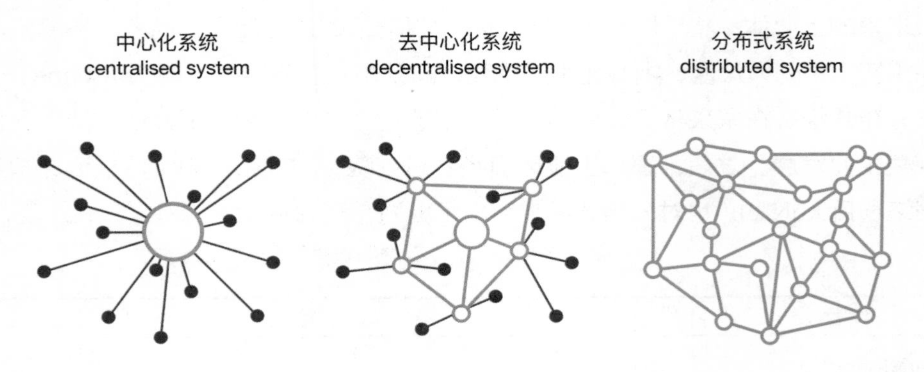

图 11–5　不同系统模型下节点的关系[2]

通过对比不同系统模型下节点的关系不难发现，分布式系统在尺度上更小；各个生产单元的结构关系更加平等；在应对外部变化时，系统不仅更具弹性，其响应方式也更加灵活和主动；相对于中心式，分布式系统的生产单元更加贴近用户，并更加开放，可以激励用户积极参与，开发定制化解决方案，有效满足个性化需求，见表 11–2。

表 11–2　中心式系统与分布式系统特征对比

	中心式系统 centralized system	分布式系统 distributed system
尺度 size	大尺度的 large	小尺度的 small
结构 structure	层级结构的 hierarchical	平行结构的 heterarchical
响应 responsiveness	固化的 static	灵活的 flexible

1　对社会技术系统的解释详见本书第 2 章。

2　VEZZOLI C，GARCÍA PARRA B，KOHTALA C. Designing sustainability for all：the design of sustainable product-service systems applied to distributed economies[M].Berlin：Springer，2021.

续表

	中心式系统 centralized system	分布式系统 distributed system
弹性 resilience	脆弱的 vulnerable	有弹性的 resilient
接近度（对用户而言） proximity (to users)	远的 distant	近的 close
开放程度 openness	封闭的 close	开放（混合）的 open (hybrid)
多样性 diversity	标准化的 standardized	定制化的 customized

分布式经济的发展离不开社会创新与技术创新的共同作用。从社会技术系统的角度来说，分布式经济可以理解为社会创新与技术变革的一种融合，这种融合通过改造基础设施和生产消费系统，不断地渗透到社会技术体系的各个层面。[1] 正如互联网和数字技术对移动支付的支持，推动了共享经济的发展。分布式经济也必将在新一轮技术革新的推动下蓬勃发展。

11.2.3　类型

LeNSin 根据生产单元所共享资源的不同，将分布式经济分为 7 个类别，分别是：分布式制造（distributed manufacturing，DM），如利用 3D 打印技术进行生产的本地化工坊；分布式食物生产（distributed food production，DFP），如都市种植；分布式水系统（distributed water system，DWS），如屋顶雨水收集系统；分布式可再生能源（distributed renewable energy，DRE），如小规模的本地化太阳能、风能供电系统；分布式软件（distributed software，DS），如开源软件 Linux 等；分布式信息 / 知识（distributed information/knowledge，DI/DK），如维基百科；以及分布式设计（distributed design，DD），如洛客、猪八戒网等。

显然，这些分类依据的是目前的发展状况。随着技术进步和理念普及，分布式经济所涉及的类型将会有更多的拓展和细分。事实上，分布式的理念已经悄然融入社会经济的各个层面（如金融、医疗、城市规划等），并逐渐形成一股巨大的暗流，影响着我们的现在和未来。

表 11–3 是 2005 年以来，对分布式经济及其类型的主要研究文献。

1　曼奇尼 . 设计，在人人设计的时代：社会创新设计导论 [M]. 钟芳，马谨，译 . 北京：电子工业出版社，2016.

表 11-3 分布式经济及其类型的主要研究文献

研究者	年份	领域	研究简述
Allan Johansson, Peter Kisch, Murat Mirata	2005	分布式经济	*Distributed Economies-A New Engine for Innovation* 提出了分布式经济的概念及其特征
Mirata Murat, Helen Nilsson, Jaakko Kuisma	2005	分布式经济	*Production Systems Aligned with Distributed Economies: Examples from Energy and Biomass Sectors* 深入讨论了基于本地的、小规模的、灵活的生产单元如何为当地的环境和经济发展带来收益
IIIEE (Lund University)	2009	分布式经济	*The Future Is Distributed: A Vision of Sustainable Economies* 分布式经济案例研究
Che Biggs, Chris Ryan, John Wiseman, Kirsten Larsen	2009	分布式水系统	*Distributed Water Systems: A Networked and Localized Approach for Sustainable Water Service* 用案例研究的方式讨论了城市水系统分布式趋势并提出了分布式水系统的核心结构
Bianchini Massimo, Stefano Maffei	2013	分布式制造	*Microproduction Everywhere. Social, Local, Open and Connected Manufacturing* 从社会创新的角度讨论了分布式微生产的发展前景和案例研究
Cindy Kohtala	2015	分布式制造	*Addressing Sustainability in Research on Distributed Production: An Integrated Literature Review* 围绕分布式制造的文献综述，讨论了分布式生产如何延长产品及材料的生命周期，生产者与消费者如何通过分布式的生产建立更紧密的关系，以及如何进一步挖掘分布式生产的可持续潜力
Fox Stephen	2015	分布式制造	*Moveable Factories: How to Enable Sustainable Widespread Manufacturing by Local People in Regions without Manufacturing Skills and Infrastructure* 讨论了什么样的产品适合分布式生产，以及如何克服生产当中遇到的障碍
Ezio Manzini, Mugendi K. M'Rithaa	2016	分布式社会 / 网络	*Distributed Systems and Cosmopolitan Localism: An Emerging Design Scenario for Resilient Societies* 讨论了分布式系统在社会创新中的作用与影响

续表

研究者	年份	领域	研究简述
Massimo Menichinelli	2016	分布式系统 / 设计	*A Framework for Understanding the Possible Intersections of Design with Open, P2P, Diffuse, Distributed and Decentralized Systems* 讨论了在设计创新过程中如何理解开放系统、点对点系统、分散式系统及分布式系统及其关系框架
Erwin Rauch, Patrick Dallasega, Dominik T. Matt	2016	分布式制造	*Sustainable Production in Emerging Markets through Distributed Manufacturing Systems (DMS)* 讨论了在新兴的市场背景下分布式制造的可持续潜力，并提出了一个研究框架
Jagjit Singh Sraia, Mukesh Kumara, Gary Graham, et al.	2016	分布式制造	*Distributed Manufacturing: Scope, Challenges and Opportunities* 讨论了分布式制造中遇到的挑战和机遇
Silvia, Emili, Fabrizio Ceschin, David Harrison	2016	分布式能源	*Product - Service System Applied to Distributed Renewable Energy: A Classification System, 15 Archetypal Models and a Strategic Design Tool* 应用于分布式能源的产品服务系统设计策略与工具开发
Emili Silvia	2017	分布式能源	*Designing Product-Service Systems Applied to Distribued Renewable Energy in Low-Income and Developing Contexts: A Strategic Design Toolkit* LeNSin 项目支持的博士课题研究，旨在探索分布式能源与可持续产品服务系统设计在低收入地区的应用，通过一系列的创意生成工具包为企业、设计师及其他利益相关者提供协助
Aine Petrulaityte	2019	分布式制造	*Distributed Manufacturing Applied to Product-Service System: A Scenario-based Design Toolkit* LeNSin 项目支持的博士课题研究，旨在为企业、设计从业者以及专业学生提供一套工具包，为近未来的分布式制造场景设计产品服务系统解决方案
Jairo da Costa Junior	2020	分布式能源	*A Systems Design Approach to Sustainable Development—Embracing the Complexity of Energy Challenges in Low-income Markets* 代尔夫特理工大学与巴西国家科技发展委员会支持的联合博士研究项目，讨论了如何利用系统思维和分布式的技术支持可持续产品服务系统设计干预，应对低收入能源市场的复杂性

11.3 分布式经济的可持续性

从上述特征研究可以看出，相对于集中式的经济模式，分布式经济显然更具备可持续性（sustainability）的潜力。如何理解并发掘这种潜力，从而促进全社会的可持续发展，是这个时代赋予设计的重要责任。以下将从环境、社会和经济三个维度，对分布式经济可能具有的可持续性特征进行分析，为设计介入提供方向与支持。

环境维度：分布式经济将生产单元、本地资源以及最终用户尽量贴近配置，便于最大限度地利用本地化资源——包括原材料和可再生能源（如太阳能、风能、地热及水力等）；极大地降低了生产消费过程中的长途运输能耗和碳排放；同时在一定程度上降低了交通拥堵与噪声；在分布式经济中，更加环保、节能和智能化的小型生产单元成为可能。

社会维度：分布式经济所创造的社会技术系统，将比原有的集中式系统更具弹性或可恢复性[1]，因而更有活力；更为公平地获取生产资料和资源，避免垄断的产生；鼓励大众参与社会创新，最大限度地利用社会资本，发挥群体智慧；同时增加本地就业机会，促进地区社会发展与繁荣；比以往更能够满足差异化与个性化需求；更为开放的、扁平化的组织结构促进了个体以及组织间的协作，有利于形成更加民主与公平的决策机制；更加便于资源、信息、知识的流动与共享。

经济维度：分布式经济可以创造更多的就业机会，带动地方经济发展；小型的本土化经济组织，在面对市场风险时更具灵活性与适应性；大大降低分销与运输成本，同时减少配送时间和损耗，提高市场竞争力；尽管集中式经济所具有的大规模生产特征在效率方面更具优势，但分布式经济可以提供更多满足个性需求的定制化产品和服务，因而更具品质方面的特色和优势，并能够建立一种新型的关于“成功”的定义。

11.4 分布式经济的设计案例

分布式经济所具备的可持续性特征已不仅是一种理论假设，而已经充分体现在各类项目实践中。以下将根据 LeNSin 提出的 7 个类别进行案例分析（表 11-4）。

---

1 曼奇尼．设计，在人人设计的时代：社会创新设计导论 [M]. 钟芳，马谨，译．北京：电子工业出版社．2016：22-24.

表 11-4　分布式经济案例研究

项目	类型	提供的服务	时间	国家 / 地区
Ocean Sun	分布式可再生能源	大面积水域太阳能电力供应	2018 年至今	挪威 / 东南亚
Warka Water Tower	分布式水系统	雨水收集设施及支持服务	2016 年至今	非洲
3D Hubs	分布式制造	3D 打印服务及相关技术支持	2013 年至今	欧洲
云耕一族	分布式食物生产	屋顶种植及相关支持服务	2016 年至今	中国香港
喜马拉雅 FM	分布式信息 / 知识	在线电台平台	2013 年至今	中国内地
Linux	分布式软件	开源软件	1991 年至今	美国
洛客平台	分布式设计	分布式的在线设计创意平台	2010 年至今	中国内地

- **分布式可再生能源——海上漂浮太阳能电站（Ocean Sun）**

分布式能源系统一般来说其能源主要来自于清洁能源，如太阳能、风能以及生物能、水能和地热等。分布式能源生产利用在地化的小型生产单元，提供清洁、便利的能量来源。最大限度地利用了当地的可再生资源，减少了不必要的基础设施建设成本，在提升本地居民生活品质的同时，把对当地环境的影响降到最低。同时，对于能源使用者来说，分布式能源带来了更加多样化的选择，使得系统在应对故障时更具灵活性和韧性。

本案例来自一家挪威的创业公司 Ocean Sun。该分布式能源系统可以为沿海、沿河的社区（如渔村、渔场）或地区（如小型岛屿）提供水上太阳能供电，并提供配套的系统规划、设计、安装以及维护服务。同时也支持多个小型的漂浮电站并联组网，为更大尺度的服务设施提供电力，如海上海水淡化设施等，见图 11-6。

图 11-6　海上漂浮太阳能电站

（图片来源：https://oceansun.no）

- **分布式水系统——Warka Water Tower**

分布式水管理系统，即建立本地化的、小型的水收集或处理单元（如雨水收集、污水处理、海水淡化系统等）。通过专业的规划和设计，鼓励当地组织与个体进行协作，大大降低了硬件设施的建造和运维成本，使当地的供水解决方案更具弹性和灵活性。

一个典型的分布式水系统案例来自意大利建筑师 Arturo Vittori 在埃塞俄比亚发起的 Warka Water Tower 项目。Vittori 为当地居民设计了一个简易的利用雨、雾集水装置 Warka Water Tower，见图 11–7。Warka Water Tower 由当地常见的竹材搭建而成，在实现了基本的集水功能后，设计师更进一步设计了以 Warka Water Tower 为核心的 Warka Water Village，串联起了与水相关的食物生产与能源网络。同时作为一个开源的项目，当地居民在接受了简单的培训后，可以根据自身所在地区的具体情况，自行搭建 Warka Water Tower。

图 11–7 Warka Water Tower

（图片来源：https://www.warkawater.org）

- **分布式制造——阿姆斯特丹 3D 打印中心（3D Hubs）**

分布式制造即建立本地化的小型生产单元，创造定制化产品，满足个性化需求，同时降低了生产中物料转运的成本，激励了本地化的协作式关系。小型、高效的生产设备与社交网络的结合将为当地带来更多的消费可能性。荷兰阿姆斯特丹的在线 3D 打印服务平台 3D Hubs 就是典型的分布式制造模式，他们鼓励 3D 打印机的拥有者（通常是设计师、小型企业、家庭用户等），为附近需要 3D 打印的用户提供服务及技术支持（图 11–8）。

图 11-8　阿姆斯特丹 3D 打印中心 3D Hubs
（图片来源：https://www.hubs.com）

- **分布式食物生产——香港云耕一族（Rooftop Republic）**

分布式食物生产利用本地化的小型生产单元（如屋顶种植、垂直种植等），为当地提供了一个将农业生产与食品消费结合起来的解决方案。在提升本地社区自给自足能力的同时，保证了食物的新鲜，加强了食物体验。同时，小型的食物生产单元也可以同其他的食物生产单元相连，形成分布式食物网络；或者同其他的网络（如水、能源网络）相连，进一步促进当地的可持续发展。

香港云耕一族（Rooftop Republic）是由建筑师、工程师、农夫、厨师及营养师组建的跨学科团队，帮助用户将闲置的空间转化为都市农场，并通过工作坊的形式为客户提供相关的种植技术指导，最终为客户提供多样化的城市农业解决方案（图 11–9）。

图 11–9　香港云耕一族
（图片来源：https://rooftop republic.com）

- **分布式信息 / 知识——喜马拉雅 FM**

在分布式信息 / 知识系统中，任何个体都可作为知识和信息的生产单元（节点），使传播更加灵活、高效。这种模式从原有的层级结构转向了扁平化的互联结构，也促使信息和知识的获取更加公平和容易。例如，利用喜马拉雅 FM、微博、微信、YouTube、Facebook、斗鱼、维基百科等互联网平台，用户可以建立独立的信息发布平台，分享知识、资讯等讯息，并可以和其他用户进行多样化的互动和信息交换（图 11–10）。

图 11–10　喜马拉雅 FM、斗鱼直播、微信、Facebook、YouTube 与维基百科
（图片来源：https://www.google.com）

- **分布式设计——洛客（LKKER）平台**

分布式设计鼓励协作与共创。这种新兴的设计开发模式，不仅有利于当地中小型企业的发展，提供新的工作机会，同时其完全开放的项目开发理念降低了行业的门槛，为用户提供了更为经济、高效、快速的解决方案。洛客是一个产品创新设计的众创平台，将用户、企业、设计师聚合在一起，促进相互间的协作，将概念设计转化为落地的解决方案，并为中小型企业和设计师提供了更为灵活的项目管理方式和自由合作模式，见图 11–11。

图 11–11　洛客平台
（图片来源：https://www.lkker.com）

- **分布式软件——Linux**

分布式软件构建了一种全新的用户与开发者关系（用户即开发者）。从技术的底层架构上实现了完全的开源。由于其极高的灵活性和技术有效性，任何个人和机构都可以自由地使用底层源代码，也可以自由地修改和再发布，开发适合符合自身需求的软件。Linux 既是一种分布式软件系统，也是自由软件和开放源代码发展中最著名的例子（图 11–12）。

图 11–12　Linux
（图片来源：维基百科）

11.5　潜力与局限

从分散式、中心式、去中心式到分布式系统，我们可以看到一条技术革新与社会变革不断交融，从而催生新经济模式的清晰脉络。**在全球面临社会、环境、经济严峻挑战的今天，由于分布式经济这种本地化、去中心化、开放的、小规模生产单元为核心的系统，具备诸多可持续性特征，必将成为未来最具潜力的经济模式之一。**

“然而，我们的论点不是完全废除大规模生产，而是专注于在大规模和小规模之间，以及在区域内和跨区域的资源流动之间找到新的平衡点。”[1] 因此，就目前而言，分布式经济还远远不是替代性方案，而仅是主流经济模式的补充。

设计研究与实践离不开对社会经济宏观语境的深刻理解。上述研究对设计的启发是，分布式经济作为一种重要的发展趋势，具有诸多优势与可持续性潜力，但并非广泛适用。设计中要根据现实情况，选择适合的方式与手段，因为分布式模式本身并不是目的；此外，从上述案例研究可以看出，单纯的产品设计、交互设计、景观设计等学科已经很难深度介入复杂的社会技术系统变革，只有通过跨学科的、整合性的产品、服务与系统设计，才能有效推动社会经济的可持续转型。

1　JOHANSSON A, KISCH P, MIRATA M. Distributed economies-a new engine for innovation[J]. Journal of cleaner production, 2005(13): 971-979.

第 12 章　系统设计

在真实世界中，我们面对的设计问题的复杂性通常超乎想象，这些“棘手问题”中的各个要素相互纠结、影响，并构成一系列系统问题。单一的设计策略通常显得低效而无力。因此，针对复杂系统问题的可持续性解决方案，一定有赖于系统设计（systemic design）。尽管系统设计的理论尚不完善，但是已经出现了各种类型和规模的系统设计实践，给我们以启发和借鉴。

前文讨论的所有策略，无论是绿色设计、生态设计、向自然学习的设计、产品服务系统设计、社会创新设计，还是分布式系统的设计等，尽管彼此关联甚至有所包容，但都侧重于可持续设计的某个视角。在真实世界里，我们面对问题的复杂性超乎想象，这些“棘手问题”中的各个要素相互纠结、影响，并统合为一个整体，构成一系列系统问题。就像城市中的交通问题，涉及城市规划、道路管理、交通工具、能源技术，以及人们的法规意识、出行方式，甚至还涉及地域环境、文化传统等要素。因此，针对任何复杂系统问题的可持续解决方案一定有赖于系统设计（systemic design）。

12.1 系统设计的意义

毫无疑问，当代社会正面临着一系列全球性的重大变化，这些变化将从气候和环境、社会、经济等各个层面对我们的子孙后代产生重大的影响。而我们如果依旧抱持着一种孤立的、机械的“还原主义”的自负态度，那么根本无望解决这些问题，因为正是这种态度与思维方式造就了这些问题。有鉴于此，我们需要采取一种更全面、更整体的方法来思考设计与可持续性，系统设计恰好提供了这样一条路径。系统设计的目标不仅是降低工业产品的环境影响，更重要的是创造一个可持续的生产与消费系统，同时促进本地化的社会、经济与文化的可持续发展。系统设计的方法强调，在我们所做的努力中，行为（behaviour）是最为重要的部分。行为在激活各主体之间的新关系，以及资源管理（使一个系统的输出成为另一个系统的输入）的过程中将产生深远的影响。[1] 另一方面，系统设计中提及的生产过程并不局限于工业活动，也包括了农业活动。同时，系统设计也涉及本地企业以及开放性的关系网络的创建，从而可有效促进区域经济的振兴。也就是说，在系统设计中，设计师将参与到对当前社会经济系统重构的行为中。因此，系统设计师不仅仅是设计有吸引力的、环保的、满足市场需求的产品，而是要创造更具可持续性的服务、经济与生

1 BISTAGNINO L, MicroMacro: the whole of micro systemic relations generates the new economic-productive model[M]. Milano: Edizioni Ambiente, 2016:21.

产体系，以及具有教育意义的体验。为了实现这样的目标，系统设计师在能力和素养方面显然有更高的要求，他 / 她们既要掌握实操性的设计技能，也要掌握丰富的设计知识，并且能够理解经济学、哲学、政治、社会学、化学、生物学、建筑、工程等学科之间的互动关系。当然，对于传统的设计师来说，这个任务的描述过于宏大，似乎有些勉为其难。但事实上，在系统设计中，设计师必须与跨专业人士合作，理顺界限并建立新的联系。[1] 正如都灵理工大学的 Bistagnino 教授所言：系统设计并不是一种只解决技术与生产问题的机械方法，因为它超越了产品的价值，而包含了人的存在价值，并且改变了生产和社会领域的评价角度和优先级。

12.2　用系统的方式思考

12.2.1　系统的特征

遵循笛卡尔的理性逻辑，我们会认为每种影响都与特定原因相关联。这是一种简化现实的线性思维（linear thinking）方式，一般来说，人们很难理解非线性现象，而非线性才是自然系统和其他复杂系统的典型特征。采用系统的方法并不只是增加复杂性，而是旨在通过掌握不太明显的因果关系，以获得更全面的视野。

为了更好地理解这些概念，我们先来探讨一下什么是系统及其组成部分。系统这个词源自希腊语“sýstēma”，指“聚会，复杂”。系统动力学领域的先驱，麻省理工学院斯隆管理学院教授 Jay W. Forrester 将系统解释为“一组为共同目的协同工作的部件”[2]。与此相似，著名的美国环境科学家和作家德内拉·梅多斯（Donella Meadows）将系统定义为“一系列相互关联的事物，它们随着时间的推移会产生自己的行为模式”[3]。根据梅多斯的说法，元素、互连和功能是系统的组成部分。此外，复杂系统中通常包含若干个子系统。

系统可以是封闭的或开放的（相对而言）。这是通用的规则，适用于自然系统和人工系统。我们可以找到无数的范例，比如细胞、动物和植物，这些生命系统都是开放的系统，因为要保持生命状态就需要新陈代谢，从外界获取能量，通过物质交换获得稳定的存在，这也被称为耗散结构。森林也是一个开放的系统，其中包含

1　PERUCCIO P P, VRENNA M, MENZARDI P, et al. From “the limits to growth” to systemic design: envisioning a sustainable future[C]// Proceedings of the 2018 Cumulus Conference: Diffused Transition and Design Opportunities: 751-759.

2　FORRESTER J W. Principles of systems[M]. Cambridge, MA: Wright-Ellen Press, 1968:1.

3　MEADOWS D H. Thinking in systems[M]. White River Junction, VT: Chelsea Green Publishing, 2008:2.

了动物和植物的子系统。学校、地区、城市以及社会，总体而言，这些人工系统也是开放与流动的。对于社会系统来说，由于其子系统的数量和种类极为繁多，所以被钱学森定义为“开放的复杂巨系统”[1]。一块机械手表就是一个封闭系统[2]，它由多个元素（外观部件、原动系、主传动轮系、擒纵调速系、指针传动轮系等）组成，它的运行没有物质交换发生，也基本不受外界的影响和干预；相反，灯泡则是一个开放的系统，因为大多数情况下，灯泡需要被连接到电力网络（另一个系统）中才能发光照明。综上所述，我们可以认为“一个系统不仅仅是其各个要素的总和”，而且包括“它可能表现出的适应性、动态性、对目标的追求、自我保护以及有时的进化行为”。正如亚里士多德的名言“整体大于部分之和”。与线性模式相比，系统模式具有较高的弹性，尤其是开放系统，它们通常具有自组织和可自修复的能力。

12.2.2 从系统观到系统科学

系统思维并不是什么新的概念，它的起源可以追溯到古希腊时代，那时并没有今天的学科之分，人们看待世界的观点原本就是整体性的。古希腊哲学家赫拉克利特（Heraclitus）就提出了一种认识世界的有机观念，他认为，世界上的一切事物都处在运动、变化与相互转化之中，这个过程受到某种神秘、和谐的力量支配，所谓万物皆流，无物常驻。中国古代的思想家将金、木、水、火、土作为构成世界万物的基本要素，并运用这种朴素的系统观，来理解天地万物并指导社会实践。

到了 17 世纪，法国哲学家、科学家和数学家勒内·笛卡尔创造了分析思维的方法，即通过将复杂的现象拆解成碎片，再通过各个部分的特性来理解整体的行为。[3] 笛卡尔的思想推动了现代科学的产生，人们看待世界的视角也由此发生了巨大的改变。但他提出的分析思维也使得科学成了数学的代名词，以机械的观点将思想与物质分离，并以此方式认知自然。不同于我们讨论的系统思维方法，这种功能性极强的还原主义方法，在人类现代化进程中优势明显，直至今日依旧在社会、经济领域中居于重要地位。

然而，自 20 世纪以来，这种模型的有效性开始受到质疑，因为它不能够把握现实中的各种细微差别。基于语境的、整体的与生态的系统思维方式开始逐步扎根，

1 1990 年，钱学森提出了系统新的分类，将系统分为简单系统、简单巨系统、复杂巨系统和特殊复杂巨系统。其中社会系统作为最复杂的系统又被称作特殊复杂巨系统。这些系统都是开放的，与外部环境有物质、能量和信息的交换，所以又称作开放的复杂巨系统。见：钱学森，于景元，戴汝为 . 一个科学新领域：开放的复杂巨系统及其方法论 [J]. 自然杂志，1990（13），1:3-10.

2 与环境间只有能量交换而无物质交换的系统，被称作封闭系统（closed system）。见：朱传征，褚莹，许海涵. 物理化学 [M]. 2 版 . 北京：科学出版社，2008：11.

3 CAPRA F. The web of life: a new scientific understanding of living systems[M]. New York, NY: Doubleday, 1996:19.

宇宙再次被认为是一个动态且不可分割的整体，并且更强调元素之间的关系。[1] 从根本上说，这种系统观是一种态度和观点，而并非一种明确清晰的理论。即强调用普遍联系的和纵观全局的认识方法，而非孤立和封闭的方式来把握对象。

从 20 世纪 20 年代开始，系统科学的思想出现萌芽；到了 1937 年，奥地利生物学家路德维希・冯・贝塔兰菲（Ludwig von Bertalanffy）在美国芝加哥大学的哲学讨论会上提出了一般系统论概念；之后，随着运筹学的提出，系统工程的方法开始广泛应用于通信技术、军事、航空等领域。到了 50 年代，系统科学的理论研究和教学工作全面展开，贝塔朗菲等人创办了《一般系统论年鉴》；H. H. 古德和 R. E. 麦克霍尔完成了专著《系统工程》；美国麻省理工学院等院校开设了系统工程的课程。到了 60 年代，系统科学在西方和苏联都得到了广泛的传播。贝塔朗菲又发表了《一般系统论——基础、发展、应用》这一重要著作，系统科学日渐成熟。这是一门涵盖数学和自然科学的学科，涉及复杂系统的研究与控制，是控制论等新型学科的基础。[2] 贝塔朗菲将系统定义为“处于自身相互关系中以及与环境的相互关系中的要素集合”。

20 世纪 80 年代以后，非线性科学和复杂性研究的兴起，对系统科学的发展起了很大的积极推动作用。进入 21 世纪后，系统科学作为新兴的交叉性学科，由于关注对于复杂系统和复杂性的研究，已经成为国际上科学研究的前沿和热点。

12.3　系统设计的范畴与演进

一般来讲，**系统设计就是运用系统科学的理论方法，设计出能最大限度满足目标要求的新系统的过程**。系统设计的应用场景极为广阔，从航天计划、军事部署、城市规划、建筑设计、软件开发，到产品创新等领域，都离不开系统设计的方法。目前，对系统设计最普遍的应用主要是计算机软硬件系统，如基础设备、部件、模块、交互以及数据的组织过程，是系统论在计算机领域中的应用。[3] 此外，本书在第 8 章曾经讨论过从系统层面向自然学习的设计策略。以自然系统观为基础的生态学研究，同样在进行类似的设计实验。为了更好地理解地球生态系统，科学家开始尝试建造人工生态系统（如著名的生态圈 2 号），这也是广义范畴的系统设计。

生物圈 2 号是一个人工生态系统的试验，其初衷是为了证明封闭生态系统在外

1　CAPRA F, LUISI P L. The systems view of life: a unifying vision [M]. Cambridge: Cambridge University Press, 2014.

2　VON BERTALANFFY L. General system theory[M]. New York, NY: George Braziller, 1968.

3　详见 https://en.wiktionary.org/wiki/systems_design。

层空间支持和维持人类生命的可行性，为未来可能发生的太空移民做准备。1972 年，苏联曾花 7 年时间打造了一个封闭式生物实验基地 BIOS-3，但这个实验并未严格遵守“完全封闭”的条件。1984 年，美国的石油大王爱德华·巴斯（Edward Bass）资助 2 亿美元，发起了“生物圈 2 号”（Biosphere 2）计划。[1] 其任务是由 8 位志愿者（生物圈人，biospherians）参与为期两年的封闭试验。科学家希望通过完全人工的方式，再造一个地球的生物圈，并维持这个“生态系统”的平稳运行。

汇聚大批顶级的科学家与工程师，历经 7 年的设计和施工，1991 年，生物圈 2 号终于在美国亚利桑那州图森市北部 Oracle 地区的荒漠中拔地而起。其总占地面积为 13000 平方米，总体积约为 180000 立方米，大约有 8 层楼高，建筑主体为密封钢架结构的玻璃建筑物，是有史以来最大的封闭系统。圈内共包含五大生态系统：雨林、海洋、荒漠、草原、沼泽。为了模拟地球的生态环境，圈内共从澳大利亚、非洲、南美洲、北美洲等地引入了约 4000 个物种（动物、植物、微生物）。此外，还有面积约达 2020 平方米的农场土地，种植着各种能提供粮食的农作物（图 12–1）。

图 12–1　生物圈 2 号
（图片来源：https://www.arizona.edu）

这是一个接近完美的系统设计项目，其主体由 3 个部分组成：地上气密玻璃封闭区域，地下技术区和一个居住区。按照设想，生物圈 2 号可以完全独立运行：能源取自场地周边的太阳能电池板；氧气来自人工生态圈内的植物；而粮食、蔬菜与肉类则来自于试验人员经营的巨大农场。但在第一年的试验期间，由于缺乏经验，8 名组员均处于长期饥饿状态，体重大量减轻，直到第二年才有所好转。此外，生物圈 2 号还遭遇了氧气与二氧化碳浓度变化的问题，甚至一度达到了危险水平，管理团队不得不从外界泵入纯氧。浓度不断增高的二氧化碳，使人造海洋中的酸度升

1　参考哥伦比亚大学的生物圈 2 号官方网站 https://biosphere2.org。“生物圈 2 号”的名字源于它的原始模型“生物圈 1 号”，即地球。

高，导致大量鱼类与珊瑚死亡；大量的授粉昆虫灭绝，许多植物因而无法繁衍后代；部分热带雨林区中的先驱物种快速成长，导致其枝干薄弱，容易坍塌与倾倒。另外，由于降雨失控，人造沙漠也变成了丛林与草地。最初进入生物圈 2 号的 25 种脊椎动物，只有 6 种存活了下来。

由于内部环境与科学家的生命健康难以维系，生物圈 2 号于 1993 年 9 月 26 日结束运行，为期两年零 20 小时。这座耗资 2 亿美元的工程也被移交给了哥伦比亚大学，并在之后转型为环境研究的实验室。尽管这个项目以失败告终，但获得的知识与经验具有重要价值，同时也激发了我们的想象力。人类的过去、现在与未来都生活在一个万物互联的系统中，无论是对自然生态系统的模仿，还是人工技术系统的改造，只有依赖系统设计的理念与方法，才能帮助我们拓展未来的生存空间，并构建一个更可持续的未来场景。另一方面，尽管技术在快速发展，但目前来看，人类对自然生态系统中那些微妙且极为重要的平衡关系还缺乏深刻的理解和掌握，我们向自然学习的道路还很漫长。

设计学科内的系统设计产生于 20 世纪中叶。实际上，现代设计产生于大工业生产时代，最初的工作方式就是从单一产品设计开始的，这显然与大规模生产的模式有关。在这样的语境下，设计并没有将生产与消费的系统问题作为一个整体来看待。此后，设计学科逐步受到了系统思想的深刻影响。20 世纪 50—60 年代，由于 Tomàs Maldonado 和 Abraham Moles 等人的推动，负有盛名的德国乌尔姆设计学院（德语：Hochschule für Gestaltung）在教学中引入了控制论、系统论、信息论、符号学以及人机工程学等新学科，希望发展出一种新型的现代设计方法学，也意味着乌尔姆设计学院真正接纳了系统文化。[1] 乌尔姆设计学院直接或间接地影响了未来的设计文化和研究，多位国际知名的设计师和教育家都曾在乌尔姆学习和执教。之后，系统设计研究在世界范围内不断得到深化，从 21 世纪初开始，结合了环境可持续理念的系统设计方法开始蓬勃发展。其中意大利的都灵理工大学（PoliTo）拥有完整的硕士课程体系，将可持续性与系统设计方法的教学与研究融为一体，独具特色。挪威的奥斯陆建筑与设计学院（AHO）和加拿大的安大略艺术设计学院（OCAD）也开设了与系统设计相关的课程，并在国际上具有一定影响力。不过，这些学校已经不再局限于传统的围绕“造物”的系统设计（systems design）和系统工程（systems engineering）的疆域，而是站在更整体的全系统设计（systemic design）视角，包含了更多的社会性要素，其边界和形式都是由系统参与者共

1 PERUCCIO P P. Systemic design: a historical perspective[M]// BARBERO S. Systemic design method guide for policymaking: a circular Europe on the way. Turin, Italy: Umberto Allemandi, 2017: 68-74.

同构建的。[1]这些机构共同加入了一个名为“系统设计协会”（Systemic Design Association）的非营利组织，希望推进新兴的系统设计实践和研究。中国的清华大学、湖南大学、江南大学、同济大学等，也都将可持续性思考融入了系统设计教学中。值得一提的是，21 世纪初，清华大学美术学院的柳冠中教授提出了“设计事理学”理论，这是基于系统设计思维与中国传统的谋事、造物思想创建的具有中国特色又兼具国际视野的设计理论体系。所谓“事”就是人与物之间的关系场，“理”是人与物之间矛盾的本质与内在逻辑。“事理学”帮助我们打破原有线性思维桎梏，提供一种独特的理解与研究问题的方法，透过现象看本质，进而激发具有创新性的系统设计思维。[2]

系统设计在设计学科中的重要地位已经得到广泛共识，其设计理念已经成为一种基础性的设计知识，构成了当今设计研究与教学体系的重要组成部分。

12.4 系统设计的原则与方法

系统设计从许多系统学派和设计思维中汲取了原则和方法。在面对复杂系统问题时，运用设计思维可以通过协作式探究、意义建构（sensemaking）和形式创新，来整合相关学科并从中学习，最终指导以人为中心的设计，参与遍及社会方方面面的复杂的、多系统的、多利益相关者的服务和计划。[3]

目前看来，系统设计关注的主要领域是本地化的生产消费体系。它着眼于当地社会经济活动的参与者、资产与资源，目的是建立生产过程、自然过程和周边地区之间的协同联系。[4]更详细地说，这种方法促使我们设计 / 规划一个材料、能量和信息的循环系统，通过将每个系统元素的输出（废料）转换为另一个元素的输入（原料），来减少废物流并创造新的机会。不同利益相关者之间的这种良性互动与合作，可以促成新的本地化价值链。通常来说，系统模型的建构涉及“输入”与“输出”两部分，系统的输入包括能源、水以及生产原料等资源；输出则包括成品与废弃物。废弃物还可能成为另一项生产活动的资源，从而形成更大的循环系统（图 12-2）。

1 JONES P. The systemic turn: leverage for world changing[J]. She Ji: the journal of design, economics, and innovation, 2017, 3(3): 157-163.

2 柳冠中 . 事理学方法论 [M]，上海：上海人民美术出版社，2019.

3 同 1.

4 BARBERO S, FASSIO F. Energy and food production with a systemic approach[J]. Environmental quality management, 2011, 21(2): 57-74.

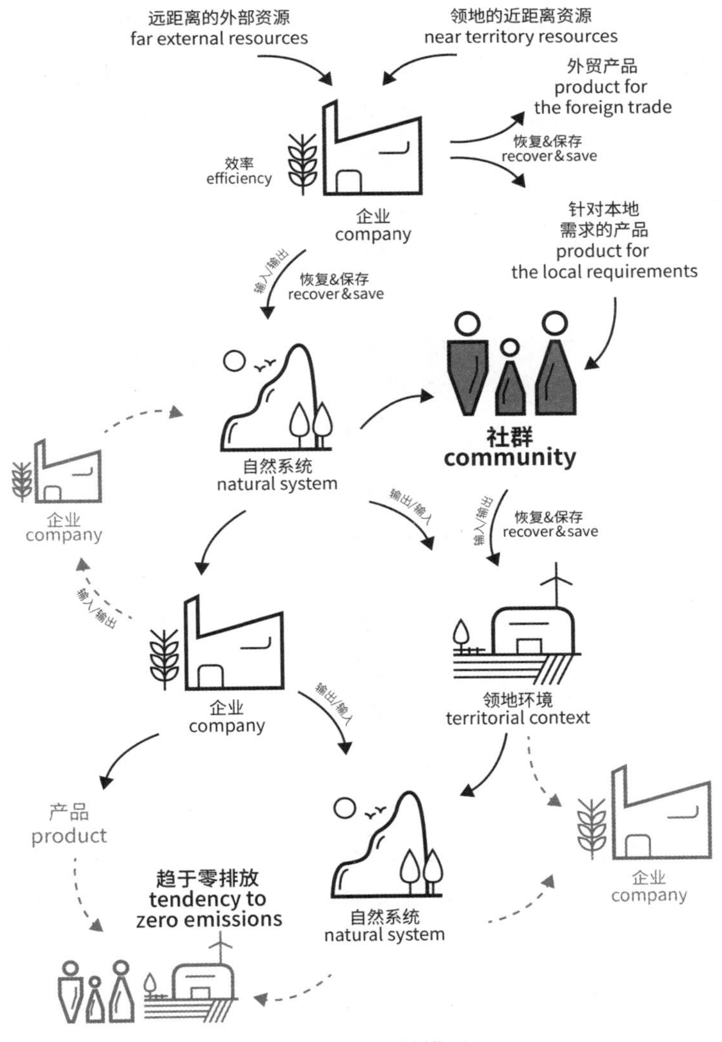

图 12-2　系统模型

（图片来源：根据脚注 1 文献中插图重绘）

系统设计的底层逻辑是遵循自然界的生态法则。我们在前文中曾谈到，现代环保运动的创始之父巴里·康芒纳（Barrry Commoner）曾经提出了著名的“生态四法则”[2]，这些法则也同样适用于人造世界的系统。Bistagnino[3] 和零排放研究计划

1　BISTAGNINO L. Systemic design: designing the productive and environmental sustainability [M]. 2nd ed. Bra, Italy: Slow Food Editore, 2011.

2　巴里·康芒纳（Barrry Commoner，1917—2012），被誉为现代环保运动的“创始之父”，第一次将自然、人与技术联系起来，从生态学维度分析环境危机的产生根源，并揭示出环境危机的根源就在于人为技术圈与自在生态圈之间的作用与反作用，提出著名的“生态学四法则”。见：KRIER J E. The political economy of Barry Commoner [J]. Environmental law, 1990, 20: 11-33.

3　同 1.

（ZERI）在这些研究成果的基础上，提出了以下比较理想化的系统设计原则。

（1）输出（废物）成为输入（资源）： 在自然界中既不存在垃圾也没有垃圾填埋场。因此，我们必须摆脱垃圾的概念，并将其视为低成本（或免费）的资源。经过妥善处理的工业或农业废弃物可以在其他生产环节中作为原料使用。通过物质与能量在不同系统之间的连续性流动，可以生成新的生产模式，促进经济发展并提供更多的就业机会。同时，不同系统可以在更大的系统中进行循环交互。

（2）关系生成系统： 没有关系的系统只是一组无功能的元素的集合。在系统设计中，所有系统要素都具有相同的重要性与战略意义。无论个人、行业、公司或机构，这些组成系统的部分之间的关系，为系统提供了能量，从而在系统内部以及外部创建出新的动态关系。由于这些独特的关系，每个系统都是与众不同的。

（3）自生成系统： 生态系统是动态变化且共同进化的，并相互支持和自我繁殖。与之类似，在人工系统中，更高的目标是追求系统的可持续性，并造福所有人，这需要通过合作而非竞争才能达成。

（4）本地化行动： 在一个日益全球化的世界中，能否将本地化的行动进行扩展、复制并增加适应性至关重要。当地的利益诉求必须得到尊重与支持，当地的社会、文化和物质资源需要得到妥善、智慧的管理，以促进社会发展。这些措施可以抵消去中心化（decentralized）生产方式可能存在的问题，并保存与延续有形、无形的地方文化遗产。

（5）以人为中心： 系统设计关注人的实际需求，但人是紧密地融合在自然之中，而非超越自然。实际上，人类是存在于环境、社会、文化和伦理语境中的。系统设计师在进行干预的过程中，尤其要注意社区与领地[1]、人工的与自然的、人类与生态系统之间的关系。因而，系统设计需要采取兼顾不同人群，并顾及诸多要素的包容性和跨学科的方法。

基于上述原则，在进行系统设计时，设计师首先要具备环境可持续（environmental sustainability）的基本意识和相关知识；同时设计师应该具有责任感，要为整个地区的利益，以及不同的利益相关人着想作出设计决策；设计师也要具备批判性思考的意识和能力，勇于对成见和偏见提出质疑；此外，系统设计需要建立跨学科的工作团队，这样会产生更多的想法，并能够从不同角度观察、理解问题，从而提高效率、

1 此处的“领地”主要源于 Raffestin 在地理政治学背景下提出的概念，即领地是社群将劳动（生物社会学范畴的劳动被认为是能量和信息的组合）投射到给定空间的结果。它将与人有关的因素叠加到物理空间上，构成了一个复杂的关系系统。详见：RAFFESTIN C. Space，territory，and territoriality[J]. Environment and planning D: society and space，2012，30(1)：121-141.

优化结果。系统设计的方法看似并不复杂，可以遵循以下 5 个步骤来进行尝试[1-3]，但执行起来还需要根据具体项目情况，对研究计划与方法进行适应性调整。

（1）**区域整体研究：** 通过文献资料与实地考察，对项目背景、现状和独特性进行充分的理解与掌握。首先，在宏观尺度上，对项目区域内经济、社会（如物质文化、当地历史和传统知识）与环境（如当地资源）方面的相关数据进行收集与分析；其次，根据某项目的规模与领域，针对特定产业的流程进行研究，着重分析每个流程中输入与输出的材料流、能源流和资金流的质量和数量。尽管并非所有这些资料都能直接用于设计，但数据和分析要尽可能详细。之后可以通过系统图、信息图表和图片拼贴等方式将这些数据、复杂流程和要素关系可视化，以便分析、诊断与交流。

（2）**最佳实践分析：** 设计要站在巨人的肩膀上，以便学习与借鉴成熟的理念、方法和技术。此阶段的目标在于收集和分析一系列最佳设计实践，这些实践所应对的挑战应该与本项目类似，但最好能涉及多样化的情景，因为案例研究的重点是找到共性知识，并了解这些实践中的要素在多大程度上可以进行转译和调整。大多系统设计实践是基于本地化情景的，很难照搬模仿，但好的实践案例无疑会为新的设计项目带来启发和灵感。同样，视觉化的系统图或示意图也适用于描述这些实践。

（3）**系统问题识别：** 借助第一阶段绘制的可视化系统图，并结合文献与专家观点，可以帮助设计者们诊断与识别现有系统以及具体生产流程中的问题。这些问题可能涉及环境方面（如废弃物的流向、跨区域物流导致的碳排放、有待开发的本地化能源、水资源的浪费等），也可能包括社会方面（如文化遗产的丧失、乡村空心化、老龄化以及留守儿童问题等）。这些问题相互交织，共同构成复杂的系统问题。识别出这些问题至关重要，真正意义的系统设计将从这里开始。

（4）**解决方案开发：** 这个阶段是一系列创意、开发与验证的迭代过程，可以参照以下几个步骤进行。

①**从问题到机遇：** 聚焦识别的系统问题，并参考收集到的最佳实践，找到将问题转化为机会的途径。重点探索输出流（例如，将一个生产过程的废物流，转换为另一个生产过程的资源）和输入流（例如，将非本地资源转换为本地资源）的循环路径。

②**定义新的系统模型：** 将确定的多个设计机会与路径，组合为一个新的区域宏

1　BATTISTONI C，BARBERO S. Systemic design，from the content to the structure of education：new educational model[J]. The design journal，2017，20(sup1)：S1336-S1354.

2　BISTAGNINO L. Systemic design：methodology and principles[M]// BARBERO S. Systemic design method guide for policymaking：a circular Europe on the way. Turin，Italy：Umberto Allemandi，2017：75-82.

3　CESCHIN F，GAZIULUSOY I. Design for sustainability：a multi-level framework from products to socio-technical systems[M]. London：Routledge，2020.

观系统模型，并保证其中的各项流程相互关联。这时不仅要考虑输入流和输出流的复杂关系，还要考虑社会经济参与者的介入，及其可能产生的相互作用。宏观系统是一个概念性的描述，它呈现出密集的连接网络，不排除任何活动或个人。它的各个部分要非常均衡、平等，不要求按层次进行排列。宏观系统应该是区域的生产活动、社区和自然和谐相处的理想模型。[1] 视觉化的示意图同样适用于描述新的宏观系统模型。

③定义输出的成果：对新系统模型可能带来的改善是否能为整个区域（项目范围）产生积极影响进行初步评估与模拟研究，以明确项目可能的成效，包括对环境、经济、社会和文化多方面的影响。为了评估的有效性，外部专家的介入非常必要，设计团队可以在外部专家的帮助下分析系统的输入与产出，以及新系统可能对当地社会经济带来的影响与民众反应。

（5）方案实施：最后阶段就是方案实施了，当前面阶段的输出成果得到了初步验证和评估后，项目便可以根据情况进行分步骤实施。由于系统设计项目大多比较复杂且实施时间漫长，所以阶段性收集到的真实数据可以帮助我们验证设计方案的潜在优势和障碍，并有助于对后续方案进行适当调整。通过上面几个阶段的循环迭代，我们可以从真实数据中看到系统思维给整个地区带来的明显改善和长期利益，并逐渐勾勒出一个全新的、可持续的社会、文化、生产和经济模式。

12.5 系统设计案例研究

以下将介绍 4 个不同类型的系统设计案例，包括清华大学美术学院生态设计团队主持设计的生菜屋——可持续生活实验室项目；都灵理工大学参与的咖啡渣循环利用系统设计项目；MonViso 研究所的阿尔卑斯山村的再生项目；以及瑞典斯德哥尔摩的皇家港生态社区项目。这些项目的规模、尺度与设计流程不尽相同，但都是基于可持续性目标以及系统设计的思维方法，以创新的产品、空间、规划、服务与组织形式等要素，最终促成新的生产消费关系的形成。值得注意的是，由于这类项目实施的难度和复杂性，以及许多客户对可持续性缺乏认识，所以极少有设计机构提供全面的系统设计服务。不过，这种趋势正在改变，未来，不同规模的系统设计实践会越来越普遍。

1 BISTAGNINO L. MicroMacro: the whole of micro systemic relations generates the new economic-productive model[M]. Milano, Italy: Edizioni Ambiente, 2017.

- **生菜屋——可持续生活实验室**

“生菜屋”是清华美院生态设计团队在 2014 年主持的“系统设计”实验项目。与上述系统设计的方法步骤有所不同，该项目并非针对某特定区域或情境，而是基于对人们日常居住方式与生活方式的研究和反思，从而识别问题与设计机会，并结合循环经济理念与相关技术方法，打造一套可持续居所的系统原型。作为一间“活”的实验室，项目合作伙伴一家居住其中，不仅照顾各种设备、蔬菜花草，也在测试设备的运行情况，计算普通家庭的能源消耗与各类垃圾回收处理的可能性，同时为参观者们提供讲解和培训。

该项目将 6 个 20 英尺（约 6 米）的集装箱拼装成一个小型的复合体，包括卧室、客厅（工作间）、餐厅、厨房与厕所；还有屋顶菜园、室外平台与休憩区等多个功能分区。其中“屋顶菜园”既能生产有机蔬菜，休闲纳凉，还能起到建筑物保温的作用。实际上，团队所关注的不仅是集装箱房屋的设计与建造，还包括清洁能源利用、生活垃圾处理、中水设施与沼气系统应用、家庭有机种植技术选择与设备开发等环节。资源再生利用的循环系统构建是项目的核心，见图 12–3。淋浴间、洗手池、洗衣机与洗菜池排放的污水，以及收集到的雨水都汇入灰水桶中，经过简单的净化

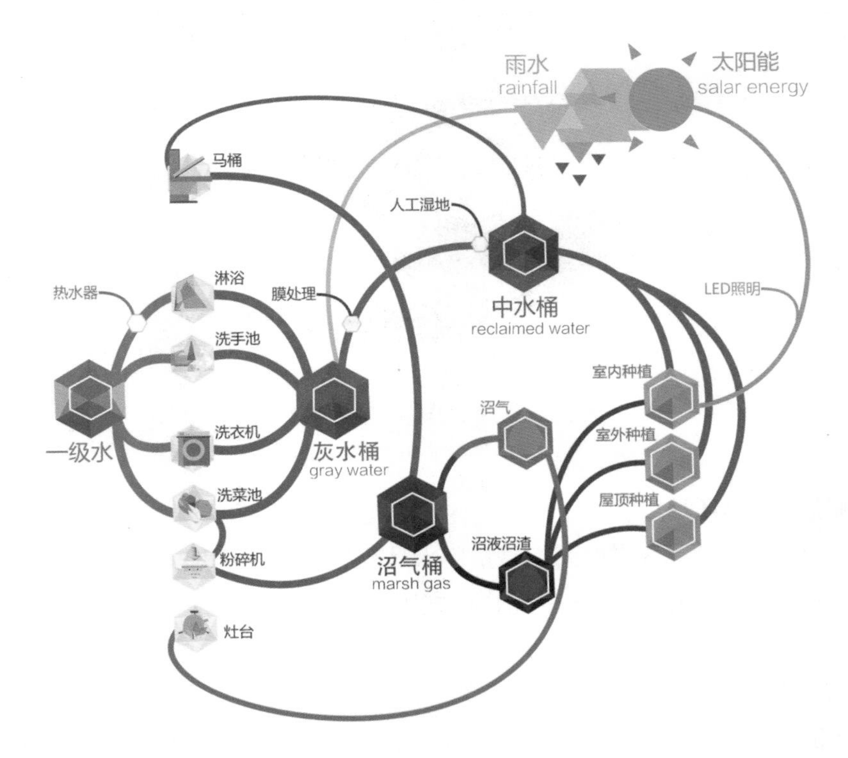

图 12–3　生菜屋的循环系统图
（图片来源：清华大学美术学院生态设计研究所）

处理，储存在中水桶中备用。这些宝贵的中水可以用来冲洗马桶，以及灌溉屋顶菜园；厨余垃圾经过粉碎后与马桶排出的污物一并汇入沼气桶中，经过沉淀与厌氧发酵，产生的沼气为厨房灶台提供清洁能源，而沼液与沼渣则成为上好的有机肥，用于屋顶菜园与室内外绿化施肥。此外，还应用了太阳能对室内种植系统进行辅助照明。除了由于废弃物产出量不足，沼气系统难以运行外，该项目总体上达到了系统设计的目标。

居室主人的参与意识与亲力亲为的行动，是推动该系统设计的重要因素。项目最终输出的成果不仅限于运用了多种生态技术的住宅系统，更是以人为主体的可持续生活方式的实践和传播（图 12–4、图 12–5）。该项目获得了广泛的社会关注和效仿，相关信息转发量超过千万。在随后二期和三期的方案迭代中，有多家专业机构提供了技术和设备支持，也带动了更多人关注、理解并参与到可持续生活的实践中。

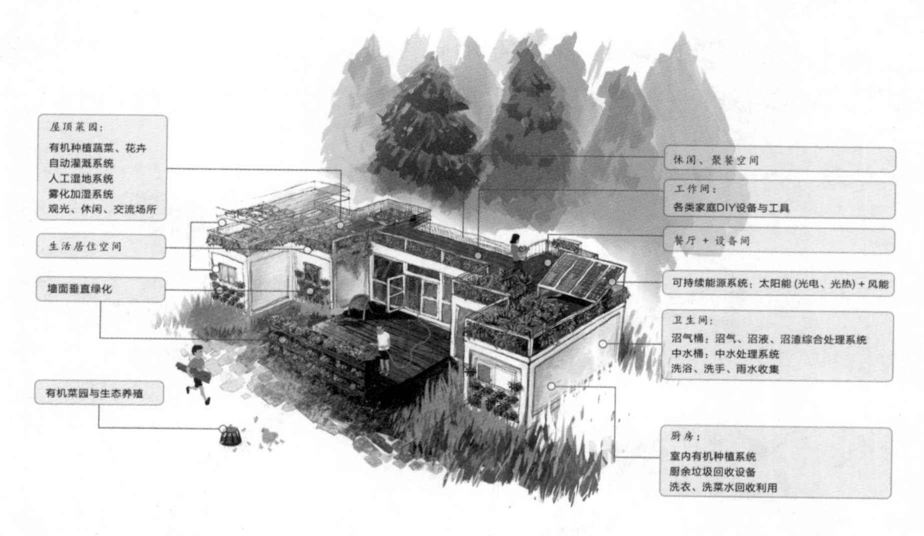

图 12–4　生菜屋的场景效果图

（图片来源：清华大学美术学院生态设计研究所）

- **咖啡渣的循环利用**

咖啡是意大利人的灵魂饮品，消费量巨大。该项目是都灵理工大学与Lavazza（意大利最大的烘焙咖啡生产商之一）的合作成果，其目标是探索咖啡渣的资源化再利用过程。该项目运用了系统设计的原则和方法，首先对区域经济、文化特征进行综合研究，而后聚焦于咖啡产业链各流程的物质流与技术分析。通过研究发现，咖啡渣的重复利用可以分为三个步骤：第一步是制药原料，利用传统提炼咖啡因的工艺，能够从废弃的咖啡渣中提取脂质和蜡，以供制药厂使用；第二步是种植蘑菇，脂质

图 12–5　生菜屋的实景照片

（图片来源：清华大学美术学院生态设计研究所）

提取过程会产生一种致密的糊状物，可用于种植营养丰富和具有药物价值的食用蘑菇的基质；第三步是做肥料，蘑菇种植完成后，用完的基质可进一步用于培育蠕虫，进行蚯蚓堆肥。[1] 该项目的重点是针对咖啡渣用于蘑菇种植的一系列流程与利益相关方的合作关系进行规划和设计。其运作模式是从大量酒吧和咖啡厅中收集咖啡渣（输出物），之后在当地研究实验室的支持下，以咖啡渣和其他辅料为基质（输入物），开始蘑菇的实验性生产，并获得收益（图 12–6、图 12–7）。在社会企业 Il Giardinone 的持续推进下，2015 年收集的 1500 千克 Lavazza 咖啡渣就生产了 150 千克品质优良（蛋白质含量高于按照标准方法培育的其他蘑菇）的蘑菇（平菇），而“耗尽”的蘑菇渣基质又被用作种植沙拉蔬菜的肥料，蔬菜的产量因此提高了 2 倍。[2]2016 年该企业推出了“Fungo Box”咖啡渣蘑菇培育包产品，2019 又推出了咖啡渣制成的 Coffeefrom 咖啡杯 [3]，见图 12–8。该项目的成功充分证明，咖啡渣作为一种废弃物可以通过系统设计创造出新的价值，以及新的商业模式。

1　BARBERO S，TOSO D. Systemic design of a productive chain：reusing coffee waste as an input to agricultural production[J]. Environmental quality management，2010，19(3)：67-77.

2　LAVAZZA. The sustainability report [R/OL]. [2021-08-20]. https://www.lavazzagroup.com/en/how-we-work/the-sustainability-report.html.

3　详见企业网站：https://www.ilgiardinone.it。

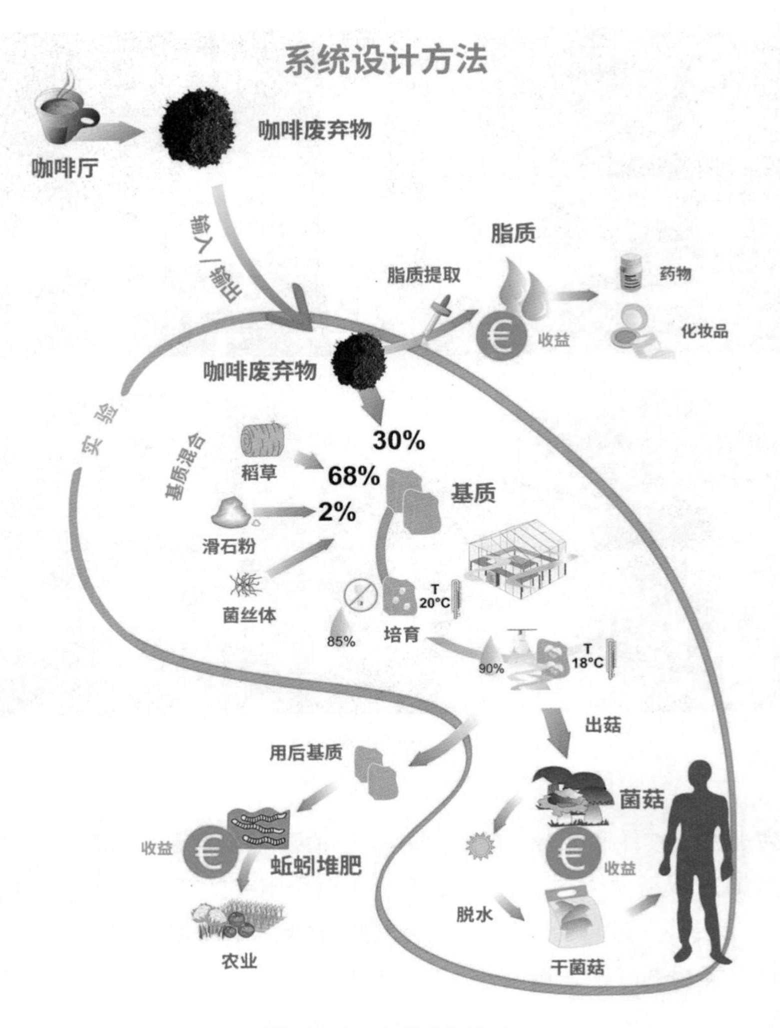

图 12-6　咖啡废料研究
（图片来源：http://www.dariotoso.it）

图 12-7　利用咖啡渣、稻草、灰质组成的基材种植蘑菇
（图片来源：http://www.dariotoso.it）

图 12-8 Fungo Box 咖啡渣蘑菇培育包（图片来源：https://www.fungobox.it）
与咖啡渣制成的 Coffeefrom 咖啡杯（图片来源：https://coffeefrom.it）

- **阿尔卑斯山村的再生**

世界上的偏远山区以及内陆农村地区普遍受到人口流失和老龄化的困扰。为了振兴这些处在危机中的社区，迫切需要采取有针对性的设计干预措施。位于意大利库内奥省的 MonViso 研究所是一个致力于本地区可持续发展，并以跨学科方式介入真实世界与社会、环境议题的创新机构。该机构由设计师与来自世界各地不同专业的研究人员组成，其目标在于增进大众对系统设计和社会转型的理解。[1]MonViso 研究所有着独到的系统设计原则与方法。在阿尔卑斯山村的再生项目中，他们首先研究了现状与历史，对曾经的兴衰历程，尤其是危机之后的区域复兴过程进行深刻反思，从而发现重新获得活力、韧性的经济模式的内在原因。比如对本地物产和材料的开发与应用，以及将传统和技术与社会创新的方法相结合。具体来说，该项目使用传统技术对旧农舍进行全部或部分重建；通过水、能源和运输系统的设计，将社区连接成一个自给自足的系统；同时推动工业大麻[2]的生产以及生态产品的创新设计，如使用当地材料制作滑雪板等。[3]图 12-9 是项目的整体循环图，以及应用了绿色技术与循环材料进行翻新的当地建筑。

由于乡村再生项目的内在复杂性，团队充分认识到社会支持网络的重要价值，并采用“行动主义”原则，在与村民共同设计、共同建造的过程中不断寻求优化系统的方法。幸运的是，该项目得到了当地政府和居民的积极支持和参与。除了定期

---

1 LUTHE T. Co-designing a real-world laboratory for systemic design in the Italian Alps: how complexity shapes the process[C/OL]//Proceedings of Relating Systems Thinking and Design (RSD6) 2018 Symposium, Delft, The Netherlands, October, 2018. [2020-03-16]. https://rsdsymposium.org/co-designing-a-real-world-laboratory/.

2 根据欧盟（农业）委员会制定的统一标准，工业大麻是指四氢大麻酚量低于 0.3%（干物质重量百分比）的大麻属原植物及其提取产品，在中国它被称为“汉麻”。利用现代科技，通过研发，可从工业大麻的根、茎、叶、皮、花、籽中提取原材料，并广泛应用于日化品、材料、能源、医疗、食品和替代石油方面。

3 详见 2019 年 Relating Systems Thinking and Design (RSD8) 2019 Symposium 会议中 Haley Fitzpatrick 与 Tobias Luthe 的学术海报 Reaching new heights，见 https://www.systemsorienteddesign.net/index.php/397-eco-tourism.

的研讨会，设计者还邀请学生参与短期培训，并引导当地民众真正介入到了家乡的复兴计划中。尽管该项目仍在进行中，但可以预见到，通过系统研究和设计，完全有可能使行将没落的村庄恢复活力和生机。

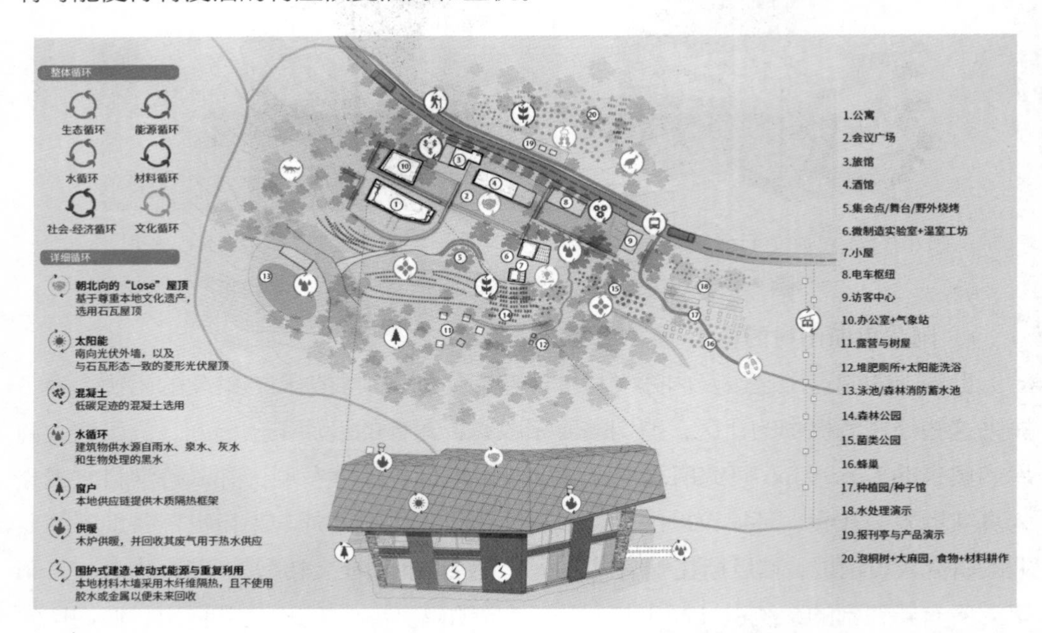

图 12-9　阿尔卑斯山村的再生
（图片来源：https://monviso-institute.org）

- **瑞典皇家港生态社区**

瑞典被公认为世界上最可持续的国家之一，他们有效使用了各种可再生能源，并且整个国家的二氧化碳排放量都非常低。斯德哥尔摩的皇家港曾经由港口区、工业配套设施和狩猎场组成。皇家港项目的雄心是打造一个世界级的可持续发展城市典范，该项目从 2008 年启动，预计在 2030 年全面完成，届时皇家港将成为瑞典最大的都市社区，包括居住、办公、休闲和文化空间等（图 12–10、图 12–11）。目前项目北部的住宅区已经完成，第一批居民已于 2012 年入住。作为城市系统设计的典型案例，皇家港项目在实施前与实施中做了大量基础性工作，除了生态循环系统的技术准备与实验外，还组织未来社区的利益相关人，包括居民、职员、政府工作人员、研究人员、市政部门和社会组织多方参与工作坊与城市发展对话；同时成立了多个专题小组，将目标愿景具体化，并建立了一套通过项目监管、评估与

图 12–10　瑞典皇家港规划设计效果图
（图片来源：https://www.mandaworks.com）

图 12–11　瑞典皇家港全景
（图片来源：https://international.stockholm.se/city-development/the-royal-seaport/）

反馈以管理、指导和确保各项工作高质量完成的工作方法。该项目通过 4 项重要的设计策略，以实现城市的可持续发展：多样混合的城市功能（mixed-use urban programmes）、便捷绿色的城市交通（sustainable and convenient urban traffic）、循环高效的资源利用（recycle and efficient resource use），以及环境友好的蓝绿系统[1]（environment friendly blue-green system）。其中，一系列服务于商业、工业和日常生活的“能源、材料、水”的生态循环系统设计特别值得关注，包括生态理念的建筑物、废弃物循环再生系统、基础设施的重复利用、雨水收集系统、智能电网、智能物流枢纽以及自给自足的能源系统等（图 12–12）[2]。

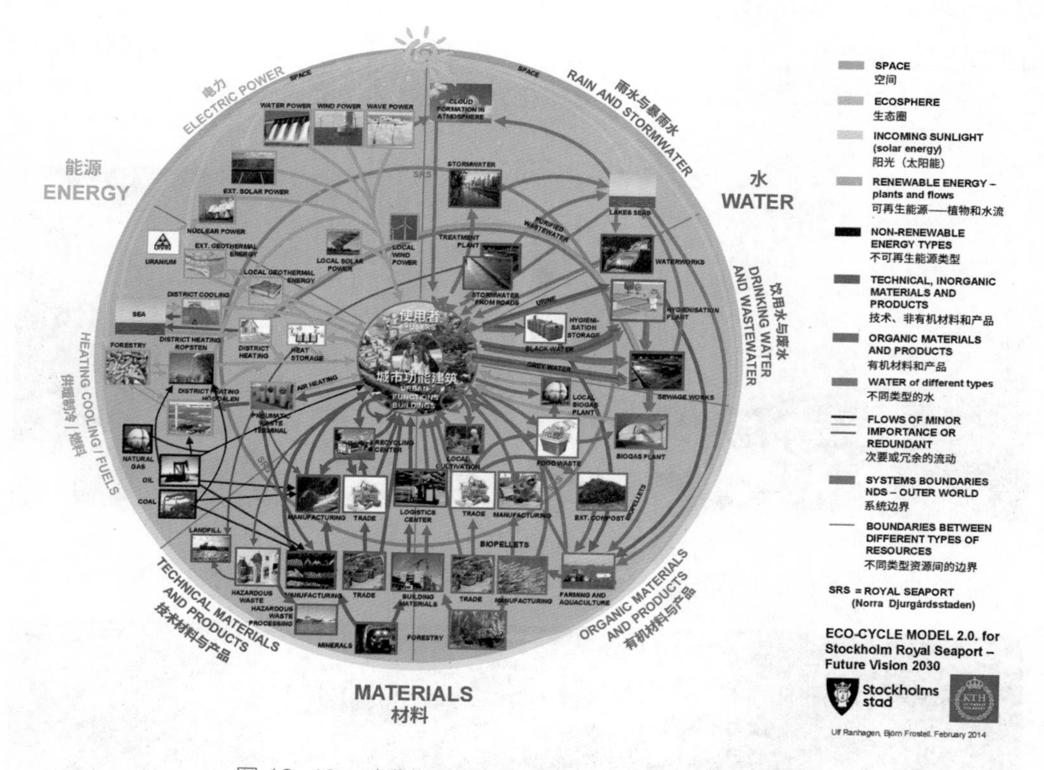

图 12–12　瑞典斯德哥尔摩皇家港城区生态系统模型

（图片来源：http://www.diva-portal.org）

实际上，早在 20 世纪 90 年代开始规划建造的哈马碧（Hammarby Sjöstad）生态城，就已经将能源、水和物质的流动纳入了整体系统，并将它们相互联系起来，

1　蓝绿系统即城市里的“蓝绿”基础设施（blue-green infrastructure），与传统灰色水资源管理基础设施相比，它可以生产资源（原料、食物、清洁的空气和水）并吸收城市活动产生的废弃物。绿色基础设施与植被有关，如绿色屋顶、绿色墙壁、迷你公园、城市农场和森林等；蓝色基础设施与水有关，如透水表面、芦苇床、蓄水池等。详见页下注 2。

2　WILLIAMS J. The circular regeneration of a seaport[J]. Sustainability，2019，11(12)：1-27。

同时将该地区作为一个开放性系统与城市相连。[1] 这种基于自然的生态循环模型不仅是皇家港项目的灵感来源，也成为该项目实施的重要技术支撑。2010 年，时任国家副主席的习近平特别到访了哈马碧生态城[2]，充分体现了其设计理念的先进性和引领性，以及对中国的生态文明建设与未来城市发展可能具有的重要价值。

12.6　被定义中的系统设计

从根本上说，系统思维源自人类对自然生态系统的学习与模仿。尽管当代科学与技术（尤其是人工智能与生物技术）的突破极大地推动了系统研究相关学科的发展，但迄今为止，人类还无法真正理解自然——这一复杂、开放系统中所有要素的隐秘知识与内在联系。因此，针对人工技术系统的设计还处于十分粗浅与幼稚的阶段。至于人类社会系统，经过数十万年的演化，这个系统的复杂性已经不亚于自然系统了，由于系统要素之一的“人”所具有的主动性和创造力，以及可能带来的不确定性和破坏力，使得理解和预测社会系统的各要素关系，以及对系统作出变革的努力都充满了挑战。

系统设计的目的就是帮助设计者们（广义的设计师）面对与处理上述综合的社会、环境、经济系统中的可持续发展问题。由于这些问题 / 挑战的复杂性，只能借助系统思维才能更好地理解和把握这些相互交织的复杂联系。

在系统设计中，专业设计师的优势之一是其卓越的视觉化表达能力。无论是在描述现有系统的复杂关系，还是在输出系统解决方案时，这种具象化的描述对于理解抽象的概念和关系都是至关重要的。系统设计的视觉表达不应过分在意炫目的效果，而应注重清晰的逻辑关系和说明性。当然，表现的风格可以丰富多彩，因为在不同的语境或主题下，设计表现不应有程式化的模板。此外，在系统设计中，设计师作为一个协调人的作用将会发挥得淋漓尽致。因为系统设计项目的实施需要较长的时间，并且有众多利益相关者参与其中，因此经常会遇到来自文化、社会与经济等方方面面的阻力。而一名合格的系统设计师，由于他 / 她拥有对系统目标与整体规划的把握，对人性与需求的理解，对设计策略与方法的掌握，因此在协调各要素关系与推动项目进展方面具有重要作用。

1　RANHAGEN U，FROSTELL B. Eco-cycle model 2.0 for Stockholm Royal Seaport city district: feasibility study [R/OL]. KTH School of Architecture and the Built Environment，2014. [2021-08-20]. https:// www.diva-portal.org/smash/get/diva2:736415/FULLTEXT01.pdf.

2　新华社 . 习近平参观哈马碧生态城 [EB/OL]. (2010-03-30)[2021-08-22]. http://www.gov.cn/govweb/jrzg/2010-03/30/content_1569457.htm.

到目前为止，系统设计的理论依旧不够完善，学者们对于系统的理解和诠释也多有不同，系统设计的概念还在不断的演进中。尤其是系统设计的实践案例大多还局限在某些区域范围内。由于不同地区的差异性，这类实践成果和理论成果并不能简单复制或推广。因此，未来需要更大范围的、更多样化的设计实验，以进一步迭代、完善系统设计理论与方法。此外，目前系统设计研究比较强调技术性的循环系统与区域化的经济系统构建，并不很关注对人们消费观念和行为习惯的干预，因此可能会导致系统优化后取得的环境效益被不断提高的消费总量所消解。我们在书中曾多次提到，只有通过观念和文化的改变，才能从源头上降低人类发展对生态环境的负面影响。这就要求在系统设计项目中，不仅要采用优势互补的策略组合，还应着力培育可持续社会的"土壤"。设计者应具有更积极的心态与全新的工作方式，与政策制定者、管理者、工程师、教育工作者以及大众进行深入合作与协同创新，以树立新的标准和风尚，并促进一种可持续文化的成长。

结　语

这里是本书的结语，也意味着新的开始。疫情冲击下的世界走向何方还无从判断，但设计的使命就是积极回应这些问题，并提出创新性的解决方案和未来愿景。在这个巨变时代，设计势必会在新的冲突与问题之中发展出新的观念、理论和方法，以丰满自身，迎接挑战。我们将共同亲历这一过程，并参与到转型时代的设计实践中。

之前的12章中，通过理论探讨与案例分析，尤其是对多个设计策略的详尽介绍，希望为读者描绘出一幅路线图，从中厘清可持续设计的演进路径与发展趋势，由此**促使设计领域的研究者、从业者和学习者，反思设计的角色和价值，并有意愿、知识与能力投入到可持续社会转型的设计实践中**。

上述章节力求覆盖可持续设计的主要领域，不过遗憾的是，还是有一部分内容，尽管在不同章节中或多或少有所提及，但并没有独立成章进行阐述，比如促进循环经济的设计、可持续消费与行为的设计、转型设计，以及可持续设计的评价体系等。未尽事宜将留待日后完成，敬请读者耐心等候并善加督促。

以下对本书的主要观点进行扼要综述：

第一，可持续性并不是一个新问题。从早期的氏族社会开始，人类的生存发展与生态环境之间的冲突就始终相伴相生，只是随着农业普及、工业革命以及人口增长而逐渐凸显出来。尤其是近几十年，由于消费主义文化盛行，经济发展与环境冲突加剧，以及资源分配、社会公平等问题凸显，使得环境、社会、经济的可持续发展成为全球关注的焦点以及人类共同面对的挑战。我们从曾经的“空旷世界”，进入了当下的“拥挤世界”，确实需要一种新的“启蒙”来渡过难关。[1]未来，随着气候变化、环境危机、技术异化与政治纷争，可持续性或将成为人们长期探讨的话题。实际上，没有任何一个国家可以单独实现可持续发展的目标，作为一个“命运共同体”，人类的可持续发展之路必定极为漫长且艰辛，但拥有共同的可持续愿景和梦想却意义深远。

第二，可持续发展意味着人与自然的和谐共生。从概念上看，可持续发展是以人类的延续与发展为目标的，似乎无关自然的事。事实上，这颗星球并不在乎人类

1　魏伯乐，维杰克曼．翻转极限：生态文明的觉醒之路 [M]．程一恒，译．上海：同济大学出版社，2019：viii.

存在与否，人只是自然生态系统中无足轻重的一部分。尽管我们自认为很卓越，可以凌驾于一切物种之上，并能够创造出伟大的文明，但最终会发现，自然才是这一切创造以及人类自身存在的基础与前提。抱持“人类中心主义”的自负态度只能加剧人与自然的对立与冲突，最终必然导致人类社会整体存续的危机；而“环境中心主义”会错误解读可持续发展的核心目标，无视处于不同发展阶段的社会诉求，尤其是欠发达地区人群的基本生存、发展的权利。在某种程度上，人类与自然也是一个“命运共同体”，这正与中国传统中“天人合一”的理想相契合。因此，要达成人类社会可持续发展的愿景，我们需要将自然作为“生命母亲”一样尊崇、保护；也要将自然作为“导师”，学习她的智慧与生存之道，并与自然万物和谐相处。

第三，可持续设计是以实现可持续发展为目标的一切设计活动，包括研究、教育、实践等。与以往不同，设计不再是以商业为唯一目标的“造物”活动了。可持续发展不仅是政治家、科学家、社会学家、经济学家的研究领域，而是人类共同的责任，也是设计者必须面对的核心议题。世界设计组织（WDO）在设计定义中提到：设计是通过其输出物对社会、经济、环境及伦理方面问题的回应，旨在创造一个更好的世界。[1] 由此可见，设计领域的边界在拓展，设计研究者、教育者、实践者也拥有着日益重大的社会责任。做“有责任感”的设计并非空洞的口号，而日渐成为一种共识。此外，设计界应该对“唯创新论”进行反思。创新从来都是设计的关键词，但我们需要思考“为什么创新”以及“创新的方向”这些问题。创新是手段，如果为了创新而创新，设计必将丧失核心的主旨和方向。因此，可持续性应该成为设计创新的基本评价标准。

第四，可持续设计应融汇东西方智慧的结晶。可持续设计本是舶来的概念，其源头是基于对西方社会不可持续的生产、生活方式的反思，从而进行设计干预，以达成环境、社会、经济可持续发展的目标。对于中国来说，经过几十年的高速发展后，我们遇到了相似的环境与社会问题，而且更为复杂。在这新的转型阶段，设计者有必要探索不同以往的发展道路。一方面，设计界应从中国传统的思维方式与造物理念中获得营养，如天人合一、物尽其用、适可而止、中庸之道等，这些思想与当今的可持续性理念高度吻合，并更具整体性和系统性。但如何构建回应当代问题的完整话语体系和理论体系，这是个亟待突破的问题；另一方面，我们既需要在传统中寻根，同时也要拥抱当代的理论成果，使之为我所用。过分强调东西方的差异并没有太多益处。在某种程度上，经历了数千年的文化冲突与交融后，这种兼容并蓄本身就是中华民族的传统思想和文化基因的一部分。在世界面对共同的危机和挑战时，东西方智慧的融合才能让我们作出更明智的选择。

1　世界设计组织官方网站：https://wdo.org/。

第五，没有绝对的可持续性。在设计中不存在最好的、完美的、绝对的可持续解决方案。目前为止，生命周期评价（LCA）依旧是从环境维度评估产品与系统可持续性最有效的方法；对于社会维度的可持续评估则要复杂得多；而环境、社会、经济的综合评估则涉及更复杂的因素，以及在更长的时间段进行。事实上，可持续性是我们追求的目标、方向与愿景，其设计理念、策略、方法与标准在不断与时俱进。因为随着观念更新与技术进步，设计者对于可持续性的认识在不断发展，并可能出现更适用的材料与技术，所以今天我们认可的"好设计"，或许明天就会发现问题与瑕疵，并获得进一步修正与完善。所谓好的可持续设计一定是与同类设计或之前的设计相比较而言的。在不断比较与完善之中，我们才能逐渐建立起对可持续设计更深入的理解。

第六，整合性的系统设计方案。我们今天面临的可持续发展议题，是包括了经济、环境、社会/伦理与文化等多要素构成的系统性问题，仅仅依靠技术改进、产品或服务创新等方式是难以应对的，所以需要整合性的系统设计方案。就像面对可持续的交通问题，设计一辆小巧、舒适、绿色环保的电动汽车，对于改善拥堵、混乱的交通现状是于事无补的。或许共享出行的服务平台设计，规划更多的自行车路线、舒适的步行道与城市景观设计反而能达到交通系统改善的效果。系统思维能帮助我们看清问题的根源，从而集成一揽子设计策略，进行整体规划、分步实施。此外，系统设计并不意味着我们总要处理像城市更新、可持续交通这样的大尺度项目。我们可以从身边的社区花园、都市种植、长者食堂之类的小型系统设计项目开始。就像约翰·萨卡拉在《新经济的召唤：设计明日世界》一书中提到的，无数的小行动终将改变大局：小规模的颠覆随着时间的不断积累，直至越过某个未知的临界点，整个系统将随之改变。[1]

第七，设计角色与设计方式的转变。可持续设计并非站在道德高地上，抱持着精英主义的态度，为大众指点迷津，而是与不同领域的专家合作，并作为各方利益的协调人与不同群体进行共创。由于可持续设计将面对日益复杂的系统问题，而且输出的大多是综合的系统解决方案，因此，这绝非单一专业或学科可以胜任的工作。所以，传统的设计角色与工作方式已不再适宜了。设计从业者需要具有更宏观的视野、系统的思维、前瞻的构想、想象力与同理心，愿意放下身段，走出办公室，融入设计对象与情境之中，发现"真问题"，理解"真需求"，并通过跨学科协同创新的工作方式，不断提出有意义、有价值的系统解决方案。这种改变意味着传统设计师的知识结构、能力素质与工作方式的改变。尽管创意能力、造型语言的操控以及视觉化表现依旧是设计师的核心竞争力，但促进人际交流的表达能力、沟通能力

1　萨卡拉．新经济的召唤：设计明日世界 [M]. 马谨，马越，译．上海：同济大学出版社，2019：270.

与协调能力将成为未来设计师的重要品质。

第八，可持续设计是一个共同学习的过程。可持续设计的理论与方法目前正处于演化与被定义的过程中。由于缺乏清晰的评价标准，并面对日益复杂、开放的系统问题，在实践中充满了误区和挑战。我们无法指望有哪位“先知”来指定路线，提供标准答案。尽管世界各地的无数前辈进行了大量有意义、富有前瞻性的理论研究与项目实践，取得了令人瞩目的成果，也为后学们提供了重要的参考、启迪和激励。但另一方面，当地域环境、经济条件、社会文化、制度、情景、人群等特征发生变化时，这些理论模型和实践经验很难照搬与复制，其有效性也不断被质疑。可持续设计或许是宏大的系统变革，或许就是我们身边的产品和服务创新，这是一个不断发展、进化的研究领域，也是一个我们共同学习的过程。实际上，只有通过不断学习、实验、反思与交流，我们才可能做到“知行合一”，并可能发展出属于自己的可持续设计思想和方法。

从根本上讲，设计只是一种手段，并非天生的高尚，但也不卑微。设计可以成为解决问题的一部分，同时也能成为“制造麻烦”的一部分。设计师与工程师、企业家一道，曾经为这个世界和人类创造出许多神奇而美妙的事物，但不幸的是，我们也共同创造出了更多有害的事物。[1] 设计所产生的影响——无论积极或消极，都并不确定，而且不是短时间可以显现的。但是，作为设计师，我们并非没有选择的余地。在洞察人性、发现需求、提出问题、沟通协调以及创建解决方案的过程中，设计师发挥着举足轻重的作用，并且，设计方案一旦投入应用，给这个世界以及普通大众带来的影响和改变也不可小觑。实际上，设计作为当代文化创新的推动者，在转向一个我们所期待的可持续未来时，有可能担当潜在的领导角色，从而发挥更重要的作用。在中国开始新的百年征程，并迈向生态文明道路之际，设计师有充足的理由作出更积极的选择，为自己、为家人、为社区、为城市、为国家，为人类社会的可持续发展，创造更多充满“善意”和“有责任感”的好设计。

本书提供的设计策略既非唯一的路径，也非固定的教条，我们相信这些努力会给读者们带来些许启发，能够激励大家共同探索新的可持续设计策略与方法。相信，设计真的能够改变世界。

---

1 SHEDROFF N. Design is the solution: the future of design will be sustainable [EB/OL]. [2021-08-10]. http://www.experiencedesignbooks.com.

参考文献

[1] 霍布斯鲍姆．工业与帝国：英国的现代化历程 [M]. 2 版．梅俊杰，译．北京：中央编译出版社，2017.

[2] 曼奇尼．设计，在人人设计的时代：社会创新设计导论 [M]. 钟芳，马谨，译．北京：电子工业出版社，2016.

[3] 康芒纳．封闭的循环：自然、人和技术 [M]. 侯文蕙，译．长春：吉林人民出版社，1997.

[4] 保罗·霍肯，艾莫里·洛文斯，亨特·洛文斯．自然资本论 [M]. 王乃粒，诸大建，译．上海：上海科学普及出版社，2000.

[5] BHAMRA T, LILLEY D, TANG T. Design for sustainable behaviour: using products to change consumer behaviour[J]. The design journal, 2011:14(4): 427-445.

[6] SEVALDSON B. Proceedings of Relating Systems Thinking and Design (Rsd6) 2017 Symposium[C]. Norway: Systemic Design Research Network (SDA), 2017.

[7] BOEHNERT J. Design, ecology, politics : towards the ecocene[M]. New York: Bloomsbury, 2018.

[8] BOULDING K. The economics of the coming spaceship earth[M]// JARRETT H. Environmental quality in a growing economy. Baltimore, MD: Resources for the Future/Johns Hopkins University Press, 1966: 1-14.

[9] BRANTLINGER P. A postindustrial prelude to postcolonialism: John Ruskin, William Morris, and Gandhism[J]. Critical inquiry, 1996, 22(3): 466-485.

[10] BREZET H, VAN HEMEL C. Ecodesign: a promising approach to sustainable production and consumption[M]. Paris: United Nations Environment Programme, 1997.

[11] 阿瑟．技术的本质：技术是什么，它是如何进化的 [M]. 曹东溟，王健，译．杭州：浙江人民出版社，2014.

[12] CARADONNA J L. Sustainability: a history[M]. Oxford: Oxford University Press, 2014.

[13] CHAPMAN J. Routledge handbook of sustainable product design[M]. Abingdon, Oxon: Routledge, 2017.

[14] COULOURIS G, DOLLIMORE J, KINDBERG T, et al. Distributed systems: concepts and design[M]. 5th ed. Boston: Addison-Wesley, 2011.

[15] 德雅尔丹 . 环境伦理学：环境哲学导论 [M]. 3 版 . 林官明，杨爱民，译 . 北京：北京大学出版社，2002.

[16] 杜瑞泽 . 产品永续设计——绿色设计理论与实务 [M]. 台北：亚太图书出版社，2002.

[17] Ellen MacArthur Foundation. Reuse: rethinking packaging[R/OL]. 2019[2021-06-05]. https://www.ellenmacarthurfoundation.org/assets/downloads/Reuse.pdf.

[18] DEWBERRY E, GOGGIN P. Ecodesign & beyond: steps towards sustainability[EB/OL]. 1995[2021-06-05]. http://oro.open.ac.uk/29316/.

[19] MANZINI E, M'RITHAA M K. Distributed system and cosmopolitan localism: an emerging design scenario for resilient societies[J]. Sustainable development, 2016, 24(5): 275-280.

[20] 斯皮尔 . 大历史与人类的未来 [M]. 修订版 . 孙岳，译 . 北京：中信出版集团，2019.

[21] 格伦瓦尔德 . 技术伦理学手册 [M]. 吴宁，译 . 北京：社会科学文献出版社，2017.

[22] 戴利 . 稳态经济新论 [M]. 季曦，骆臻，译 . 北京：中国人民大学出版社，2020.

[23] 戴利，法利 . 生态经济学原理和应用 [M]. 2 版 . 北京：中国人民大学出版社，2014.

[24] International Institute for Industrial Environmental Economics. The future is distributed: a vision of sustainable economies[R]. Lund: Lund University, 2009.

[25] IRWIN T. The emerging transition design approach[M/OL]// STORNI C, LEAHY K, et al. Design as a catalyst for change-DRS International Conference 2018, 25-28 June, Limerick, Ireland. [2021-09-04]. https://

doi.org/10.21606/drs.2018.210.

[26] IRWIN T. Transition design: a proposal for a new area of design practice, study, and research[J]. Design and culture, 2015(7): 229-246.

[27] JÉGOU F, MANZINI E. Collaborative service: social innovation and design for sustainability [M]. Milan: Edizioni POLI.design, 2008.

[28] 金观涛 . 系统的哲学 [M]. 厦门：鹭江出版社，2019.

[29] 凯利. 失控：全人类的最终命运和结局 [M]. 北京：电子工业出版社，2016.

[30] KALLIPOLITI L. History of ecological design[M/OL]. Oxford: Oxford University Press, 2018[2021-06-15]. https://doi.org/10.1093/acrefore/9780199389414.013.144.

[31] KOSSOFF G. Holism and the reconstitution of everyday life: a framework for transition to a sustainable society[J]. Design philosophy papers, 2016,13(1):25-38.

[32] LEWIS H, GERTSAKIS J. Design + environment: a global guide to designing greener goods[M]. Sheffield, UK: Greenleaf Publishing Limited, 2001.

[33] 刘新，维伦纳 . 基于可持续性的系统设计研究 [J]. 装饰，2021(12)：25-33.

[34] 娄永琪 . 面向可持续的设计——设计工具、理论和方向 [J]. 创意设计源，2016(5)：22-25.

[35] 纳什 . 大自然的权利 [M]. 杨通进，牛文元，等译 . 青岛：青岛出版社，1999.

[36] 马尔帕斯 . 批判性设计及其语境：历史、理论和实践 [M]. 南京：江苏凤凰美术出版社，2019.

[37] MALDONADO T. Design, nature, and revolution: toward a critical ecology[M]. Minneapolis, MN: University of Minnesota Press, 1970.

[38] MATSON P, ANDERSSON K, CLARK W C. Pursuing sustainability: a guide to the science and practice[M]. Princeton, NJ: Princeton University Press, 2016.

[39] Meadows D H, Meadows D L, Randers J, et al. The limits to growth: a report for the Club of Rome's project on the predicament of mankind[M]. New York, NY: Universe Books, 1972.

[40] MIRATA M, NILSSON H, KUISMA J. Production systems aligned with distributed economies: examples from energy and biomass sectors[J]. Journal of cleaner production, 2005, 13(10-11): 981-991.

[41] 皮克特，科拉萨，琼斯，等. 深入理解生态学：理论的本质与自然的理论 [M]. 赵设，何春光，等译. 北京：科学出版社，2014.

[42] 莫基尔. 增长的文化：现代经济的起源 [M]. 胡思捷，译. 北京：中国人民大学出版社，2020.

[43] RAUCH E, DALLASEGA P, MATT D T. Sustainable production in emerging markets through distributed manufacturing systems (DMS) [J]. Journal of cleaner production, 2016, 135:127-138.

[44] ROBERTSON M. Sustainability principles and practice[M]. London: Routledge, 2021.

[45] 约恩森. 生态系统生态学 [M]. 曹建军，等译. 北京：科学出版社，2017.

[46] PRYSHLAKIVSKY J, SEARCY C. Sustainable development as a wicked problem[M]// KOVACIC S F, SOUSA-POZA A. Managing and engineering in complex situations. Berlin: Springer, 2013: 109-128.

[47] Shedroff N. Design is the Solution: The Future of Design will be Sustainable [M/OL]. New York: Rosenfeld Media, 2019[2021-08-10]. https://nathan.com/design-is-the-solution/.

[48] SIMANIS E, HART S, DUKE D. The base of the pyramid protocol: beyond "basic needs" business strategies[J]. Innovations: technology, governance, globalization, 2008, 3(1): 57-84.

[49] 贝克特. 棉花帝国：一部资本主义全球史 [M]. 徐轶杰，杨燕，译. 北京：民主与建设出版社，2019.

[50] SRAI J S, KUMAR M, GRAHAM G, et al. Distributed manufacturing: scope, challenges and opportunities[J]. International journal of production research, 2016, 54(23):6917-6935.

[51] 诺曼. 情感化设计 [M]. 付秋芳，程进三，译. 北京：电子工业出版社，2005.

[52] 沃斯特. 自然的经济体系：生态思想史 [M]. 侯文蕙，译. 北京：商务印书馆，1999.

[53] TISCHNER U. Case studies in sustainable consumption and production[M]. Sheffield, UK: Greenleaf Publishing Limited, 2010.

[54] TRIST E L. The evolution of socio-technical systems[M]. Toronto: Ontario Quality of Working Life Centre, 1981.

[55] 马库森，孙志祥，辛向阳. 设计行动主义的颠覆性美学——设计调和艺术和政治 [J]. 创意与设计，2015(2)：4-10.

[56] VEZZOLI C, CESCHIN F, DIEHL J C, et al. New design challenges to widely implement "sustainable product-service systems" [J]. Journal of cleaner production, 2015, 97(15): 1-12.

[57] VEZZOLI C, KOHTALA C, SRINIVASAN A, et al. Product-service system design for sustainability[M]. London: Routledge, 2017.

[58] VEZZOLI C, MANZINI E. Design for environmental sustainability[M]. Berlin: Springer, 2018.

[59] 帕帕奈克. 绿色律令：设计与建筑中的生态学和伦理学 [M]. 北京：中信出版社，2013.

[60] 魏伯乐，维杰克曼 . 翻转极限：生态文明的觉醒之路 [M]. 程一恒，译 . 上海：同济大学出版社，2019.

[61] World Design Organization. Industrial design[EB/OL]. 2015 [2021-08-23]. https://wdo.org/glossary/industrial-design/.

[62] 余谋昌 . 环境伦理学 [M]. 北京：高等教育出版社，2004.

[63] 麦克尼尔 . 大加速：1945 年以来人类世的环境史 [M]. 施雱，译 . 北京：中信出版集团，2021.

[64] 萨卡拉 . 新经济的召唤：设计明日世界 [M]. 马谨，马越，译 . 上海：同济大学出版社，2019.

[65] 钟芳，曼奇尼 . 社会系统观下的社会创新设计 [J]. 装饰，2021(12)：40-46.

[66] 诸大建 . 超越增长：可持续发展经济学如何不同于新古典经济学 [J]. 学术月刊(沪)，2013（10）：79-89.